装配式建筑设计与施工

张毅强　张映恒　张兴刚　著

吉林科学技术出版社

图书在版编目（ＣＩＰ）数据

装配式建筑设计与施工 / 张毅强，张映恒，张兴刚
著. -- 长春 : 吉林科学技术出版社，2024. 8. -- ISBN
978-7-5744-1701-4

Ⅰ. TU3

中国国家版本馆 CIP 数据核字第 2024TY8562 号

装配式建筑设计与施工

著	张毅强　张映恒　张兴刚	
出 版 人	宛　霞	
责任编辑	安雅宁	
封面设计	南昌德昭文化传媒有限公司	
制　　版	南昌德昭文化传媒有限公司	
幅面尺寸	185mm×260mm	
开　　本	16	
字　　数	340 千字	
印　　张	15.75	
印　　数	1~1500 册	
版　　次	2024年8月第1版	
印　　次	2024年12月第1次印刷	

出　　版	吉林科学技术出版社
发　　行	吉林科学技术出版社
地　　址	长春市福祉大路5788 号出版大厦A 座
邮　　编	130118
发行部电话/传真	0431-81629529 81629530 81629531
	81629532 81629533 81629534
储运部电话	0431-86059116
编辑部电话	0431-81629510
印　　刷	三河市嵩川印刷有限公司

书　　号	ISBN 978-7-5744-1701-4
定　　价	84.00元

前　言

经济的迅猛提升使我们关注到了当今商业圈的发展潜力，在世界和平发展的过程中，暴力谋取利润已经成为了一种不可能的方式。但是战争的硝烟却并没有因此而散去，在社会不断发展变革的过程中，另一处无形的战场悄然弥漫了战争的气息，那就是商业硝烟，而作为商业发展的一个载体，商业建筑的价值就得到了体现，如果没有一个保质保量的商业建筑，那么商业圈的发展就无从谈起，商业建设的大环境就无法构造，所以在建设商业建筑的过程中必须注意其设计的要点。装配式建筑是指用工厂生产的预制构件在现场装配而成的建筑。这类建筑的优点是建筑速度快，受气候条件的制约小，既可节约劳动力又可提高建筑质量，通俗来说，就是像造汽车一样来造房子。

本书属于工程建筑方面的书籍，主要研究装配式建筑设计施工与管理，本书从装配式建筑的概念入手，针对装配式建筑基础理论、发展装配式建筑的意义及未来趋势、装配式建筑构件的生产与运输等内容做了简要说明；接着装配式建筑的设计进行了分析研究，内容涵盖室内装修、防火、防水、节能、机电及各种建筑结构体系；着重阐释了装配式混凝土建筑与钢结构建筑的施工技术，并对装配式建筑装饰施工做了介绍；最后探讨了装配式建筑施工项目管理，对配式建筑项目施工质量及安全管理提出了一些建议，对装配式建筑的设计与施工应用具有一定的借鉴意义。本书既可作为高等院校土建类专业、房地产类专业学生学习装配式民用建筑的基本设计、构成、组合方式和构造方法的教材，也可供房地产业、建筑业土建工程技术人员学习装配式民用建筑的基本设计和构造方法使用。

在本书写作的过程中，编者参考了许多资料以及其他学者的相关研究成果，在此表示由衷的感谢。鉴于时间较为仓促，水平有限，书中难免出现一些谬误之处，因此恳请广大读者、专家学者能够予以谅解并及时进行指正，以便后续对本书做进一步的修改与完善。

《装配式建筑设计与施工》
审读委员会

江　波　伍　仕　章　彪

罗　超　王　敏　刘文柱

目　录

第一章 装配式建筑概述

第一节 装配式建筑基础理论

一、装配式建筑的概念

装配式建筑是指建筑在设计阶段按照各个部件的组合设计，在工厂里把设计的各个部件通过流水线作业统一加工、生产出来，再通过特定的运输方式，运输到施工现场，按照施工流程有序存放，最后通过吊装、连接及部分现浇的方式组合成的建筑。装配式建筑的优点在于，施工的工序及过程比较简单，工人生产效率会明显提高，施工周期会相应缩短，在很大程度上会降低造价。此外，由于装配式建筑提前在工厂生产、加工各个部件，极大地减少了施工过程中产生的建筑垃圾和灰尘，使整个工程项目更加环保和节能。装配式建筑对施工人员的数量要求比现浇式建筑要少很多。

《装配式混凝土建筑技术标准》（GB/T 51231-2016）对装配式建筑的定义如下：结构系统、外围护系统、设备与管线系统、内部装修系统的主要部分采用预制部品部件集成的建筑。装配式建筑的结构系统主要包括结构梁、楼板、结构柱、剪力墙、支撑等承受或传递荷载作用的结构部件。外围护系统包括建筑外墙、屋顶、外门窗等，主要用于分隔建筑内外部环境。设备与管线系统包括供暖通风空调设备及管线系统、燃气设备及管线系统、排水设备与管线系统、电气和智能化设备及管线系统，主要用于满足建筑的基本使用功能。内部装修系统包括楼地面面层装饰、内墙面装饰、轻质隔墙分割、顶棚装修、内部门窗等，主要用于满足建筑使用的舒适性要求。

建筑原材料的预制率和装配率是评价装配式建筑的基本指标。其中，预制率指的是建筑室外地坪以上的主体结构和围护结构中预制构件部分的混凝土用量占对应构件混凝土总量的体积比。预制率的计算公式如式（1-1）所示

$$预制率 = \frac{V_1}{V_1 + V_2}$$

（1-1）

式中：V_1 是指建筑 ±0.000 标高以上结构构件采用预制混凝土构件的混凝土体积，计入 V_1 计算的预制混凝土构件包括预制柱、预制墙、预制梁、预制桁架、预制板等承重结构，以及楼梯板、阳台板、女儿墙等非承重结构；V_2 指建筑 ±0.000 标高以上建筑物采用混凝土的总体积。

装配式建筑的预制率需要达到规定指标，预制构件的使用量需要占一定比例才能充分体现装配式建筑的特点和优势。

装配率是指单体建筑 ±0.000 标高以上的承重结构、围护墙体和分隔墙体、装修与设备管线等采用预制部品部件的综合比例。装配式建筑的装配率不应小于 50%，可根据式（1-2）计算

$$装配率 = \frac{Q_1 + Q_2 + Q_3}{100 - q} \times 100\%$$

（1-2）

式中：Q_1 指承重构件指标实际得分值；Q_2 指非承重构件指标实际得分值；Q_3 指装修与设备管线指标实际得分值；q 指评价项目中缺少的评价项的分值总和。

根据我国装配式建筑的发展现状，装配式建筑的各类建筑构件应达到一定的装配率，才能被评定为装配式建筑。

①柱、支撑、承重墙、延性墙板等竖向承重构件主要采用混凝土材料时，预制部品部件的应用比例不应低于 50%。

②柱、支撑、承重墙、延性墙板等竖向承重构件主要采用金属材料、木材及非水泥基复合材料时，竖向构件应全部采用预制部品部件。

③楼（屋）盖构件中预制部品部件的应用比例不应低于 70%。

④外围护墙采用非砌筑类型墙体的应用比例不应低于 80%。

⑤内墙采用非砌筑类型墙体的比例不应低于 60%。

⑥采用全装修。

二、装配式建筑的分类

装配式建筑按照结构形式和施工工艺可以分为砌块建筑、板材建筑、盒式建筑、骨

架板材建筑以及升板和升层建筑；按照装配化程度可以分为半装配式建筑和全装配式建筑；按照建造使用材料可以分为装配式混凝土结构体系、装配式钢结构体系和装配式木结构体系，其中，装配式混凝土结构体系又分为剪力墙结构、框架－剪力墙结构和框架结构。

三、装配式建筑的特点

装配式建筑是建筑现代化的主要形式、产物和载体，具有装配化、信息化、标准化、智能化、工业化、一体化六大特征。装配式建筑还有以下不同于现浇式建筑的优点。

（1）预制构件提前在工厂批量生产完成后运输到工地上进行吊装拼接，使现场施工的强度大大降低，甚至省去了砌筑和抹灰的工序，简化了整个施工过程，施工工期也相对缩短，提高了建设速度。

（2）装配式建筑在现场的作业主要包括预制构件的吊装和拼接，使现浇混凝土的施工量大大减少，配备的施工人员也可以少很多。同时，装配式建筑不会像现浇式建筑施工一样产生很多建筑垃圾，建设过程更加环保。由于构件是标准化生产的，材料的使用率也得到提高。施工过程中叠合板作为楼板的底模，外挂板作为剪力墙的侧模板，也节省了大量的模板，减少了建筑材料的消耗。

（3）从设计环节来看，装配式建筑呈现了设计的标准化和管理的信息化两个方面的特点。设计标准越高，生产效率就会越高，成本也会越低。如果配合工厂的信息化管理模式，装配式建筑的整体性价比也会提高，同时还能满足绿色建筑的要求。

（4）装配式建筑预制构件是在工厂流水线加工出来的，尺寸能够更加接近设计参数，这样就能够有效地改善一些质量通病问题。

与现浇式建筑相比，装配式建筑存在一定的差异性，从建筑设计到施工再到管理，这中间的流程有很大区别。而装配式建筑作为新式建筑体系，现阶段也存在一定的缺陷，具体如下。

①为了保证初步设计能够满足实际设计要求，后期施工后能够达到应有的效果，结构拥有足够的稳定性和可靠性，应在装配式建筑的初步设计阶段就将这些都考虑到位。这对设计人员的设计水平有一定的挑战。装配式建筑常常因在初步设计阶段考虑不到位，而在后期施工时产生一系列问题。

②在施工图设计阶段，各专业之间配合度要求很高，施工图中的各类结构构件、设备管线以及内部装修之间的协调，都需要精确到位，各种参数指标都需要标准化和精确化。而装配式建筑在我国尚处于发展初期，对这类技术人员的培养相对较少，因此很多设计人员设计不到位，出现各种问题。

③在预制构件的加工及流线化生产阶段，不同预制构件的施工工艺不同，加工要求也不同。例如，对于非承重构件来说，应该将关注重点放在隔声效果上；对于承重构件来说，关注重点就应该放在安全性和稳定性上，这就为构件厂增加了难度。很多工厂因技术不达标，造成预制构件无法安装或出现质量问题。

④装配式建筑在系统化和规范化的建造流程下，相对于现浇混凝土建筑而言，虽然施工流程得到了简化，现场工作量得以减少，但是装配式建筑的整个建造流程仍相对复杂，质量要求也不同，设计、加工、运输、吊装和拼接等环节如果处理不当，就会产生新的质量问题。

四、装配式建筑与现浇式建筑的差异

装配式建筑与现浇式建筑从设计、生产、施工到管理都有很大不同。装配式建筑模式的出现打破了以往的建筑模式和流程，这种突破体现在装配式建筑与现浇式建筑从生产到安装的各个环节。能耗低、污染少的建筑形式所赋予的质的飞跃也给建筑行业带来了希望。下面我们将从以下四个方面来阐述装配式建筑与现浇式建筑之间的差异。

（一）设计方面

对任何一个项目而言，设计是基础，好的设计不仅要满足建筑物功能、安全方面的要求，还要达到功能与成本的完美结合。由于我国关于装配式建筑的规范还不够完善，其设计工作面临着很大的挑战。正如前面所述，装配式建筑最大的特点就是构件在工厂预制，设计时需在满足结构要求的前提下对各预制构件进行深入的拆分和设计，以满足构件厂生产、运输以及现场施工的要求，因此相对于现浇式建筑，装配式建筑对设计的细节要求更高。设计的合理性直接决定了现场构件安装的便捷性及相应的后浇混凝土的用料。

装配式建筑由很多预制构件现场组装而成，但是，目前的装配式建筑还不能全部预制，因此不可避免地存在一些现场工作量。这种"前期预制＋现场现浇"连接的模式决定了构件的尺寸、形状，同时，预留孔洞设计的正确性决定了现场施工的难度和整个项目的进度。因此，预制构件设计工作越细，现场工作量就会越少，项目进度也会越快，这就决定了装配式建筑需要更高的设计费。同时，设计需要更多的人员参与，甚至在设计时构件厂、施工方就要参与，这样就增加了各方协调的费用。在有的项目中，还会请专业的设计公司对构件拆分和设计的合理性进行审核，并提出建议。这些额外的支出不可避免地增加了设计费用。

在现浇式建筑模式下，建筑设计贯穿整个工程，比较常见的是方案改动频繁，设计图纸可随着工程项目的变更而做相应的修改，有很多施工图纸边施工边修改，施工图纸中的错误也可以在工程项目建造过程中以比较低的成本进行修改，对工程项目中需要多专业协同设计的部分要求较低，所以设计产生的费用较低，且设计要求的精确度也低。

关于装配式建筑设计与现浇式建筑设计的差异，一些人存在着一定的误区，他们认为装配式建筑设计就是先按现浇式建筑设计方式进行设计，再进行拆分设计，为了拆分而拆分。他们把装配式建筑设计看成后续附加环节，属于深化设计性质，最多只是在拆分图上审核签字。这样的结果可能会对结构安全造成隐患。即使构件的拆分设计交由有经验的专业设计公司负责，也应该是在设计单位的指导下，由工程设计单位审核出图，因为拆分设计必须在原设计基础上进行，符合原设计的意图。

（二）生产方面

装配式建筑构件在专业构件厂根据设计图纸要求的尺寸及相关规范标准经专业模具和设备生产，整个过程机械化程度较高，生产工人素质高，工人生产效率高，质量更容易控制，且容易达成规模化生产。

现浇式建筑也有一些预制构件方面的需求，如预制管桩、方桩或横梁等，但很多时候是在现场临时搭建工棚利用现场搅拌机进行混凝土生产，这样的生产方式计量不准确，生产质量无法得到保证，且生产规模小，受气候影响大。

（三）施工方面

装配式建筑施工主要为干法施工，施工工期短，现场一年可作业时间多，同时各工序可交叉作业流程多，可以把部分工序进行合并，使施工更快捷。

现浇式建筑受各工艺衔接和施工组织先后关系限制，比如按土建、机电、外墙、内墙等次序施工，工期较长。现浇式建筑现场手工作业工作量大，工作人员多，难免会因施工组织不合理而浪费时间，从而影响工期。而装配式建筑现场工人少，工期相对来说更好控制。

另外现浇式建筑现场脚手架、模板用量大，但装配式建筑现场大型机械设备使用多，而且起重设备的起重量大，回转半径参数比现浇式建筑更严格，相应措施的机械成本也更高。

（四）管理方面

装配式建筑大大减少了施工现场作业与作业人员的数量，把大部分的工序、流程、劳务转移到了构件厂这样更流程化、制度化的工厂车间里，更便于工人的生产管理；另外，相对于现浇式建筑，装配式建筑需要运用更多和更好的信息化管理手段，需要更高的精细化管理水准，对管理人员的沟通协调能力也提出了更高的要求。现浇式建筑施工模式下工程层层分包，出现问题经常会出现扯皮现象，沟通成本较高。

同时，管理的对象也会有所不同。装配式建筑对工人的要求越来越高，会吸引更多学历更高的人才进入施工行业，则工地现场农民工所占比例将会越来越低。

相应地，管理人员的管理方式也需要进行相应的升级，以适应这种变化。

装配式建筑与现浇式建筑的主要差别如表1-1所示。

表1-1 装配式建筑与现浇式建筑的主要差别

项目	装配式建筑	现浇式建筑
目标	经济效益、社会效益、环境效益	经济效益
施工	最大限度地节约资源，高效利用资源	产生大量的资源浪费
运营维护	成本较低，能源利用率较高	成本偏高，能源利用率较低
拆除回收	材料可回收循环利用	拆除后大部分不可回收，对环境造成负担

项目	装配式建筑	现浇式建筑
全寿命周期	决策、设计、施工、运营、拆除回收	决策、设计、施工、竣工
结构设计	室内、室外有效连通	趋于封闭
建筑形式	因地制宜，体现地方文化	单调，千篇一律
与自然环境的关系	以最小的生态和资源代价，换取舒适的居住空间，人与自然和谐共生	不顾环境资源限制，以人为本

第二节　发展装配式建筑的意义及未来趋势

一、发展装配式建筑的意义

（一）发展装配式建筑是落实党中央国务院决策部署的重要举措

近年来，我国高度重视装配式建筑的发展。2020 年 7 月，住房和城乡建设部、发展和改革委员会、教育部、工业和信息化部、中国人民银行、国家机关事务管理局、中国银行保险监督管理委员会七部委，联合印发了《绿色建筑创建行动方案》，提出要大力发展钢结构等装配式建筑，新建公共建筑原则上采用钢结构；编制《钢结构住宅主要构件尺寸指南》，强化设计要求，规范构件选型，提高装配式建筑构配件标准化水平；推动装配式装修，打造装配式建筑产业基地，提升建造水平。2021 年 10 月，国务院印发《2030 年前碳达峰行动方案》，该通知明确：推广绿色低碳建材和绿色建造方式，加快推进新型建筑工业化，大力发展装配式建筑，推广钢结构住宅，推动建材循环利用，强化绿色设计和绿色施工管理，加强县城绿色低碳建设。2022 年 1 月，住房和城乡建设部印发的《"十四五"建筑业发展规划》提出，大力发展装配式建筑，构建装配式建筑标准化设计和生产体系，推动生产和施工智能化升级，扩大标准化构件和部品部件使用规模，提高装配式建筑综合效益。因此，发展装配式建筑有利于落实党中央国务院及相关部门的政策部署。

（二）发展装配式建筑是促进建设领域节能、节材、减排、降耗的有力抓手

当前，我国经济发展方式粗放的局面并未得到根本转变。特别是建筑业，采用现浇的方式，资源能源利用效率低，建筑垃圾排放量大，扬尘和噪声污染严重。如果不从根本上改变建造方式，粗放建造方式带来的资源能源过度消耗将无法扭转，经济增长与资

源能源的矛盾会更加突出，并将极大地制约中国经济社会的可持续发展。

发展装配式建筑在节能、节材和减排方面的成效已在实际项目中得到证明。在资源能源消耗和污染排放方面，根据住房和城乡建设部科技与产业化发展中心对 13 个装配式混凝土建筑项目的跟踪调研和统计分析，装配式建筑相比现浇式建筑，建造阶段可以大幅减少木材模板、保温材料（寿命长，更新周期长）、抹灰水泥砂浆、施工用水、施工用电的消耗，并减少 80% 以上的建筑垃圾排放，减少碳排放和环境污染（如扬尘、噪声），有利于改善城市环境、提高建筑综合质量和性能、推进生态文明建设。装配式建筑与现浇式建筑相比的节能降耗水平如表 1-2 所示。

表 1-2 装配式建筑与现浇式建筑相比的节能降耗水平

项目	节能降耗水平
木材	55.40%
保温材料	51.85%
水泥砂浆	55.03%
施工用水	24.33%
施工用电	18.22%
建筑垃圾排放	69.09%
碳排放	27.26kg/m^2
环境污染	可以有效减少施工现场扬尘和噪声污染

（三）发展装配式建筑是促进当前经济稳定增长的重要措施

当前，我国经济增长将从高速转向中高速，经济下行压力加大，建筑业面临改革创新的重大挑战，发展装配式建筑正当其时。

①可催生众多新型产业。装配式建筑包括混凝土结构建筑、钢结构建筑、木结构建筑、混合结构建筑等，量大，面广，产业链条长，产业分支众多。发展装配式建筑能够为部品部件生产企业、专用设备制造企业、物流产业、信息产业等提供新的市场需求，有利于促进产业再造和增加就业。特别是产业链条向纵深和广度发展，将带动更多的相关配套企业发展。

②拉动投资。发展装配式建筑必须投资建厂，建筑装配生产所需要的部品部件，能带动大量社会投资涌入。

③提升消费需求。集成厨房和卫生间、装配式全装修、智能化以及新能源的应用等将促进建筑产品的更新换代，带动居民和社会消费增长。

④带动地方经济发展。从国家住宅产业现代化试点（示范）城市发展经验看，发展

装配式建筑可引入"一批企业",建设"一批项目",带动"一片区域",形成"一系列新经济增长点",可有效促进区域经济快速增长。

（四）发展装配式建筑是带动技术进步、提高生产效率的有效途径

近年来，我国工业化、城镇化进程快速推进，劳动力减少、高素质建筑工人短缺的问题越来越突出，建筑业发展的"硬约束"情况加剧。一方面，劳动力价格不断提高；另一方面，建造方式传统、粗放，工业化水平不高，技术工人少，劳动效率低下。发展装配式建筑涉及标准化设计、部品部件生产、现场装配、工程施工、质量监管等，构成要素包括技术体系、设计方法、施工组织、产品运输、施工管理、人员培训等。采用装配式建造方式，会"倒逼"诸环节、诸要素，摆脱低效率、高消耗的粗放建造模式，走依靠科技进步、提高劳动者素质、创新管理模式、内涵式、集约式的发展道路。

装配式建筑在工厂里预制生产大量部品部件，这部分部品部件运输到施工现场再组合、连接、安装。装配式建筑具有以下优点：工厂的生产效率远高于手工作业；工厂生产不受恶劣天气等自然环境影响，工期更为可控；施工装配机械化程度高，大大减少了现浇施工现场大量和泥、抹灰、砌墙等湿作业；交叉作业方便有序，提高了劳动生产效率，可以缩短 1/4 左右的施工时间。此外，装配式建造方式还可以减少约 30% 的现场用工数量。升级生产方式，减轻劳动强度，提升生产效率，分摊建造成本，有利于突破建筑业发展瓶颈，全面提升建筑产业现代化发展水平。

（五）发展装配式建筑是实现"一带一路"倡议的重要路径

加入世界贸易组织以来，我国建筑业已深度融合国际市场。在经济全球化大背景下，我国要在巩固国内市场份额的同时，主动"走出去"参与全球分工，在更大范围、更广领域、更高层次上参与国际竞争。特别是在"一带一路"倡议中，采用装配式建造方式，有利于与国际接轨，提升核心竞争力，利用全球建筑市场资源服务自身发展。

装配式建筑能够彻底转变以往建造技术水平不高、科技含量较低、单纯拼劳动力成本的竞争模式，将工业化生产和建造过程与信息化紧密结合，应用大量新技术、新材料、新设备，强调科技进步和管理模式创新，注重提升劳动者素质，注重塑造企业品牌和形象，以此形成企业的核心竞争力和先发优势。同时，采用工程总承包方式，重点进行方案策划，介入一体化设计先进理念，注重产业集聚，在国际市场竞争中补"短板"。发展装配式建筑将促进企业苦练内功，携资金、技术和管理优势抢占国际市场，依靠工程总承包业务带动国产设备、材料的出口，在参与经济全球化的竞争过程中取得先机。

（六）发展装配式建筑是全面提升住房质量和品质的必由之路

新型城镇化是以人为核心的城镇化，住房是人民群众最大的民生问题。当前，住宅施工质量一直饱受诟病，如屋顶渗漏、门窗密封效果差、保温墙体开裂等。建筑业落后的生产方式直接导致施工过程随意性大，工程质量无法得到保证。

发展装配式建筑，主要采取以工厂生产为主的部品部件取代现场建造方式，工业化生产的部品部件质量稳定；以装配化作业取代手工砌筑作业，能大幅减少施工失误和人

为错误，保证施工质量；装配式建造方式可有效提高产品精度，解决系统性质量通病，减少建筑后期维修维护费用，延长建筑使用寿命。采用装配式建造方式，能够全面提升住房品质和性能，让人民群众共享科技进步和供给侧结构性改革带来的发展成果，并以此带动居民住房消费，在不断更新换代中，走向中国住宅梦的发展道路。

二、装配式建筑发展现状和未来趋势

（一）装配式建筑的发展现状及问题分析

发展装配式建筑，创新建造方式，助推建筑业转型升级已经成为共识，尤其是《国务院办公厅关于大力发展装配式建筑的指导意见》（国办发〔2016〕71号）发布后，一批专门从事装配式建筑设计、生产、施工的企业迅速成长，装配式建筑行业得到了长足的发展。尽管发展形势乐观，但装配式建筑存在的问题不容忽视，否则将影响装配式建筑行业的健康发展。

（1）装配式建筑评价标准不统一，预制装配率存在"拼凑"现象。现阶段，装配式建筑评价标准"政出多门"，各地规定"五花八门"，业界对装配式建筑的认识尚缺乏统一标准。目前，各地对装配式建筑评分与评价、认定差异较大，概念也不完全一致。比如，有的省市规定必须采用一定比例的竖向预制构件才能认定为装配式建筑，有的省市只要用了部分叠合板、部分楼梯或阳台就可以认定为装配式建筑。另外，对于预制率、装配率和预制装配率等关键指标，各省市都有自己的计算规定。因为缺乏统一的评价标准，甚至出现了"为装配而装配"、为应付考核而"假装配"的现象。

（2）新型装配式建筑结构技术推广难度大，存在"绕过结构主体"的现象。装配式建筑是一个系统工程，从结构主体到机电安装、装饰装修，从水平结构到竖向结构，从地上结构到地下结构都应该以建筑为载体，通过标准化设计、工厂化生产、装配化施工和信息化管理，最终实现智能建造。特别是结构主体，对装配式建筑而言，这是一道绕不过的坎，主体结构施工周期长、难度大、造价高，通过装配式建造方式实现主体结构的高效施工和绿色施工是装配式建筑的关键技术。但目前不少地方缺乏创新意识，采取拼凑装配率的方式规避主体结构装配，继而影响装配式建筑结构技术的推广和应用。

（3）片面追求"装配化"，忽视了"工业化"。采用工厂的模块化生产、现场的装配式施工，其根本目的是实现建筑工程的工业化建造，但由于对工业化产品存在认同的固有观点和标准，部分已经高度工业化的产品得不到认可。例如商品混凝土，在国际上是一种高度工业化的产品，从生产、运输到施工，机械化程度已经很高，但由于片面追求预制率，叠合结构体系的后浇混凝土在评价预制率或装配率时，存在不认可或按比例折算的问题，这也影响了新型结构技术的推广和应用。

（4）缺乏对创新技术的支持和包容。部分地方"教条主义"思想比较严重，对创新的装配式建筑技术缺乏支持，仅拘泥于已有的规范和标准，甚至是过时的文件，不愿意创新甚至畏惧创新，害怕担责，宁愿不作为也不愿意创新发展，这在一定程度上对新技术的创新及应用造成束缚。

（5）装配式建筑的成本测算缺乏"全社会成本"的理念。装配式建筑的成本测算是一个系统工程，成本内容既应该包含直接成本，也应该包含环保成本等社会成本，但在实际运作中，相关企业往往只注重直接成本，忽视了社会效益和由此带来的资源节约。因此，在采用装配式建筑技术时，仅仅满足于符合当地的最低装配率要求，造成了装配式建筑的发展成为一种政策压力下的被动需求，市场却缺乏主动推力，这也是装配式建筑技术发展缓慢的主要原因。

（6）国家和行业技术标准与团体标准的衔接出现脱节现象。自2016年起，住房和城乡建设部不再新批国家和行业技术标准，转而鼓励团体标准和企业标准的发展，除了涉及质量安全的强制性标准以外，一般技术标准退出历史舞台。但由于国家和行业标准与团体标准缺乏衔接，多数企业和专家还在依赖国家和行业标准，致使团体标准的推广应用面临巨大的阻力。加之团体标准编制门槛较低，数量偏多，重复编制现象严重，且缺乏权威性认定，因此，在推广应用装配式建筑新技术时，还需要编制众多的地方标准并进行多次的专家论证，严重影响了技术的创新和科技成果的推广应用。

（二）装配式建筑的发展趋势与方向

装配式建筑是建筑业新型工业化的载体，装配式建造方式是智能建造的关键技术，因此，装配式建筑的发展趋势与方向应该有利于实现工业化建造、智能建造和绿色建造。

（1）装配式建筑的评价标准应该从预制装配率向工业化率转变。建筑业总产值中工业化产值是衡量建筑工业化程度的重要指标，而工业化率（工业增加值占全部生产总值的比重）应该是衡量装配式建筑是否实现了新型工业化的重要指标。统一装配式建筑的评价标准，变预制装配率为工业化率，有利于处理好预制混凝土与现浇混凝土的关系，有利于客观评价工厂化生产与现场施工的利弊，有利于加快装配式建筑的健康、快速发展。

（2）新型装配式建筑结构技术的出现将会促进建筑工业化程度的进一步提高。从结构形式上看，混凝土结构由于其性价比较高且原材料来源广泛仍将是主流，钢结构在公共建筑中将会体现出更大优势。装配式建筑从设计角度来看将会更有利于工厂化发展，包括结构构件、机电管线和装饰工程。以装配式混凝土结构为例，传统灌浆套筒结构会进一步被优化，但其他结构技术也将不断涌现和发展；在德国双皮墙技术的基础上发展而来的空腔叠合混凝土结构技术，由于其施工便捷、质量可靠、整体性好、成本更低，解决了传统装配式建筑竖向连接和质量检测难的痛点，更适合中国国情，将会得到大力推广和发展。

（3）装配式建筑将从简单的预制构件装配向全方位装配发展。装配式建筑结构将从单纯的水平结构应用向水平、竖向结构全装配发展，将从单纯的地上结构装配向地上、地下结构全装配发展。由于装配式混凝土结构技术的局限性，以及地下部分受力、防水等条件的约束，目前的装配式结构体系仅适用于地上结构。但随着装配式结构技术的发展，地上、地下全装配将成为现实。特别是对于地下工程周期长、造价高、高支模、体量大的弊端，装配式地下结构技术有利于实现高效施工，因此，地下工程的装配式建造将成为未来的发展方向。

（4）装配式建筑将从以结构为主的预制装配向全专业装配发展。随着建筑工业化水平的提高，结构工程、机电工程、装饰装修工程等全专业装配的实现已成为可能。近年来，很多工程尝试进行了全专业的装配式实践，并取得了较好的效果，尤其是较为复杂的机房工程采用模块化预制、装配式施工，实现了快速、高质量施工，取得了良好的经济效益。建筑工程全专业的装配建造方式能最大限度地实现建筑工业化。

（5）建筑材料的创新发展和工程装备的升级将助推新型建筑工业化发展。新型建筑材料和装备是建筑工业化进程的源泉和动力，装配式建筑的发展不仅是结构技术的创新，更需要新型建筑材料的研发和相关装备的升级换代。近年来，新型建筑材料 [如超高性能混凝土（ultra-high performance concrete，UHPC）、气凝胶绝热真空保温板等高性能材料] 的不断涌现，使装配式建筑的性能不断改善、施工工艺不断改进；同时，生产装配式建筑构配件、部品部件的装备也在不断更新，自动化、智能化程度不断提高，为实现新型建筑工业化与智能建造的协同发展创造了条件。

（6）高附加值构配件及异型构件将成为装配式建筑市场的主流产品。目前，虽然构配件生产企业众多，但产品品种单一，竞争异常激烈。由于受到设计标准化的过度影响，构件生产企业往往寄希望于构配件标准化程度的提高，而忽视了复杂构件和异型构件的市场需求。复杂构件和异型构件的工业化生产能力才是构配件生产厂家的发展方向。因此，结构保温一体化甚至是结构保温装饰一体化的复杂构件、满足建筑师造型风格需求的异型构件等高附加值构件，将成为未来市场的主流产品。

（7）装配式超低能耗建筑是未来建筑的发展方向。在建筑业的碳排放中"贡献"最大的是建筑运营过程中产生的能耗，超低能耗建筑因其能源消耗低，有利于实现建筑业的"碳中和"而备受关注。北京市、河北省等多个地方已出台超低能耗建筑的地方标准和鼓励性政策。采用装配式建造方式可以大幅度降低建造过程的能耗，大大提高建设速度，同时，保温与建筑结构的一体化反打混凝土工艺还提高了隔热层的施工质量及建筑的安全性，因此，装配式超低能耗建筑也是装配式建筑发展的重要方向。

我们应该相信装配式建筑将是大众建筑的未来，现阶段，装配式建筑技术应不断创新，以提升装配式建筑产品性能和质量，提升企业的产品竞争力。装配式建筑也具备可持续性的特点，不仅防火、防虫、防潮、保温，而且环保、节能。2019 年，全国住房和城乡建设部工作会议重点提出：以发展新型建造方式为重点，深入推进建筑业供给侧结构性改革；大力发展钢结构等装配式建筑，积极化解建筑材料、用工供需不平衡的矛盾，加快完善装配式建筑技术和标准体系。预计到 2025 年，中国新建装配式建筑面积将达到 16.51 亿平方米，市场规模将达 3.6 万亿元。

（三）推动装配式建筑发展的措施

装配式建筑发展的总体形势是好的，目前存在的问题也是发展过程中的问题，只要大家重视，积极采取措施，我国的装配式建筑就一定能健康、快速发展。以下建议供各级政府部门和业界相关人员参考。

1. 进一步强化顶层设计，规范评价标准

装配式建筑的发展重在规划和顶层设计，相关部门在按照国务院和住房和城乡建设部的要求做好目标规划的同时，要设计好装配式建筑发展的路径，不为装配而装配，而是从助推建筑业转型升级和建设建筑工业化体系的高度出发，有序推进建筑工程全专业的装配化和工业化进程。

2. 规范装配式建筑标准体系，有序衔接国家行业标准与团体标准

规范装配式建筑的评价标准，完善装配式建筑的标准体系，尤其是做好已有的装配式建筑标准与后续编制的团体标准的衔接是当务之急。现阶段，原有的国家和行业标准仍在执行，新编的团体标准质量参差不齐，且行业对团体标准的认知存在较大差异。因此，建议尽快修编原有的国家及行业标准，将新编团体标准中装配式建筑新技术纳入修编标准，同时启动团体标准的第三方认证，提高其权威性。

3. 通过装配式示范工程引领创新技术的推广和应用

近年来，虽然装配式建筑新技术不断涌现，如装配式空腔叠合混凝土结构技术、开孔钢板剪力墙等钢结构技术、装配式超低能耗建造技术等，但由于缺乏国家和行业标准的支撑，仅凭团体标准的支持存在推广应用缓慢的问题。因此，从国家行业监管的角度出发，推动应用新技术的示范工程建设，并给予一定的政策鼓励，可以有效推动装配式建筑新技术的应用。

4. 强化监管，规范构件生产与施工，建立产业工人队伍

据不完全统计，国内构件厂超过 2000 家，工艺参差不齐，有些构件厂仅凭几十张固定模台便可开张营业。由于缺乏完整的质量监管体系，构件质量存在不同程度的隐患，强化监管刻不容缓；同时，装配式建筑施工对操作工人的素质要求和技能要求大大提高，而从业人员仍然以缺乏培训的传统劳务工人为主，因此，产业工人队伍的建设也需要通过积极的政策引导加快推进。

5. 研发多品种构件及部品部件，满足建筑产品个性化、多样化需求

产品单一、附加价值低下、不能满足建筑产品个性化的需求，也是制约装配式建筑发展的重要因素。装配式建筑设计和构件生产企业应该联合攻关，创新生产工艺，研发新型装备，丰富构配件品种，最终能够如汽车工业一样，满足不同层次和不同客户的个性化需求。

6. 集行业之力解决突出问题，助力行业健康发展

装配式建筑的突出问题有装配式混凝土建筑竖向结构和地下结构的应用问题、钢结构的隔声及防水问题、标准化与建筑产品个性化及多样化的矛盾问题等。

第三节 装配式建筑构件的生产与运输

一、建筑产业化简介

（一）建筑产业化的概念

当前建筑科学因技术的发展和政策的背景而不断引入产业化的相关内容，相关研究人员开始对建筑产业化进行探索。住房和城乡建设部发布的《建筑产业现代化发展纲要》指出发展建筑产业化是当前推进建筑行业的路径，意味着我国建筑产业化走入了前进的新时期。

建筑产业化是通过生产预制化构件和装配式施工以区分于传统方式。从科技创新应用角度来看，建筑产业化的基本特点是管理信息化和应用智能化，将建筑产业化和信息化融合，提高了建筑产业化的技术性和创新驱动力。建筑产业化的定义随着其不断的发展变化而更新完善。

综合之前学者们的研究分析，建筑产业化具有建筑设计标准化、构件工厂化和施工机械化等基本特征。本书对建筑产业化进行定义：基于标准化设计、工厂化生产、装配化施工、数字化管理和智能化应用特点，通过预制化构件和装配式实施的生产模式，搭建建设项目全生命周期产业链，为达成项目绿色、效益高、可持续的目标而控制投入、加快进度、保证品质的依靠创新工艺的建筑生产方式。

建筑产业化具有以下优点。

①与传统建造方式相比，建筑产业化可节水 60%、节省木材 80%、节省其他材料 20%、减少建筑垃圾 80%、减少能耗 70%，可以推动技术创新，提高建筑品质。

②建筑产业化可促进新技术、新材料、新设备和新工艺的大量运用，大大提升建筑安全性、舒适性和耐久性，同时可带动设计、建材、装饰等 50 多个关联产业产品的技术创新。

③建筑产业化可以集约增效，利于企业"走出去"。建筑产业化促进建设标准规范化、流程系统化、技术集成化、部品工业化以及建造集约化，能减少用工 50%、缩短工期 30% ~ 70%。可显著降低用工需求的特点，也为企业"走出去"注入了强大的活力。

④建筑产业化可以促进建筑企业转型升级，走上集约化、可持续发展道路。

发展建筑产业化是建筑生产方式从粗放型生产向集约型生产的根本转变，是产业现代化的必然路径和发展方向。

（二）建筑产业化的特征

建筑产业化具有以下五个典型特点。

1. 设计标准化

项目构件的标准化设计是能够实现工厂化生产的前提条件，同时也是建筑产业化的一个典型特点。将项目构件的种类、型号、尺寸、原料等标准进行一致化，可将现实项目中有大量需要的、适配性高的建筑构件、配件、机械、装置制作成相匹配的标准化设计图纸。为了降低生产阶段的投入和期限、提升该阶段的效益和满足构件品质的要求，可利用建设项目设计的准则和项目的标准化设计，实现全方位的管理经济性。

2. 构件生产工厂化

当建筑构件在数据化统计和标准化设计的前提下实现通用性之后，即可对其进行批量化生产，通过工厂化实现构件的市场化，实现建筑产业化中通用化构件的市场供应。现阶段，实现建筑产业化的一个典型特征就是对项目实施中的构件进行工厂化生产。

3. 施工安装装配化

工厂化生产的标准化构件的现场安装施工对安装员工提出了很高的技术和技艺要求，需要严格按照标准流程对标准化构件进行拼接，精度和质量必须符合标准。批量定制的工厂化构件有效减少了施工场地的湿作业工作区域，相关劳动的减少极大地提升了建筑实施阶段的效率和效益，推进建设项目的绿色可持续发展，加快施工进度，有效节约资源、控制成本，达到绿色施工的要求。

4. 全过程信息化

在建设项目的全过程中，规划设计阶段、构件生产阶段、装配实施阶段、交付运营阶段无不包含大量的数据信息，通过对相关信息的全方位处理和精准识别，充分了解、把握数字背后的意义和价值，最终达到高质量处理、全面化使用的目的，充分发挥建筑产业化的优势。

5. 全面管理科学化

在现阶段的建筑开发建设过程中，全生命周期的各个阶段都由不同的利益相关方个体进行承担、单独开展，当全过程中的各个阶段进行转移过渡时，项目面临着大量的工作信息交接任务，繁杂的任务和庞大的信息需要精准对接，避免因资料转接而使项目产生风险，因此需要系统化的管理思想进行全过程、全方位的指导。对建设项目的信息整合化统筹管理，能够确保各个阶段任务的科学实施和衔接，防止因管理漏洞而导致项目出现风险。

二、生产材料的应用

装配式建筑的构件在生产工厂制作，在现场拼装，施工方便快捷，节约材料，环保节能，自重轻，工期短，有良好的社会效益，符合国家的环保、节能技术政策。建筑构件实现工业化生产后，不仅可以减少很多现场施工造成的浪费，同时也使更多环保、绿色、可持续发展的建筑材料得到应用。

在我国的房屋建筑材料中，墙体材料占45%~75%，而在装配式建筑的发展中，墙体材料的变化就显得极为明显。墙体材料发展趋势是由小块向大块，由大块向板材发展。板材装配采用干作业，相对于砖和砌块而言，其施工效率可以成倍提高。2014年5月，中国建筑材料联合会制定了《中国建筑材料工业新兴产业发展纲要》，确定了建筑材料新兴产业七大领域，其中包括新型多功能节能环保墙体产业，提出"重点发展轻质高强、多功能复合一体化、安全耐久、节能环保、低碳绿色、施工便利的新型多功能墙体材料"；坚持技术含量高、产品新型、质量好、节能环保、低碳绿色和舒适的原则；坚持产品性能优异、功能多元以及复合功能强的原则；坚持制品化、部品部件产业化与组合组装的发展原则；坚持美观、实用、安全、无污染的发展原则。主要的板材类型有以下五种。

（一）水泥制品板材

水泥是我国应用广泛的胶凝材料，各类型水泥制成的墙板从20世纪90年代末开始进入市场，例如大家熟悉的玻璃纤维增强水泥多孔轻质隔墙条板、节能环保的灰渣混凝土建筑隔墙板、节能保温的硅酸钙复合夹芯墙板等。我国筑轻质隔墙条板产品普遍存在的问题有干燥收缩值普遍偏大、面密度控制不好、力学性能差（如抗冲击性、抗折能力、抗压强度、吊挂力等）。

因为水泥制成的建筑墙体板材存在大板易开裂、容重大等问题，同时水泥生产能耗高，对环境不友好，所以发展新型环保的、可持续发展的墙体材料也成为建筑行业的一大重点。

（二）石膏制品板材

石膏作为一种传统的胶凝材料，很受人们的青睐。它是以建筑石膏为主要原料制成的一种材料，属绿色环保、新型建筑材料，具有轻质、保温、隔热、无辐射、无毒、无味、防火、隔声、施工方便、绿色环保等诸多优点。石膏板是当前着重发展的新型轻质板材之一，已广泛应用于住宅、办公楼、商店、旅馆和工业厂房等各种建筑物的内隔墙、墙体覆面板（代替墙面抹灰层）、天花板、吸声板、地面基层板和各种装饰板等。除了经济常见的象牙白色板芯、灰色纸面，其他品种如下。

①防火石膏板：在传统纸面石膏板的基础上，创新开发的一种新产品，不但具有了纸面石膏板的隔声、隔热、保温、轻质、高强、收缩率小的特点，而且在石膏板板芯中增加一些添加剂（玻璃纤维），使得这种板材在发生火灾时，在一定时间内保持结构完整（在建筑结构里），从而起到阻隔火焰蔓延的作用。

②花纹装饰石膏板：以建筑石膏为主要原料，掺加少量纤维材料等制成的有多种图案、花饰的板材，如石膏印花板、穿孔吊顶板、石膏浮雕吊顶板、纸面石膏饰面装饰板等。它是一种新型的室内装饰材料，适用于中高档装饰，具有轻质、防火、防潮、易加工、安装简单等特点。特别是新型树脂仿型花纹饰面防水石膏板，板面覆以树脂，仿型

花纹饰面，其色调图案逼真，新颖大方，板材强度高、耐污染、易清洗，可用于装饰墙面，做护墙板及踢脚板等，是代替天然石材和水磨石的理想材料。

③纸面石膏装饰吸声板：以建筑石膏为主要原料，加入纤维及适量添加剂做板芯，以特制的纸板为护面，经过加工制成。纸面石膏装饰吸声板分有孔和无孔两类，并有各种花色图案。它具有良好的装饰效果。纸面石膏装饰吸声板两面都有特制的纸板护面，因而强度高、挠度小，具有轻质、防火、隔声、隔热等特点，抗震性能良好，可以调节室内温度，施工简便，加工性能好。纸面石膏装饰吸声板适用于室内吊顶及墙面装饰。

（三）金属波形板

金属波形板是以铝材、铝合金或薄钢板轧制而成（也称金属瓦楞板）的。如用薄钢板轧成瓦楞状，涂以搪瓷釉，经高温烧制成搪瓷瓦楞板。金属波形板重量小、强度高、耐腐蚀、反光能力强、安装方便，适用于屋面、墙面。

（四）EPS 隔热夹芯板

EPS 隔热夹芯板是以 0.5 ~ 0.75mm 厚的彩色涂层钢板为表面板，以聚苯乙烯为芯材，用热固化胶在连续成型机内加热、加压复合而成的超轻型建筑板材，是集承重、保温、防水、装修于一体的新型围护结构材料。EPS 隔热夹芯板可制成平面形或曲面形板材，适用于大跨度屋面结构（如体育馆、展览厅、冷库等）及其他多种屋面形式。

（五）硬质聚氨酯夹芯板

硬质聚氨酯夹芯板由镀锌彩色压型钢板面层与硬质聚氨酯泡沫塑料芯材复合而成。压型钢板厚度为 0.5mm、0.75mm、1.0mm。彩色涂层为聚酯型、改性聚酯型、氟氯乙烯塑料型，这些涂层均具有极强的耐候性。该板材具有轻质、高强、保温、隔声效果好、色彩丰富、施工方便等特点，是集承重、保温、防水、装饰于一体的屋面板材，可用于大型工业厂房、仓库、公共设施等大跨度建筑和高层建筑的屋面结构。

三、建筑构件生产

（一）预制构件的特点

预制构件是装配式建筑结构的重要组成部分，其贯穿于装配式建筑设计、生产、运输及装配各个环节。与传统建筑业相比，装配式建筑预制构件的质量形成于某个或多个环节之中，其特点如下。

（1）装配式建筑需要拆分预制构件，故设计阶段新增深化设计环节。设计环节进行构件拆分，构件拆分需综合考虑各专业和后续各阶段的影响因素；预制构件需要综合考虑设计、生产、施工、吊装、运输、施工场地布置等因素；机电管线、线盒需提前预埋在预制构件中，到现场后进行拼装连接。

（2）装配式建筑建造提前在工厂生产预制构件，须先设计和制造模具。拆分预制构件时应遵循标准化、模数化原则，以提高模具的重复使用率。在生产过程中也要格外注意模具组装的精度、预埋件安装精度等，根据深化设计方案保证预制构件质量。

（3）预制构件提前在工厂生产，运至装配现场吊装拼接，方便快捷；节约劳动力，大大减少了现场的湿作业，降低了扬尘、噪声等对环境的污染。

（4）预制构件现浇节点受力复杂，现场施工的重中之重是预制构件的拼接与安装，使其与现浇结构形成一个整体。在预制构件生产安装前，设计阶段就需要确定连接处的受力形式与强度，排除施工后期的质量安全隐患。

（二）预制构件的生产方式

预制构件的生产方式主要分为两种：固定式生产方式和流水式生产方式。

固定式生产方式发展较早，其操作平台位置固定，通过不同工种轮换进行各个工序的操作，因为此方法操作灵活，所以流水线不便生产的各种异型构件可以在固定式操作台进行生产，这也是我国目前采用比较多的一种生产方式，缺点是生产效率低。

流水式生产方式是将预制构件的生产过程进行分解，因为各个构件的生产工序基本相同，差异主要在于各工序的操作时间，所以将构件的生产分解为若干工序，这样构件就可以依据生产顺序依次进行各道工序的加工。它的优势在于：在流水线上流动的是各个构件以及配套的模具等资源，而非机器和工人，工人和机器的固定可以使工人连续进行类似的操作，提升工人的熟练度，保证生产效率；有利于快速生产单一品种以及标准化高的构件，如叠合楼板、PC 墙板等。

与传统流水线车间相比，预制构件生产车间自动化水平较低，生产效率较低。同时在生产工艺方面，由于对工艺连贯性要求较高，有一些操作不可中断，如混凝土浇筑过程，而且浇筑完需要及时进行养护。另外，构件的生产依据项目展开，构件种类及数量取决于具体的工程项目需求。预制构件生产方式对比如表 1-3 所示。

表 1-3　预制构件生产方式对比

项目	固定式生产方式	流水式生产方式
特点	以固定模具为中心，以桥吊为物料运输工具的生产组织系统	循环流水线，配套专业搅拌站的自动生产组织系统
设备组成	模具 + 桥吊 + 养护罩	搅拌站 + 模具 + 振动台 + 传送线 + 养护窑 + 桥吊
成型方法	附着式振动器或手动插入式振捣器	振动台
优点	节约投资、工艺简单、操作方便；静态生产线有利于质量控制	加工区通过流水线组织，集成化程度很高，长期大规模专业化生产标准产品优势明显
缺点	车间占地面积大，混凝土搅拌、运输及浇筑环节紧凑性差，效率低	适合板类构件，不适合异形构件；建设期较长；机动灵活性较差
经济分析	一次性投资少	一次性投资多
适用范围	适合各种条件和场合的项目，尤其是一次性项目	适用于投资规模大、运行期也较长的项目；不适用于一次性项目或短期项目

流水式生产方式在预制构件的生产中被越来越多地采用,随着装配式建筑的进一步发展,流水式生产方式的应用将会更加广泛。因此,接下来将具体剖析流水式生产预制构件的生产工艺流程。

(三)装配式建筑预制构件的生产工艺流程

预制构件的生产过程主要包括构件制造、储存和运输等一系列工作。预制构件生产难度会影响生产效率,以及整个生产调度的规划和灵活性。流水式生产方式下预制构件生产通用工艺流程如表1-4所示。

表1-4　流水式生产方式下预制构件生产通用工艺流程

序号	活动名称	活动描述
1	清理工作	清理钢模中残留的污染物,并清理模台,给模具喷隔离漆
2	画线定位	侧模、预埋件、孔洞定位,测量预埋件、孔洞的位置基线
3	模具组装	安装包含预制构件模具的底模和侧模
4	安放钢筋笼	将钢筋骨架置于模具内进行定位和安装
5	安装预埋件	预埋件安装及固定
6	浇筑前检查	确认模具、预埋件、孔洞等的尺寸和位置正确无误
7	浇筑	按照生产计划用量浇筑混凝土,并充分振捣
8	养护	根据构件和工期要求,采取不同的养护策略
9	拆模	严格按照技术交底要求的顺序拆模,注意对构件的保护
10	成品修复	对构件外表面的孔洞以及损伤进行修补处理
11	入库前检查	检查预制构件的标签、代码和尺寸是否正确
12	起吊储存	当构件满足强度要求后,起吊至储存区堆放
13	运至现场	将预制构件从预制构件厂运输至施工现场

根据预制构件生产工艺流程的特征和属性,对上述13个工艺流程进行归纳、总结,得出了预制构件生产的9道工序流程,根据连续性特征将工序分为了可中断工序、不可中断工序,根据并继性特征将工序分为了相继工序、并行工序。不可中断工序一旦开始便不能停止,直到工序完成。可中断工序则允许工序开始后暂停(如果可中断工序的完工时间超出了正常下班时间,则可以在正常下班时间停止该工序,等到第二天上班继续进行)。并行工序代表工序可在同一时间处理多种预制构件,而相继工序则如同传统的流水车间问题假设一样,在前一个工件没有完成本道工序之前,后一个工件无法开始本道工序。

1. 清理工作

在预制构件生产前，应保持模具、模台清洁，因此预制构件生产的第一步就是对拆卸下来的模具和加工过后的模台进行清理。清理模台需要用模台清理机对模台上的混凝土残渣等杂物进行清理，对个别死角处残渣用扁铲清理，并用泡沫清理浮灰。清理模具过程中需要将模具中残留的污染物、混凝土块或焊缝清理干净，检查完毕后，喷刷隔离漆。清理工作属于可中断的相继工序，即同时刻只能完成一种预制构件的清理工作，且清理工作可以随时暂停。

2. 模具组装

模具组装工序由模具组装和数字控制画线两道工艺组成。在完成模具清理工作之后，应根据预制构件深化设计的特征信息对模具的侧模、预埋件、孔洞画线位置进行定位，测量安装预埋件、孔洞的位置基线。模具组装应根据深化设计图纸按一定的组装顺序进行。预制混凝土构件在钢筋骨架入模前，应在模具表面均匀涂抹脱模剂。模具组装工序不强制连续进行，属于可中断的相继工序。

3. 安放钢筋骨架、预埋件

安放钢筋骨架、预埋件工序包含了安放钢筋骨架和安放预埋件两道工艺。钢筋、预埋件安放的位置应当精准，严格按照设计要求和图纸规范进行操作。尤其需要注意：钢筋、预埋件的安放应严格遵照规定实行，一旦超出误差允许的范围必须返工。该工序属于可中断的相继工序。

4. 混凝土浇筑

混凝土浇筑工序包含了浇筑前检查和混凝土浇筑两道生产工艺。混凝土浇筑前，应确认模具、预埋件、孔洞等尺寸和位置正确无误，保证各项指标满足规范要求后，方可进行浇筑。浇筑过程应该连续进行，除非发生紧急情况，否则不可中断。为了避免蜂窝麻面的形成，应该保证振捣充分。此外，一次只能浇筑一种预制构件，所以混凝土浇筑工序属于不可中断的相继工序。

5. 养护

预制构件通常有自然养护和加热养护两种养护方式。预制构件需要根据气温、生产进度、构件类型等影响因素选择合适的养护方式。通常，养护时间不应小于 4h。与以上工序不同，由于养护时间较长，通常不同种类的预制构件可以同时进行养护，即养护工序属于并行工序而非相继工序。同时，与混凝土浇筑工序类似，养护过程应连续进行，一旦开始便不可中断，直到达到规定的养护时间。因此，养护工序属于不可中断的并行工序。

6. 拆模

养护工序完成后，便可进行拆模工序。预制构件脱模时应严格按照技术交底要求的顺序进行拆模。宜从侧模开始，先拆除固定预埋件的夹具，再打开其他模板。拆模时，不应损伤预制构件，不得使用震动、敲打等对预制构件有可能造成损害的方式拆模。拆模工序属于可中断的相继工序。

7. 成品修复

拆模后，应对预制构件进行检查，如没有影响结构性能的问题，可对预制构件进行修复。通常在预制构件堆放区域旁设置专门的整修场地，在整修场地内可对刚脱模的构件进行清理、质量检查和修补。此外，对于构件各种类型的外观缺陷，预制构件生产企业应制订相应的修补方案，并配备相应的修补材料和工具。预制构件应在修补合格后再运输至合格品堆放场地。成品修复属于可中断的相继工序，如果未能在正常工作时间内完成，可在第二天继续进行。

8. 起吊储存

预制构件应在拆模后起吊至堆放场地进行储存，并应按产品品种、规格型号、检验状态分类堆放，并应对各区域作出明确、耐久的标识。通常，楼梯宜采用立放形式，且叠放层数不宜超过4层。叠合板、阳台板和空调板等板类构件，以及预制柱、梁等细长构件宜采用平放形式，且叠放层数不宜多于6层。为了避免二次搬运造成的浪费，起吊储存工序被视为一个不可中断的工序，即一旦储存直到运输工序开始，预制构件都不能进行搬运。此外，由于预制构件的叠放储存以及预制构件厂通常有较大的堆放场地，所以起吊储存工序也属于并行工序，即不同种类的预制构件可以同时进行存放。

9. 运至现场

预制构件运输前应制订预制构件的运输计划，对实际路线进行踏勘，并应有专门的质量安全保证措施。与起吊储存工序类似，运输一旦开始就必须将预制构件送达装配现场不能中断，并且不同类型的预制构件通过分批次、分车运输的方式运至现场，因此同时可以处理多种预制构件的运输。运至现场工序也属于不可中断的并行工序。

四、构件的存放及运输

预制混凝土构件如果在储存时发生损坏、变形，将会很难修补，既耽误工期，又造成经济损失。因此，大型预制混凝土构件的储存方式非常重要。物料储存要分门别类，按"先进先出"原则堆放物料，原材料需要填写"物料卡"标识，并有相应台账、卡账以供查询。因有批次规定等特殊原因而不能混放的同一物料应分开摆放。物料储存要尽量做到"上小下大，上轻下重，不超过安全高度"。物料不得直接置于地上，必要时应加垫板、工字钢、木方或置于容器内，予以保护存放。物料要放置在指定区域，以免影响物料的收发管理。不良品与良品必须分仓或分区储存、管理，并作好相应标识。储存场地应适当通风、通气，以保证物料品质不发生变异。

（一）构件的储存

1. 构件的储存方案

构件的储存方案主要包括确定预制构件的储存方式，设计、制作储存货架，计算构件的储存场地面积和相应辅助物料需求量。

（1）确定预制构件的储存方式。根据预制构件（叠合板、墙板、楼梯、梁、柱、飘窗、阳台等）的外形尺寸选择不同的储存方式。

（2）设计、制作储存货架。储存货架根据预制构件的重量和外形尺寸进行设计和制作，且尽量考虑储存货架的通用性。

（3）计算构件的储存场地面积和相应辅助物料需求量。计算构件的储存场地面积，即根据项目包含构件的大小、方量、储存方式、装车便捷性及场地的扩容性等，划定构件储存场地和计算储存场地面积。计算相应辅助物料需求量，即根据构件的大小、方量、储存方式计算出相应辅助物料需求（存放架、木方、槽钢等）数量。

2. 构件一般储存工装、治具介绍

构件一般储存工装、治具包括龙门吊、外雇汽车吊、叉车等，具体如表1-5所示。

表1-5　构件一般储存工装、治具及其工作内容

序号	工装、治具	工作内容
1	龙门吊	构件起吊、装卸，调板
2	外雇汽车吊	构件起吊、装卸，调板
3	叉车	构件装卸
4	吊具	叠合楼板构件起吊、装卸，调板
5	钢丝绳	构件（除叠合板）起吊、装卸，调板
6	存放架	墙板专用储存
7	转运车	构件从车间向堆场转运
8	专用运输架	墙板转运专用
9	木方（100mm×100mm×250mm）	构件储存支撑
10	型钢（110mm×110mm×3000mm）	叠合板储存支撑

3. 预制构件主要储存方式介绍

（1）叠合板的储存

叠合板应放在指定的存放区域，存放区域地面应保证水平。叠合板应分型号码放、水平放置。第一层叠合板应放置在H型钢（型钢长度根据通用性一般为3000mm）上，保证桁架筋与型钢垂直，型钢距构件边500～800mm。层间用4块100mm×100mm×250mm的木方隔开，四角的4个木方应平行于型钢放置，存放层数不超过8层，高度不超过1.5m。

（2）墙板的储存

墙板采用专用存放架储存，墙板宽度小于4m时，墙板下部垫2块100mm×100mm×250mm木方，两端距墙边30mm处各放置一块木方。墙板宽度大于4m或带门窗洞口时，墙板下部垫3块100mm×100mm×250mm的木方，两端距墙边300mm处各放置一块木方，墙体重心位置处放置一块木方。

（3）楼梯的储存

楼梯应放在指定的存放区域，存放区域地面应保证水平。楼梯应分型号码放。折跑楼梯左右两端第二个、第三个踏步位置应垫 4 块 100mm×100mm×500mm 的木方，距离前后两侧为 250mm，保证各层间木方水平投影重合，存放层数不超过 6 层。

（4）梁的储存

梁应放在指定的存放区域，存放区域地面应保证水平，需分型号码放、水平放置。第一层梁应放置在 H 型钢（型钢长度一般为 3000mm）上，保证长度方向与型钢垂直，型钢距构件边 500～800mm，长度过长时，应在中间间距 4m 处放置一个 H 型钢。梁最多叠放 2 层，层间用 100mm×100mm×500mm 的木方隔开，保证各层间木方水平投影重合于 H 型钢。

（5）柱的储存

柱应放在指定的存放区域，存放区域地面应保证水平。柱应分型号码放、水平放置。第一层柱应放置在 H 型钢（型钢长度一般为 3000mm）上，保证长度方向与型钢垂直，型钢距构件边 500～800mm，长度过长时应在中间间距 4m 处放置一个 H 型钢，根据构件长度和重量最高叠放 3 层。层间用 100mm×100mm×500mm 的木方隔开，保证各层间木方水平投影重合于 H 型钢。

（6）飘窗的储存

飘窗采用立方专用存放架储存，飘窗下部垫 3 块 100mm×100mm×250mm 的木方，两端距墙边 300mm 处各放置一块木方，墙体重心位置处放置一块木方。

（7）异形构件的储存。

对于一些异形构件，我们要根据其重量和外形尺寸的实际情况合理划分储存区域及选择储存形式，避免产生损伤和变形，导致质量缺陷。

4. 预制构件的储存管理

成品预制构件出入库流程如图 1-1 所示。

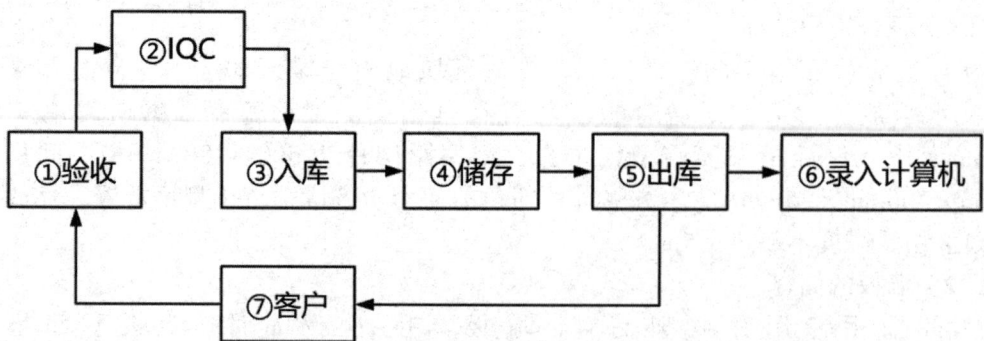

图 1-1　成品预制构件出入库流程

成品仓库区域规划如表1-6所示。

表1-6 成品仓库区域规划

序号	区域规划	区域说明
1	装车区域	构件备货、物流装车区域
2	不合格区域	不合格构件暂存区域
3	库存区域	合格成品入库储存重点区域，区内根据项目或成品种类进行规划
4	工装、治具放置区	构件转运和装车需要的相关工装、治具放置区

在设置成品预制构件仓库时，应根据库存区域规划绘制仓库平面图，标明各类成品存放位置，并贴于明显处。依照成品特征、数量，分库、分区、分类存放，按"定置管理"的要求做到定区、定位、定标识。同时，库存成品标识包括成品名称、编号、型号、规格、现库存量，由仓库管理员用"存货标识卡"的形式呈现。库存摆放应做到检点方便、成行成列、堆码整齐，货架与货架之间有适当间隔，码放高度不得超过规定层数，以防损坏成品。此外，应建立健全岗位责任制，坚持做到人各有责，物各有主，事事有人管；库存成品数量要做到账、物一致，出入库构件数量及时录入计算机。

成品仓库区域实行"5S"管理：整理，即工作现场区分要与不要的东西，只保留有用的东西，撤除不需要的东西；整顿，即把要用的东西，按规定位置摆放整齐，并做好标识进行管理；清扫，即将不需要的东西清除，保持工作现场无垃圾，无污秽；清洁，即维持以上整理、整顿、清扫后的局面，使工作人员觉得整洁、卫生；素养，即通过整理、整顿、清扫、清洁后，让每个员工都自觉遵守各项规章制度，养成良好的工作习惯。

（二）预制构件的运输

1. 构件运输的准备工作

构件运输的准备工作主要包括制订运输方案、设计并制作运输架、验算构件强度、清查构件及察看运输路线。

制订运输方案时，需要根据运输构件实际情况、装卸车现场及运输道路的情况、施工单位或当地的起重机械和运输车辆的供应条件，以及经济效益等因素综合考虑，最终选定运输方法、起重机械（装卸构件用）、运输车辆和运输路线。运输路线应按照客户指定的地点及货物的规格和重量制订，确保运输条件与实际情况相符。

设计并制作运输架时，需根据构件的重量和外形尺寸进行设计制作，且尽量考虑运输架的通用性。

验算构件强度，即对钢筋混凝土屋架和钢筋混凝土柱等构件，根据运输方案所确定的条件，验算构件在最不利截面处的抗裂度，避免在运输中出现裂缝。如有出现裂缝的可能，应进行加固处理。

清查构件时，主要清查构件的型号、质量和数量，有无加盖合格印和出厂合格证书等。

察看运输路线，即在运输前再次对路线进行勘察，对于沿途可能经过的桥梁、桥洞、电缆、车道的承载能力，通行高度、宽度、弯度和坡度，沿途上空有无障碍物等进行实地考察并记载，制订出最顺畅的路线。这需要进行实地考察，如果仅凭经验和询问很有可能发生许多意料之外的事情，有时甚至需要交通运输部门的配合等，因此这点不容忽视。

在制订方案时，每处需要注意的地方都要注明。如不能满足车辆顺利通行，应及时采取措施。此外，应注意沿途是否横穿铁道，如有应查清火车通过道口的时间，以免发生交通事故。

2. 构件的主要运输方式

构件的运输方式主要分为立式运输方式、平层叠放运输方式以及散装方式。

立式运输方式：在低盘平板车上安装专用运输架，墙板对称靠放或者插放在运输架上。对于内墙板、外墙板和 PCF 板（precast concrete facadepanel，预制混凝土外挂墙板）等竖向构件多采用立式运输方式。

平层叠放运输方式：将预制构件平放在运输车上，叠放在一起进行运输。叠合板、阳台板、楼梯、装饰板等水平构件多采用平层叠放运输方式。叠合板：标准 6 层 / 叠，不影响质量安全可到 8 层，堆码时按成品的尺寸大小堆叠。预应力板：堆码 8 ~ 10 层 / 叠。叠合梁：2 ~ 3 层 / 叠（最上层的高度不能超过挡边一层），考虑是否有加强筋向梁下端弯曲。

散装方式：对于一些小型构件和异型构件，多采用散装方式进行运输。

3. 运输的基本要求

混凝土预制构件装车完成后，应再次检查装车后的构件质量，对于在装车过程中受损的构件，立即安排专业人员修补处理，保证装车的预制构件合格。评估装车后车辆安全运行状况，通知司机试运行一小段距离，确保安全后，签署货物放行条、随车产品质量控制资料及产品合格证，顺利送抵安装现场。

在运输构件时，运输车辆应车况良好，刹车装置性能可靠；使用拖挂车或两平板车连接运输超长构件时，前车应设转向装置，后车设纵向活动装置，且有同步刹车装置。运输道路畅通，无交通事故或事故不影响通行。

场内运输道路必须平整坚实，经常维修，并有足够的路面宽度和转弯半径。载重汽车的单行道宽度不得小于 3.5m，拖车的单行道宽度不得小于 4m，双行道宽度不得小于 6m；采用单行道时，要有适当的会车点。载重汽车的转弯半径不得小于 10m，半拖式拖车的转弯半径不宜小于 15m，全拖式拖车的转弯半径不宜小于 20m。

构件宜集中运输，避免边吊边运。构件在运输时应固定牢靠，以防在运输中途倾倒，或在道路转弯时因车速过快而被甩出。同时，根据路面情况掌握行车速度。道路拐弯时必须降低车速。装有构件的车辆在行驶时，应根据构件的类别、行车路况控制车辆的行车速度，保持车身平稳，注意行车动向，严禁急刹车，避免事故发生。构件的行车速度应不大于表1-7规定的数值。

表1-7　行车速度参考表单位：km/h

构件分类	运输车辆	人车稀少，道路平坦，视线清晰	道路较平坦	道路高低不平，坑坑洼洼
一般构件	汽车	50	35	15
长重构件	汽车	40	30	15
	平板（拖）车	35	25	10

采用公路运输时，若通过桥涵或隧道，对于装载高度，二级以上公路不应超过5m；三、四级公路不应超过4.5m。

（三）卸货堆放

1. 卸货堆放前准备

构件运进施工现场前，应对堆放场地占地面积进行计算，根据施工组织设计，绘制构件堆放场地的平面布置图。堆放场地应平整坚实，基础四周的松散土应分层夯实，堆放应满足地基承载力要求。同时，构件卸货堆放区应按构件型号、类别进行合理分区，集中堆放，吊装时可进行二次搬运。构件存放区域应在起重机械工作范围内。

2. 构件场内卸货堆放的基本要求

堆放构件的地面必须平整坚实，进出道路应畅通，排水良好，以防构件因地面不均匀下沉而倾倒。

构件应按型号、吊装顺序依次堆放，先吊装的构件应堆放在外侧或上层，并将有编号或有标志的一面朝向通道一侧。堆放位置应尽可能在安装起重机械回转半径范围内，并考虑吊装方向，避免吊装时转向和再次搬运。构件的堆放高度，应考虑堆放处地面的承载力和构件的总重量，以及构件刚度和稳定性的要求。柱不得超过两层，梁不得超过三层，楼板不得超过六层。构件堆放要保持平稳，底部应放置垫木。成堆堆放的构件应以垫木隔开，垫木厚度应高于吊环高度，构件之间的垫木要在同一条垂直线上，且厚度要相等。堆放构件的垫木，应能承受上部构件的重量。构件堆放应有一定的挂钩绑扎间距，堆放时，相邻构件之间的距离不应小于200mm。对侧向刚度差、重心较高、支承面较窄的构件，应立放就位，除两端垫垫木外，还应搭设支架或用支撑将其临时固定，支撑件本身应坚固，支撑后不得左右摆动和松动。

数量较多的小型构件堆放应符合下列要求：堆放场地平整，进出道路畅通，且有排水沟槽；不同规格、不同类别的构件分别堆放，以易找、易取、易运为宜；如采用人工搬运，堆放时尚应留有搬运通道。

对于特殊和异型构件的堆放，应制订堆放方案并严格执行。采用靠放架立放的构件，必须对称靠放和吊运，其倾斜角度应大于 80°，构件上部宜用木块隔开。靠放架宜用金属材料制作，使用前要认真检查和验收，靠放架的高度应为构件高度的 2/3 以上。

第二章 装配式建筑的基本设计

第一节 建筑设计与内装修设计

一、建筑设计基础

（一）建筑设计一般规定

①新型装配式建筑的设计必须执行国家的建筑方针，符合国家政策、法规的要求及相关地方标准的规定。

②新型装配式建筑的设计应符合城市规划的要求，与周边环境相协调。在标准化设计的同时，结合总体布局和立面色彩、细部处理等方面丰富建筑造型及空间。

③新型装配式建筑的设计应遵循少规格、多组合的原则，在标准化设计的基础上实现系列化和多样化。

④新型装配式建筑的设计应符合建筑的使用功能和性能要求，体现以人为本、可持续发展和节能、节地、节材、节水、环境保护的指导思想。

⑤新型装配式建筑的设计应满足抗震、防火、节能、隔声、环保、安全等性能及质量的要求。

（二）建筑设计

1. 设计阶段文件编制

新型装配式建筑的设计应以建筑系统集成的方法统筹建筑全寿命期的规划设计、生产运输、施工安装、维护更新的全过程。强调了建筑设计和构件设计的协同、内装修和工厂生产的协同、主体施工和内装修施工的协同。

新型装配式建筑的建设过程中，需要建设、设计、生产和施工、运营等单位密切配合、协同工作及全过程参与。建筑设计在方案设计阶段之前应增加前期技术策划环节，配合预制构件的生产加工应增加预制构件加工图设计环节。

（1）技术策划阶段设计要点

在装配式建筑的设计过程中，前期技术策划对项目的实施起到十分重要的作用，设计单位应充分考虑项目定位、建设规模、装配化目标、成本限额以及各种外部条件影响因素，制订合理的建筑概念方案，提高预制构件的标准化程度，并与建设单位共同确定技术实施方案，为后续的设计工作提供设计依据。技术策划阶段要考虑的影响因素、策划内容及技术实施方案的关系详见图 2-1。

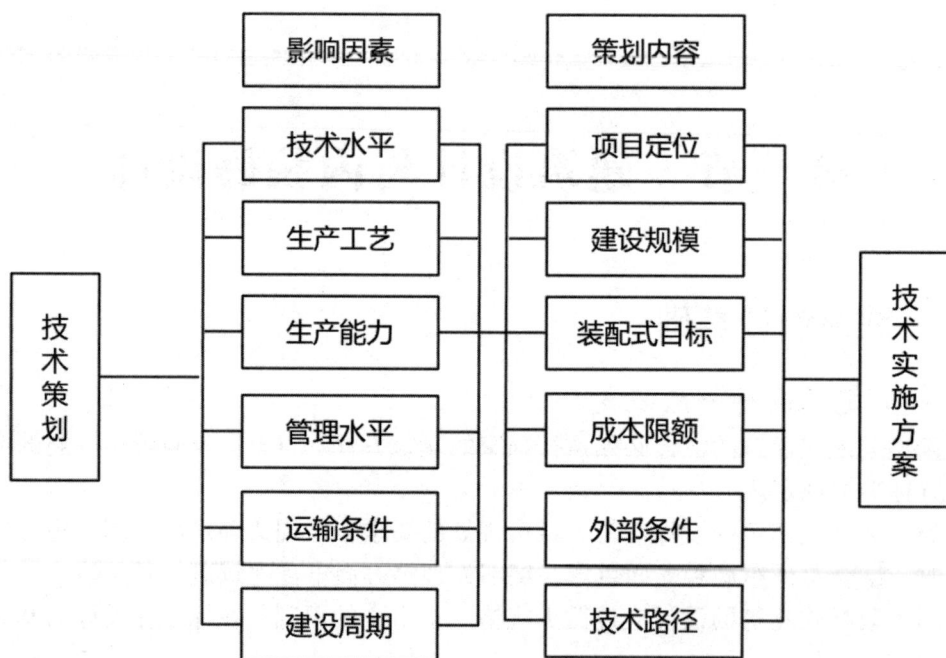

图 2-1　装配式建筑技术策划要点

（2）方案设计阶段设计要点

方案设计阶段应根据技术策划实施方案做好平面设计、立面及剖面设计，为初步设计阶段工作奠定基础。

①依据技术策划，遵循规划要求，满足使用功能；

②构件的"少规格、多组合"，考虑成本的经济型与合理性；

③平面设计的标准化与系列化，立面设计的个性化和多样化，剖面层高、净高的合理确定。

（3）初步设计阶段设计要点

初步设计阶段应与各专业进行协同设计，进一步细化和落实所采用的技术方案的可行性。

①协调各专业技术要点，优化构件规格种类，考虑管线预留预埋；

②进行专项经济评估，分析影响成本因素，制定合理技术措施。

（4）施工图设计阶段设计要点

施工图设计应按照初步设计阶段制定的技术措施进行设计，形成完整可实施的施工图设计文件。

①落实初步设计阶段的技术措施，配合内装部品的设计参数，协调设备管线的预留预埋；

②推敲节点大样的构造工艺，考虑防水、防火的性能特征，满足隔声、节能的规范要求。

（5）构件加工图设计阶段设计要点

①建筑专业可根据需要提供预制构件的尺寸控制图；

②构件加工图纸可由设计单位与预制构件加工厂配合设计完成；

③可采用 BIM 技术，提高预制构件设计的完成度与精确度。

（6）设计文件编制深度要求

新型装配式建筑在设计全过程应提供完整成套的设计文件。

施工图设计文件应完整成套，预制构件的加工图纸应全面准确反映预制构件的规格、类型、加工尺寸、连接形式、预埋设备管线种类与定位尺寸，满足预制构件工厂化生产及机械化安装的需要。

设计文件主要包括技术报告、施工设计图、构件加工设计图、室内装修设计图等。技术报告内容主要包括项目采用的结构技术体系、主要连接技术与构造措施、一体化设计方法、主要技术经济指标分析等相关资料。装配式建筑相对于现浇混凝土建筑的设计图纸增加了构件加工设计图。构件加工设计图可由建筑设计单位与预制构件加工厂配合设计完成，建筑专业可根据需要提供预制构件的尺寸控制图，设计过程中可采用 BIM技术，提高预制构件设计的完成度与精确度，确保构件加工图全面准确反映预制构件的规格、类型、加工尺寸、连接形式、预埋设备管线种类与定位尺寸。

2．标准化设计

①新型装配式建筑应采用标准化、系列化的设计方法，提高模板、模块、部品部件的重复使用率及通用性，满足工厂加工、现场装配的要求。

②建筑单体标准化设计是对相似或相同体量、功能、机电系统和结构形式的建筑物采用标准化的设计方式。

③功能模块标准化设计是对建筑单体中具有相同或相似功能的建筑空间及其组成部件（如住宅厨房、住宅卫生间、楼电梯交通核、教学楼内的盥洗间、酒店卫生间等）进行标准化设计的方式。

④部品部件的设计采用标准化的预制部件，形成具有一定功能的部品系统，如储藏系统、整体厨房、整体卫生间、地板系统等。标准化的结构和围护部件，如墙板、梁、柱、楼板、楼梯、隔墙板等，宜在工厂内进行规模化生产。

⑤功能相同、相近建筑空间的层高宜统一，实现外墙、内墙、楼梯、门窗等竖向构件的尺寸标准统一。

3. 设计技术

（1）总平面设计

新型装配式建筑的总平面设计应在符合城市总体规划要求、满足国家规范及建设标准要求的同时，配合现场施工方案，充分考虑构件运输通道、吊装及预制构件临时堆场的设置。

（2）平面布置

平面布置应考虑结构设计的需要，平面形状宜简单、规则、对称，质量、刚度分布宜均匀，不应采用严重不规则的平面布置。承重墙、柱等竖向构件宜上、下连续。厨房和卫生间的平面布置应合理，其平面尺寸宜满足标准化整体橱柜及整体卫浴的要求；厨房和卫生间的水电设备管线宜采用管井集中布置。竖向管井宜布置在公共空间。

设计要尽量按一个结构空间来设计公共建筑单元空间或住宅的套型空间，根据结构受力特点合理设计结构预制构配件（部品）的尺寸，并注意预制构配件（部品）的定位尺寸，既应满足平面功能需要又符合模数协调的原则。

室内空间划分应尽量采用轻质隔墙，对使用轻质隔墙比例的评分在《绿色建筑评价标准》（GB/T 50378—2019）中第 7.2.4 条有详细规定。室内大空间可根据使用功能需要，采用轻钢龙骨石膏板、轻质条板、家具式分隔墙等轻质隔墙进行灵活的空间划分。轻钢龙骨石膏板隔墙内还可布置设备管线，方便检修和改造更新，满足建筑的可持续发展，符合国家工程建设节能减排、绿色环保的大政方针。

（3）平面形状

新型装配式建筑的平面形状、体型及其构件的布置应符合现行国家标准《建筑抗震设计规范（附条文说明）（2016 年版）》（GB 50011—2010）的相关规定，并符合国家工程建设节能减排、绿色环保的要求。

建筑设计的平面形状应保证结构的安全及满足抗震设计的要求。

（4）套型模块设计

新型装配式建筑设计应以基本单元或基本户型为模块进行组合设计，套型模块可以分解成若干独立的、相互联系的功能模块，通过对模块进行不同的组合，既满足套型的标准化设计，又满足组合的多样性、灵活性和场地适应性。

（5）建筑高度及层高

①建筑高度

新型装配式建筑选用不同的结构形式，可建设的最大建筑高度不同。结构的最大适用高度具体见《装配式混凝土结构技术规程》（JGJ 1-2014）中的相关规定。

②建筑层高

建筑层高应结合建筑使用功能、工艺要求和技术经济条件综合确定，并符合专用建筑设计规范的要求。应结合架空夹层构造方法选择适宜建筑层高，实现套内各种管线同层敷设，架空高度根据实际设计需要确定。

建筑专业应与结构专业、机电专业及内装修进行一体化设计，配合确定梁的高度及楼板的厚度，合理布置吊顶内的机电管线、避免交叉，尽量减小空间占用，协同确定室内吊顶高度。设计各专业通过协同设计确定建筑层高及室内净高，使之满足建筑功能空间的使用要求。

A. 住宅的层高

新型装配式住宅建筑的层高要根据不同的建设方案、结构选型、内装方式合理确定。采用传统地面构造做法与采用 CSI 体系设计的楼地面高度是不同的。住宅的层高 = 房间净高 + 楼板厚度 + 架空地板（传统地面构造）高度 + 吊顶高度。影响住宅层高的因素主要为架空地板与吊顶的高度。

采用传统地面构造做法的建筑，如采用地面辐射供暖时，供暖管线敷设于楼面的垫层，住宅的层高宜为 2.90m。如采用传统的散热器采暖，则与传统现浇混凝土建筑的层高无区别。

采用 CSI 体系技术且通层设置地板架空层的住宅层高不宜低于 3.00m；采用局部设置架空层的住宅层高不宜低于 2.80m。

B. 公共建筑的层高

新型装配式公共建筑的层高应满足使用功能要求及规范对净高的要求。与现浇混凝土建筑的设计相比，楼地面构造做法、吊顶所需建筑空间区别不大。但是，新型装配式建筑在吊顶的设计中应加强与各专业的协同设计，合理布局机电管线、设备管道及设备设施，减少管线交叉，进行准确的预留预埋及构件预留孔洞设计。

（6）外围护结构设计

①预制外墙板设计原则

A. 装配式建筑的外墙应满足结构、抗震、防水、防火、保温、隔热、隔声及建筑造型设计等要求。

B. 装配式建筑的外墙饰面材料选择及施工应结合装配式建筑的特点，考虑经济性原则及符合绿色建筑的要求。饰面的质量应符合《建筑装饰装修工程质量验收标准》（GB 50210-2018）的相关规定。

C. 装配式建筑的外围护结构的安全性应符合《装配式混凝土结构技术规程》（JGJ-2014）的相关规定。

D. 围护结构应根据不同的结构形式选择不同的围护结构类型，其主要类型包括预制外挂墙板（安装在主体结构上，起围护和装饰作用的非承重预制混凝土外墙板，简称外挂墙板；其中中间夹有保温层的预制混凝土外墙板，简称夹心外墙板）、蒸压加气混凝土板、非承重玻纤增强无机材料复合保湿墙板（也称夹芯墙板）以及其他类型的围护结构。

E.采用幕墙（如石材幕墙、金属幕墙、玻璃幕墙、人造板材幕墙等）作为围护结构，幕墙厂家须配合预制构件厂做好结构受力构件上幕墙预埋件的预留预埋。

②预制外挂墙板

A.预制外墙的面砖或石材饰面宜在构件厂采用反打或其他工厂预制工艺完成，不宜采用后贴面砖、后挂石材的工艺和方法。

B.预制外挂墙板的高度不宜大于一个层高，厚度不宜小于100mm。预制混凝土墙板通常分为整板和条板。整板大小通常为一个开间的长度尺寸，高度通常为一个层高的尺寸。条板通常分为横向板、竖向板等，根据工程设计也可采用非矩形板或非平面构件，在现场拼接成整体。装配式剪力墙结构建筑，外围护结构通常采用具有剪力墙功能的预制混凝土外墙板，一般设计为整间板。框架结构建筑的外围护结构通常采用预制外挂墙板及轻质外墙板等，可设计为整间板、横向板和竖向板。

C.采用预制外挂墙板的立面分格宜结合门窗洞口、阳台、空调板及装饰构件等按设计要求进行划分。预制女儿墙板宜采用与下部墙板结构相同的分块方式和节点做法。

D.预制外墙的各种接缝部位、门窗洞口等构件组装部位的构造设计及材料的选用应满足建筑的各类物理性能、力学性能、耐久性能及装饰性能的要求。

E.预制外挂墙板在生产过程中应满足生产、运输和安装的相关要求。

F.预制外挂墙板设计要充分利用工厂化工艺和装配条件，通过模具浇筑成形、材质组合和清水混凝土等，形成多种装饰效果。宜可通过BIM技术进行相应的设计和多样化施工模拟组合，然后再进行实际工厂化生产和装配式施工。

G.预制外墙板接缝的处理以及连接节点的构造设计是影响外墙物理性能设计的关键。预制外墙板的各类接缝设计应施工方便、坚固耐久、构造合理，并结合本地材料、制作及施工条件进行综合考虑。

H.预制混凝土外挂墙板的建筑立面划分与板型设计可参考国家标准图集《预制混凝土外墙挂板》（08SJ110-2、08SG333）。

I.预制混凝土外挂墙板按照建筑外墙功能定位可分为围护板系统和装饰板系统，其中围护板系统又可按建筑立面特征划分为整间板体系、横条板体系、竖条板体系等。

③蒸压加气混凝土墙板

A.蒸压加气混凝土板适用于在抗震设防烈度6～8度的地震区以及非地震区使用，强度等级为A2.5级及以上的蒸压加气混凝土砌块，强度等级为A3.5级以上的蒸压加气混凝土配筋板材。应符合《蒸压加气混凝土制品应用技术标准》（JGJ/T 17-2020）的规定。不适用于建筑物防潮层以下的外墙；长期处于浸水和化学侵蚀环境；承重制品表面温度经常处于80℃以上的部位。

a. 混凝土剪力墙结构；

b. 混凝土框架填充墙构造；

c. 钢结构龙骨构造。

B. 蒸压加气混凝土板的常用规格与分类级别如表 2-1 所示。

表 2-1 常用规格

长度（L）	宽度（B）	厚度（D）
1800 ～ 6000（300 模数进位）	600	75、100、125、150、175、200、250、300
		120、180、240

注：其他非常用规格和单项工程的实际制作尺寸由供需双方协商确定

C. 蒸压加气混凝土板按蒸压加气混凝土强度分为 A2.5、A3.5、A5.0、A7.5 四个强度级别。

D. 蒸压加气混凝土板按蒸压加气混凝土干密度分为 B04、B05、B06、B07 四个干密度级别。

E. 蒸压加气混凝土板均为配筋规格条板，板材墙体按照建筑结构构造特点可选用横版、竖版、拼装大板三种布置形式。建筑设计应尽量选用常用规格板材，节省造价，特殊规格的蒸压加气混凝土板可与企业定制生产或现场切锯组合。

F. 蒸压加气混凝土外墙板的强度级别应至少为 A3.5。

G. 加气混凝土制品用作民用建筑外墙时，应做饰面防护层。

H. 加气混凝土墙板作非承重的围护结构时，其与主体结构应有可靠的连接。当采用竖墙板和拼装大板时，应分层承托；横墙应按一定高度由主体结构承托。

I. 外墙拼装大板，洞口两边和上部过梁板最小尺寸应符合表 2-2 的规定。

表 2-2 最小尺寸限值

洞口尺寸宽 × 高（mm）	洞口两边板宽（mm）	过梁板板高（mm）
900 × 1200 以下	300	300
1800 × 1500 以下	450	300
2400 × 1800 以下	600	400

注：300mm 或 400mm 板材，如窗用 600mm 宽的板材在纵向切锯，不得切锯两边截取中段。如用作过梁板，应经结构验算。

④装配式玻纤增强无机材料复合保温墙板

A. 装配式玻纤增强无机材料复合保湿墙板既适用于非承重的外墙围护结构，也适用于非抗震设防地区和抗震设防烈度为 8 度以下地区民用与一般工业建筑工程非围护墙及内隔墙的设计、加工制作、安装使用及验收。外围护墙板的应用高度不宜超过 100m。

B. 装配式玻纤增强无机材料复合保湿墙板的设计应符合《装配式玻纤增强无机材料复合保温墙板应用技术规程》（CECS 396-2015）的规定。

C. 复合墙板按用途分为外围护墙板和隔墙板，玻纤增强无机材料复合保湿墙板可以根据应用部门与使用环境，选择不同面板搭配，其夹芯保温材料也可以根据需要选择聚氨酯板、挤塑聚苯板、模塑聚苯板、岩锦板、无机保温砂浆板、泡沫混凝土板等。

D. 外围护墙板的常用规格尺寸，应符合下列要求：长度宜为 2100mm、2400mm、2700mm、3000mm；宽度宜为 600mm、900mm、1200mm；厚度宜为 120mm、150mm、200mm；

E. 外围护组合墙体单元高度不宜大于层高，且根据墙厚的不同有所差异。

F. 外围护组合墙体单元的高度不宜大于一个层高，并应符合下列要求：120mm 厚外围护墙板的组合墙体单元高度不应大于 3.6m；150mm 厚外围护墙板的组合墙体单元高度不应大于 4.2m；200mm 厚外围护墙板的组合墙体单元高度不应大于 4.8m。

（7）外门窗设计

①装配式建筑立面门窗设计应满足建筑的使用功能、经济美观、采光、通风、防火、节能等现行国家规范标准的要求。

②门窗洞口的尺寸

门窗洞口尺寸应遵循模数协调的原则，宜采用优先尺寸，并符合《建筑门窗洞口尺寸系列》（GB/T 5824-2021）的规定。

门窗洞口采用的优先尺寸应符合表 2-3 的规定。

表 2-3　门窗洞口的优先尺寸

	最小洞宽	最小洞高	最大洞宽	最大洞高	基本模数	扩大模数
门洞口	7M	15M	24M	23（22）M	3M	1M
窗洞口	6M	6M	24M	23（22）M	3M	1M

注：住宅层高 2900mm 时，门窗洞口的最大洞高优选 23M；住宅层高 2800mm 时，门窗洞口的最大洞高优选 22M。

③门窗洞口的布置

装配式建筑的设计应在确定功能空间的开窗位置、开窗形式的同时重点考虑结构的安全性、合理性，门窗洞口布置应满足《装配式混凝土结构技术规程》（JGJ 1-2014）第 5.2.3 条及第 8.2.1 条的要求。装配式混凝土剪力墙结构不宜采用转角窗设计。

④门窗连接构造

门窗应采用标准化部件，并宜采用缺口、预留副框或预埋件等方法与墙体可靠连接。

（8）外墙装饰构件

①依照"少规格、多组合"的原则，尽量减少立面预制构件的规格种类。外围护结构、阳台板、空调板、室外装饰构件等宜采用工厂化加工的预制构件或叠合构件。

②预制混凝土外墙装饰构件应结合外墙板整体设计，保证与主体结构的可靠连接，并应满足安全、防水及热工的要求。空调室外机建议放置于空调机室外搁板上，具体做

法可参照国家建筑标准设计图集《预制钢筋混凝土阳台板、空调板及女儿墙》（15G368-1）。

③独立的装饰构件和空调器室外机组等与预制混凝土外墙板应有可靠连接，自重较大者应连接在结构受力构件上。

二、内装修设计

（一）内装修设计的一般规定

（1）新型装配式建筑的内装修设计应遵循建筑、装修、部品一体化的设计原则，应满足现行国家规范标准要求，达到适用、安全、经济、节能、环保等各项指标的要求。

（2）新型装配式建筑的内装修应采用工厂化生产的内装部品，实现集成化的成套供应。部品和构件宜通过优化参数、公差配合和接口技术等措施，提高部品、构件互换性和通用性。装修部品应优先选用绿色、环保材料，并具有可变性和适应性，便于施工安装、使用维护和维修改造。

（3）新型装配式建筑内装修的主要特点、内容详见图2-2。

图2-2 装配式建筑内装修设计要点

（4）室内部品的接口应符合以下规定：

①接口应做到位置固定，连接合理，拆装方便，使用可靠。

②接口尺寸应符合模数协调要求，与系统配套。

③各类接口应按照统一、协调的标准进行设计。

④套内水电管材和管件、隔墙系统、收纳系统之间的连接应采用标准化接口。

（5）内装部品的施工安装宜采用干法施工。应结合内装部品的特点，采用适宜的施工方式和机具，最大化地减少现场手工制作、影响施工质量和进度的操作；杜绝现场临时开洞、剔凿等对建筑主体结构耐久性有影响的做法，严禁降低建筑主体结构的设计使用年限。

（6）新型装配式建筑的室内装修设计应符合行业标准《住宅室内装饰装修设计规范》（JGJ 367-2015）的规定，室内装修施工安装应符合国家标准《建筑装饰装修工程质量验收标准》（GB 50210-2018）、《住宅装饰装修工程施工规范》（GB 50327-2001）和行业标准《住宅室内装饰装修工程质量验收规范》（JGJ/T 304—2013）的规定。

（7）内装部品中装修材料及制品的燃烧性能及应用，应符合国家标准《建筑材料及制品燃烧性能分级》（GB 8624-2012）、《建筑设计防火规范》（GB 50016-2014）、《建筑内部装修设计防火规范》（GB 50222-2017）和《建筑内部装修防火施工及验收规范》（GB 50354-2005）的要求。

（8）内装部品中装修材料及制品的环保性能应符合国家标准《民用建筑工程室内环境污染控制标准》（GB 50325-2020）的规定。

（9）室内装修轻钢龙骨石膏板隔墙、吊顶可参照国家建筑标准设计图集《轻钢龙骨石膏板隔墙、吊顶》（07CJ03-1）进行设计和施工安装；卫生间排水系统安装可参照国家建筑标准设计图集《住宅卫生间同层排水系统安装》（12S306）进行设计和施工安装；室内楼（地）面及吊顶装修宜参照国家建筑标准设计图集《内装修–楼（地）面装修》（13J502-3）、《内装修–室内吊顶》（12J502-2）和《内装修–墙面装修》（13J501-1）选用。

（二）内装部品

1. 厨房

（1）新型装配式建筑室内装修中设置的厨房宜采用整体厨房的形式，整体厨房选型应采用标准化内装部品，安装应采用干式工法的施工方式。

（2）新型装配式建筑采用标准化、模块化的设计方式设计制造标准单元，通过标准单元的不同组合，适应不同空间大小，达到标准化、系列化、通用化的目标。

（3）整体厨房内装部品的选择，应考虑到厨房炊事工作的特点，并符合人体工程学的要求及建筑模数化的要求。合理设计和配置整体厨房清洗、储藏、烹饪、烘烤等功能模块。

（4）整体厨房设计时，其基本尺寸、设备种类、设备布置要满足使用的相关要求，应符合行业标准《住宅整体厨房》（JG/T 184-2011）的规定。

（5）对整体厨房中组成部件的模数选择，不应影响厨房整体的模数协调原则，在保证厨房整体模数协调的前提下，合理布置各个组成部件，达到协调统一的目的。

（6）整体厨房的给排水、燃气管线等应集中设置、合理定位，并设置管道检修口。

2. 卫生间

（1）选型宜采用标准化的整体卫浴内装部品，安装应采用干式工法的施工方式。

（2）整体卫浴设计宜采用干湿分离方式，给排水、通风和电气等管道管线连接应在设计预留的空间内安装完成，并在各专业设备系统预留的接口处设置检修口；整体卫浴的地面不宜高于套内地面完成面的高度。

（3）整体卫浴应符合国家现行标准《整体浴室》（GB/T 13095-2021），《住宅整体卫浴间》（JG/T 183-2011）的规定，内部配件应符合相关产品标准的规定。要求如下：

①整体卫浴内空间尺寸偏差允许为 ±5mm；

②壁板、顶板、防水底盘材质的氧指数不应低于 32%；

③整体卫浴的门应设置在应急时可从外面开启的装置；

④坐便器及洗面器产品应自带存水弯或配有专用存水弯，水封深度至少为 50mm。

3. 收纳

（1）室内装修中设置的收纳部品宜采用整体收纳的形式，整体收纳选型应采用标准化内装部品，安装应采用干式工法的施工方式。

（2）收纳系统的设计，应充分考虑人体工程与室内设计相关的尺寸、收取物品的习惯、视线等各方面因素，使收纳系统的设计具有更好的舒适性、便捷性和高效性。

（3）储藏收纳系统包含独立玄关收纳、入墙式柜体收纳、步入式衣帽间收纳、台盆柜收纳、镜柜收纳等；

（4）储藏收纳系统设计应布局合理、方便使用，宜采用步入式设计，墙面材料宜采用防霉、防潮材料，收纳柜门宜设置通风百叶。

（5）收纳系统的设计，各种使用空间及物品应该进行合理设置。

第二节　装配式建筑的防火防水与节能设计

一、新型装配式建筑的防水设计

（一）防水设计的一般规定

（1）防水设计应具有良好的排水功能和阻止水侵入建筑物内的作用。

（2）防水设计适应主体结构的受力变形和温差变形。

（3）承受雨、雪荷载的作用不产生破坏。

（4）应根据建筑物的建筑造型、使用功能、环境条件，合理设计防水等级和设防要求。

（二）楼地面防水设计

（1）防水设计应满足相关规范的规定，有用水要求的房间、部位应做防水处理，采取可靠的防水措施。

（2）设备管线穿过楼板的部位，应采取防水、防火、隔声等措施。

（3）设置用水管线的架空层底板应做柔性防水并向上泛起，严密防水及防渗漏。其顶板应在适当位置设置检修用活动盖板。

（4）厨房、卫生间等用水房间，管线敷设较多，条件较为复杂，设计时应提前考虑，可采用现浇混凝土结构。如果采用叠合楼板，预制构件留洞、留槽、降板等均应协同设计，提前在工厂加工完成。采用架空地板的须预留检修盖板，并推荐使用柔性防水材料。

（三）屋面防水设计

（1）屋面防水设计应符合《屋面工程技术规范》（GB 50345-2012）的规定。

（2）薄壳、装配式结构、钢结构及大跨度建筑屋面，应选用耐候性好、适应变形能力强的防水材料。

（3）卷材、涂膜的基层宜设找平层。找平层厚度和技术要求应符合表 2-4 的规定。

表 2-4　找平层厚度和技术要求

找平层分类	适用的基层	厚度（mm）	技术要求
水泥砂浆	整体现浇混凝土板	15 ~ 20	1：2.5 水泥砂浆
	整体材料保温层	20 ~ 25	
细石混凝土	装配式混凝土板	30 ~ 35	C20 混凝土、宜加钢筋网片
	板状材料保温层		C20 混凝土

（4）叠合板屋盖，应采取增强结构整体刚度的措施，采用细石混凝土找平层；基层刚度较差时，宜在混凝土内加钢筋网片。

（5）女儿墙板内侧在要求的泛水高度处应设凹槽、挑檐或其他泛水收头等构造。

（6）在女儿墙顶部设置顶制混凝土压顶或金属盖板，压顶的下沿做出鹰嘴或滴水。

（7）外挂墙板女儿墙可以在女儿墙内侧设置现浇叠合内衬墙，与现浇屋面楼板形成整体式的刚性防水构造。

（四）外墙防水设计

（1）外墙防水设计应符合《建筑外墙防水工程技术规程》（JGJ/T 235-2011）的规定。

（2）预制外墙板的接缝及门窗洞口处应作防排水处理，应根据预制外墙板不同部位接缝的特点及使用环境、使用年限等要求选用构造防排水、材料防水或构造和涂料相结合的防排水系统，并应符合下列规定：

①预制外墙板接缝采用构造防排水时，水平缝宜采用企口缝或高低缝。竖缝宜采用双直槽线，与水平面夹角小于 30° 的斜缝宜按水平缝处理，其余斜缝应按竖缝处理。

②预制外墙板十字缝部位每隔 2 ~ 3 层应设置导水管作引水处理，板缝内侧应增设气密条密封构造。当竖缝下方因门窗等开口部位被隔断时，应在开口部位上部竖缝处设置导水管。

③预制外墙板接缝采用构造防水时，水平缝宜采用企口缝或高低缝，竖缝宜采用双直槽缝，并在预制外墙板十字缝部位每隔三层设置排水管引水外流。

④预制外墙板接缝采用材料防水时，必须使用防水性能、耐候性能和耐老化性能优良的防水密封胶作嵌缝材料，以保证预制外墙板接缝防排水效果和使用年限。板缝宽度不宜大于 20mm，材料防水的嵌缝深度不得小于 20mm。

⑤预制外墙板接缝采用构造和材料相结合的（如弹性物盖缝）防排水系统时，其接

缝构造和所用材料应满足接缝防排水要求。

⑥外墙板接缝处的密封材料应符合下列规定：

A．密封胶应与混凝土具有相容性，以及规定的抗剪切和伸缩变形能力；密封胶尚应具有防霉、防水、防火、耐候等性能。

B．硅酮、聚氨酯、聚硫建筑密封胶应分别符合国家现行标准《硅酮和改性硅酮建筑密封胶》（GB/T 14683-2017）、《聚氨酯建筑密封胶》（JC/T 482-2003）、《聚硫建筑密封胶》（JC/T 483-2006）的规定。

⑦斜缝：与水平面夹角小于34°的斜缝按水平缝构造设计，其余斜缝按垂直缝构造设计。T形缝、十字缝：预制外墙板立面接缝不宜形成T形缝。外墙板十字缝部位每隔2～3层应设置排水管引水处理，板缝内侧应增设气密条密封构造。当垂直缝下方为门窗等其他构件时，应在其上部设置引水外流排水管。

⑧变形缝：外墙变形缝的构造设计应符合建筑相应部位的设计要求。有防火要求的建筑变形缝应设置阻火带，采取合理的防火措施；有防水要求的建筑变形缝应安装止水带，采取合理的防排水措施；有节能要求的建筑变形缝应填充保温材料，符合国家现行节能标准的要求。具体构造可参见国家建筑标准设计图集《变形缝建筑构造》（14J936）。

二、新型装配式建筑的节能设计

（一）一般规定

（1）新型装配式建筑应根据不同的气候分区及建筑的类型按现行国家或行业标准《夏热冬冷地区居住建筑节能设计标准》（JGJ 134-2010）、《夏热冬暖地区居住建筑节能设计标准》（JGJ 75-2012）、《公共建筑节能设计标准》（GB 50189-2015）执行。

（2）外墙和屋面的隔热性能应符合现行国家标准《民用建筑热工设计规范》（GB5 0176）的有关规定。

（3）单一加气混凝土围护结构的隔热低限厚度可按表2-5采用：

表2-5　加气混凝土围护结构隔热低限厚度

围护结构类别	隔热低限厚度（mm）
外墙（不包括内外饰面）	175～200
屋面板	250～300

（4）外墙既可采用蒸压加气混凝土板外敷保温材料的复合墙体，也可采用单独的蒸压加气混凝土板外墙。板材厚度可根据经济性的原则和节能的要求以及外墙的保温形式根据热工计算的结果选定。对于夏热冬暖地区和夏热冬冷地区，宜采用150～200mm的外墙板，满足外墙结构、保温、隔热要求。

（5）装配式住宅外墙应采取防止形成热桥的构造措施。采用外保温的混凝土结构预制外墙与梁、板、柱、墙的连接处应保持墙体保温材料的连续性。

（二）预制混凝土外挂墙面节能设计

（1）夹心外墙板中的保温材料，其导热系数不宜大于 0.04W/（m·K），体积比吸水率不宜大于 0.3%，燃烧性能不应低于国家标准《建筑材料及制品燃烧性能分级》（GB 8624-2012）中 B2 级的要求。

（2）预制混凝土外挂墙板的热工设计要满足墙体保温隔热性能和防结露性能要求，应采用预制外墙主断面的平均传热阻值或传热系数作为其热工设计值。墙板设计时应尽可能减少混凝土肋、金属件等热桥影响，避免内墙面或墙体内部结露。预制混凝土外挂墙板的保温层厚度可根据各地节能设计要求确定。

（3）装饰外挂墙板通常是用在混凝土剪力墙或砌体墙外，单纯用于装饰功能，可以和保温材料、空气层组合形成复合墙体外保温构造。

（4）复合保温外挂墙板是由内外混凝土层和内置的保温层通过连接件组合而成，具有围护、保温、隔热、隔声、装饰等功能。

（5）预制混凝土外挂墙板也可以采用内保温墙身构造，由于梁柱及楼板周围与挂板内侧一般要求留有 30～50mm 调整间隙，内保温可以和防火做法结合，实现连续铺设，不会存在热桥影响。

（6）预制混凝土外挂墙板几种复合保温墙身设计时可以参考的构造做法与热工性能指标（如表 2-6 所示）。

表 2-6　预制混凝土外挂墙板墙身的热工性能指标

分类	板厚 δ_1（mm）	保温层 δ_2（mm）	传热阻值（m²·K/W）		传热系数（W/m·K）	
			EPS	XPS	EPS	XPS
外保温系统	60	40	1.39	1.77	0.72	0.56
	80	50	1.64	2.11	0.61	0.47
	120	50	1.66	2.13	0.60	0.47
	140	50	1.67	2.14	0.60	0.47
	160	50	1.68	2.16	0.60	0.47
夹芯保温系统	180	40	1.18	1.56	0.85	0.64
	200	50	1.43	2.90	0.70	0.53
	200	60	1.66	2.23	0.60	0.45
	220	60	1.67	2.24	0.60	0.45
	220	80	2.14	2.90	0.48	0.34
	240	80	2.15	2.91	0.48	0.34

分类	板厚 δ₁（mm）	保温层 δ₂（mm）	传热阻值（m²·K/W）		传热系数（W/m·K）	
			EPS	XPS	EPS	XPS
内保温系统	140	40	1.18	1.56	0.85	0.64
	160	50	1.43	1.90	0.70	0.53
	180	50	1.44	1.92	0.69	0.52
	200	60	1.69	2.26	0.59	0.44
	220	60	1.70	2.27	0.59	0.44
	220	80	2.16	2.93	0.46	0.34

注：①普通混凝土 λ =1.74W/（m·K），发泡聚苯乙烯（EPS）λ =0.041W/（m·K），0.030W/（m·K）；

② δ_1 表示预制混凝土厚度， δ_2 表示保温层厚度，E 为结构墙。

（三）蒸压加气混凝土板外墙节能设计

（1）加气混凝土外墙和屋面传热系数（K 值）（当外墙中有钢筋混凝土柱、梁等热桥影响时，应为外墙平均传热系数 K 值）和热惰性指标（ D 值），应符合国家现行有关标准的规定。

（2）夏热冬冷地区，外墙中的钢筋混凝土梁、柱等热桥部位外侧应做保温处理。

（3）蒸压加气混凝土外墙板应设构造缝，外墙板的室外侧缝隙应采用专用密封胶密封，室内侧板缝应采用嵌缝剂嵌缝。

（4）板材与其他墙、梁、柱、顶板接触连接时，端部需留 10 ~ 20mm 缝隙，应用聚合物或发泡剂填充；有防火要求时应用岩棉填塞。

（5）外围护组合墙体单元与主体结构的连接节点及构造应满足保温、受力及变形等要求，其连接预埋件的形状尺寸及位置需按照设计要求进行埋设。

（四）门窗节能设计

（1）门窗洞口应满足建筑构造、结构设计及节能设计要求，门窗安装应满足气密性要求及防水、保温的要求，外门、窗框或附框与墙体之间应采取保温及防水措施。门窗口上端既可采用聚合物砂浆抹滴水线或鹰嘴，也可采用成品滴水槽，窗台外侧聚合物砂浆抹面做坡度。

（2）外窗应具有良好的气密性能。带有门窗的预制外墙板，其门窗洞口与门窗框间的气密性不应低于门窗的气密性。

第三节　装配式建筑的机电设计

一、通风、空调、供暖设计

（1）装配式建筑应采用适宜的节能技术，满足《民用建筑供暖通风与空气调节设计规范》（GB 50736-2012）及《公共建筑节能设计标准》（GB 50189-2015）的要求，降低建筑能耗，减少对环境的污染。

（2）穿越预制墙体的管道应预留套管，穿越预制楼板的管道应预留孔洞。

（3）竖向的管道宜设在管井内。

（4）防烟、排烟、供暖、通风、空气调节系统中的管道穿越防火墙、楼板处的空隙应采用防火封堵材料封堵。防火封堵应符合现行国家标准《建筑设计防火规范》（GB 50016-2014）的有关规定。

（5）装配式建筑的通风、空调、防排烟用设备宜结合建筑方案的整体设计，并预留管道出口；应直接连接在结构受力构件上，并采取有效的隔振、隔声措施。

（6）抗震设防烈度为6度及6度以上地区的建筑机电工程必须进行抗震设计。所有吊装的设备、管道应吊装在结构受力件上，并预留安装吊点，且应采取相应的减震措施。防排烟风道、事故通风风道及相关设备应采用抗震支吊架。

（7）装配式建筑需设采暖系统，宜采用干法施工的低温地板辐射供暖系统。

二、电气系统及管线设计

（一）总体要求

1. 装配式建筑的电气设计，应做到电气系统安全可靠、节能环保、维修管理方便、设备布置整体美观

安全可靠：设计中应注意供配电系统各级保护电器的合理设置，配电线路装设的上下级保护电器，其动作特性应具有选择性。根据目前低压电器的技术发展情况，完全实现保护的选择性尚有一定的难度，从经济和技术两个方面考虑，对非重要负荷还是允许采用部分选择性或者无选择性切断。除此之外，电气设计应满足相应的消防设计规范和要求。

节能环保：推广装配式建筑本身就是从节能环保出发的，因此，在设计过程中节能环保应作为一条主线贯穿始终。对装配式混凝土结构建筑电气设计而言，除满足常规的电气节能设计外，尚应考虑采用标准化、模数化设计，以减少管材的浪费。

维修管理方便：设计中除按照相应的规范，将公共功能的电气设备和计量表设置于便于维修的公共部位、对电气干线和电信干线采用集中布置敷设外，尚应对电气管线（尤其是公共部位的电气管线）的敷设方式做统一的规划，以方便维修更换。

设备布置整体美观：由于民用建筑是人们经常生活和学习的地方，优雅的人居环境会使人心情愉悦，人居环境杂乱无章会使人心情沮丧，降低生活质量。

2. 装配式建筑的电气设计应编制设计、制作和施工安装的成套文件

装配式建筑的电气设计应采用标准化、系列化的设计方法，做到设备布置、设备安装、管线敷设和连接的标准化和系列化。

施工图设计阶段，电气专业应要求建筑专业确定室内布置，并依此配合建筑专业进行灯具、插座、开关面板等点位布置图的设计。工厂化机电设计中应对敷设管道做准确定位，且必须与预制构件设计相协调。精装修交房的工程，应在建筑设计的同时进行室内装修设计，即采用精装一体化设计。

在预制构件加工制作阶段，应将各专业、各工种所需的预留孔洞、预埋件等一并完成，现场进行剔凿、切割，会伤及预制构件，影响质量及观感。基于上述原因，要求在工厂化机电设计阶段，电气专业配合结构预制构件深化设计单位编制预制构件的加工图纸，准确定位和反映构件中电气设备，满足预制构件工厂化及机械化安装的需要。

3. 装配式建筑应进行管线综合设计，尽可能减少管线的交叉

由于装配式建筑的特殊结构形式，其内部的管道综合排布尤为重要。预制构件在现场随意开槽可能会影响到结构安全。设计可采用包含 BIM 技术在内的多种技术手段开展三维管线综合设计，对预制构件内的电气设备、管线和预留洞槽等做准确定位，以减少现场返工。

装配式建筑中，电气竖向管线宜做集中敷设，满足维修更换的需要；电气水平管线宜在架空层或吊顶内敷设，当受条件限制必须做暗敷设时，宜敷设在现浇层或建筑垫层内。例如家居配电箱和家居配线箱电气进出线较多，设计时可将它们设置于不同的位置，从而避免大量管线在叠合楼板内集中交叉。又如电气管线和弱电管线在楼板中敷设时，应做好管线的综合排布，同一地点严禁两根以上电气管路交叉敷设。电气管线宜敷设在叠合楼板的现浇层内，叠合楼板现浇层的厚度通常只有 70mm 左右，综合管线的管径、埋深要求、板内钢筋等因素，最多只能满足两根管线的交叉。所以要求暗敷设的电气管线应进行综合排布，避免同一位置存在三根及以上的电气管线交叉敷设的现象发生。

（二）电气设备

1. 在预制构件上设置的家居配电箱、家居配线箱和控制器应做到布置合理，定位准确。建筑中的家居配电箱、家居配线箱和控制器是每户或每个功能单元的电源和信号源头的分配所在，集中有大量的电气进出管线。故应该按照相关规范，选择安全可靠、便于维修维护的位置来安放这些电气设备。

对于装配式建筑，家居配电箱、家居配线箱和控制器宜尽可能避免安装在预制墙体

上。当无法避让时，应根据建筑的结构形式合理选择这些电气设备的安装形式及进出管线的敷设形式。

当设计要求箱体和管线均暗埋在预制构件时，还应在墙板与楼板的连接处预留出足够的操作空间，以方便管线连接的施工。为方便和规范构件制作，在预制墙体上预留的箱体和管线应遵照预制墙体的模数，在预制构件上准确和标准化定位，如电源插座和信息插座的间距、插座的安装高度等要求应在设计说明中予以明确。

2. 在预制构件上设置的照明灯具和插座的数量应满足使用需求并做到精确定位。灯具和插座的接线盒在预制构件上的预留位置应不影响结构安全。

建筑内各功能单元照明灯具和插座的数量，应满足各功能单元的使用要求和相关设计规范的要求，此处不再赘述。这里主要说明照明灯具和插座接线盒在预制构件中的预埋问题。

装配式建筑中，通常在楼梯、阳台、空调板等部位采用预制构件。但随着预制化率在装配式建筑中逐渐提高，楼板和分隔墙等部位采用预制构件的做法也越来越普遍。

以楼板为例，楼板采用预制构件，分为全预制和叠合楼板两种做法。采用全预制楼板时，电气的接线盒和管线应全部预埋在结构预制构件内。采用叠合楼板时，电气的接线盒应预埋在结构预制构件内，电气管线则通常敷设在叠合楼板的现浇层内，这样电气接线盒和管线的连接就只能在叠合楼板的现浇层内实现了，故要求在叠合楼板预制构件中预埋的电气接线盒采用深型接线盒。

装配式建筑的墙板，现多采用全预制构件和现浇式一体化成型墙体两种方式。在墙体上预留接线盒的位置应遵照构架模数，并满足电气规范和使用要求。电气的管线应预埋在构件内。

装配式建筑的预制内墙板、外墙板门窗过梁钢筋锚固区对结构安全尤为重要，故不应在上述区域内预留接线盒。

（三）电气管线设计

1. 电气、电信主干线应集中设在共用部位，便于维修维护

出于维修、管理、安全等因素的考虑，配电干线、弱电干线应集中设在共用部位。实际工程中，通常将配电干线、弱电干线应集中设在电气管井内。

由于装配式建筑的主体结构多为整体预制的大型混凝土或钢构件，难以将配电干线、弱电干线分散敷设在这些构件内，管线施工难度加大，因此配电干线、弱电干线要尽可能与装配式结构主体分离，竖向主干线宜集中设置在建筑公共区域的电气管井内。

装配式建筑的电气管井在选址时，应避免设置于采用预制楼板（如楼梯半平台等）区域内，从而减少在预制构件中预埋大量导管的现象产生。

2. 电气管线及其敷设要求

装配式建筑中电气管线可采用在架空地板下、内隔墙及吊顶内敷设，如受条件限制必须采用暗敷设时，宜优先选择在叠合楼板的叠合层或建筑找平层中暗敷。

电气线路布线可采用金属导管或塑料导管，但需直接连接的导管应采用相同的管材。明敷的消防配电线路应穿金属导管保护，且金属导管应采取防火保护措施。导管壁厚应满足相关规范的要求。

线缆保护导管暗敷时，外护层厚度不应小于 15mm；消防配电线路暗敷时，应穿管并应敷设在不燃烧结构内且保护层厚度不应小于 30mm。

在预制构件中暗敷的管线不应影响结构安全，例如管线不应敷设在预制构件的接缝处。水平接缝和竖向接缝是装配式结构的关键部位，为保证水平接缝和竖向接缝有足够的传递内力的能力，竖向电气管线不应设置在预制柱内，且不宜设置在预制剪力墙内。当竖向电气管线设置在预制剪力墙或非承重预制墙板内时，应避开剪力墙的边缘构件范围，并统一设计，将预留管线标示在预制墙板深化图上。

3. 管线连接和施工要求

装配式建筑中，电气管线的接口应采用标准化的接口。预制构件内导管的连接技术在满足预制构件的连接方式的同时，还应做到安全可靠、方便简洁。故电气导管的连接技术还应该做进一步地研究和提高。

《建筑电气工程施工质量验收规范》（GB 50303-2015）中对于目前常见的各种管材的连接，给出的要求比较详细。

需要特别强调，装配式建筑中沿叠合楼板、预制墙体预埋的电气灯头盒、接线管及其管路与现浇相应电气管路连接时，应在其连接处预留接线足够空间，便于施工接管操作，连接完成后再用混凝土浇筑预留的孔洞。

抗震设防烈度为 6 度及 6 度以上地区的建筑机电工程必须进行抗震设计。

（四）防雷与接地

装配式混凝土结构建筑防雷接地系统的接地电阻值与非装配式混凝土结构建筑相比并无特殊要求，与现行的国家标准的要求是一致的，而且通常也是采用共用接地系统。重点在于防雷接地系统的具体做法与非装配式混凝土结构建筑有所不同。

装配式混凝土结构建筑大多数是利用建筑物的钢筋作为防雷装置。《建筑物防雷设计规范》（GB 50057-2010）中特别强调当利用建筑物的钢筋作为防雷装置时，构件之间必须连接成电气通路。装配式混凝土结构建筑大多是利用建筑物的钢筋作为防雷装置。目前，采用的连接措施还是比较传统的。如何更有效、更方便地实现"构件之间连接成电气通路"，既满足功能和规范要求，又减少施工难度和工作量，此技术还有待进一步研究提高。

目前，在工程设计中通常采用下面的做法。装配式混凝土结构建筑屋面的接闪器、引下线及接地装置在可以避开装配式主体结构的情况下可参照非装配式混凝土结构建筑的常规做法；难以避开时，需利用装配式混凝土结构框架柱（或剪力墙边缘构件）内部满足防雷接地系统规格要求的钢筋作引下线及接地极，或在预制装配式结构楼板等相应部位预留孔洞或预埋钢筋、扁钢，并确保接闪器、引下线及接地极之间通长、可靠连接。

装配式混凝土结构建筑的实体柱等预制构件是在工厂加工制作的，由于预制柱等预制构件的长度限制，一根柱子需要若干段柱体连接起来，两段柱体对接时，一段柱体端部为套筒，另一段为钢筋，钢筋插入套筒后注浆，钢筋与套筒中间隔着混凝土砂浆，钢筋是不连续的。如若利用钢筋做防雷引下线，就要把两段柱体（或剪力墙边缘构件）钢筋用等截面钢筋焊接起来，达到贯通的目的。选择框架柱（或剪力墙边缘构件）内的两根钢筋做引下线时，应尽量选择靠近框架柱（或剪力墙）内侧，以不影响安装。

如不利用框架柱（或的力墙边缘构件）内钢筋做防雷引下线，也可采用25mm×4mm扁钢做防雷引下线，两根扁钢固定在框架柱（或剪力墙）两侧，靠近框架柱（或剪力墙）引下并与基础钢筋焊接。

不管是利用框架柱（或剪力墙）内钢筋做引下线还是利用扁钢做引下线，都应在设有引下线的框架柱（或剪力墙）室外地面上 500mm 处，设置接地电阻测试盒，测试盒内测试端子与引下线焊接。此处应在工厂加工框架柱（或剪力墙）时做好预留。

此外，装配式混凝土结构建筑的外墙基本采用预制外墙技术，预制外墙上的金属门窗通常有两种做法：①门窗与外墙在工厂整体加工完成；②金属窗框与外墙一起加工完成，现场单独安装门窗部分。无论采用哪一种方式，当外窗需要与防雷装置连接时，相关的预制构件内部与连接处的金属件应考虑电气回路的连接或考虑不利用预制构件连接的其他方式，电气设计师在设计文件中应将做法予以明确。

（五）电气防火

由于建筑内的竖井上下贯通，一旦发生火灾，易沿竖井竖向蔓延，因此要求采取防火措施。建筑中的管道井、电缆井等竖向管井是烟火竖向蔓延的通道，需采取在每层楼板处用相当于楼板耐火极限的不燃材料等防火措施分隔。实际工程中，每层分隔对于检修影响不大，却能提高建筑的消防安全性。因此要求这些竖井要在每层进行防火分隔。

为防止火焰沿电气线路蔓延，封闭式母线、电缆桥架、金属槽盒、金属套管等在穿过楼板或墙壁时，应以防火隔板、防火堵料等材料做好密封隔离。

（六）整体卫浴间

整体卫浴是系统配套与组合技术的集成。该产品在工厂预制，现场直接安装。装配式混凝土结构建筑的电气设备应根据整体卫浴的不同电器设备要求，从而确定电源、电话、网络、电视等需求，并结合整体卫浴内电器设备的位置和高度，做好电气管线和接口的预留。

（七）整体厨房

整体厨房是系统配套与组合技术的集成。该产品在工厂预制，现场直接安装。装配式混凝土结构建筑的电气设备应根据整体厨房的不同电器设备要求，确定电源、电话、网络、电视等需求，并结合整体厨房内电器设备的位置和高度，做好电气管线和接口的预留。

（八）构件制作与检验

1. 穿越预制构件的电气管线、槽盒均应预留孔洞，严禁剔凿

预制构件在工厂加工制作时，应遵守结构设计模数，将各专业、各工种所需的预留孔洞、预埋件等一并完成，避免在施工现场进行剔凿、切割，伤及预制构件，影响质量及观感。

构件在工厂加工时，应根据预制构件的加工图纸，准确预埋接线盒、管线等设备，并预留沟、槽、孔洞的位置。预制构件上为设备及管线敷设预留的孔洞、套管、坑槽应选择对构件受力影响最小的部位。

当利用预制构件中的钢筋做防雷引下线或接地线使用时，应在构件表面的合适位置预留钢板等预埋件，预留的钢板应按照要求，与构件内利用的钢筋可靠连接，形成电气通路。

2. 预制构件检验

（1）电气预埋的检验要求

预制构件在工厂加工时，在混凝土浇筑前，应按要求对预制构件内预埋的电气管线、接线盒及预埋件等进行隐蔽工程检查，这是保证预制构件满足电气功能的关键质量控制环节。

（2）构件的检验要求

预制构件外观质量缺陷可分为一般缺陷和严重缺陷两类，预制构件的严重缺陷主要是指影响构件的结构性能或安装使用功能的缺陷，构件制作时应制定质量保证措施予以避免。

表2-7中给出了预制构件上预留预埋的预埋件、孔洞等偏差尺寸限值和检验方法。构件在安装前应按照要求进行检验。

表2-7　预制构件尺寸允许偏差及检验方法

项目		允许偏差（mm）	检验方法
预留孔	中心线位置	5	尺寸测量
	孔尺寸	±5	
预留洞	中心线位置	10	尺寸测量
	洞口尺寸、深度	±10	
预埋件	线管、电盒在构件平面的中心线偏差	20	尺寸测量
	线管、电盒在构件表面混凝土高差	0~10	

（九）施工隐检及验收

本条明确了现浇混凝土楼板内钢筋绑扎与电气配管的关系，是电气安装与建筑工程

土建施工合理搭接的工序，这样做可以既保证钢筋工程质量，又保证电气配管质量。

　　装配式建筑中，即使在预制构件安装完成后，尚有后浇的混凝土工作。如叠合楼板的现浇层、现浇式一体化成型墙体的现浇层、构件连接部位、预留的管道连接空间等。故要求在施工浇筑前，做好隐蔽工程的验收工作。

第三章 装配式建筑的结构设计

第一节 混凝土结构设计

一、混凝土结构设计的一般规定

（一）基本要求

（1）装配式混凝土结构应该符合现行国家标准《混凝土结构设计规范（2015年版）》（GB 50010–2010）第三章中的各项基本要求。如果房屋层数为10层及10层以上或者高度大于28m，还应该参照《高层建筑混凝土结构技术规程》（JGJ 3–2010）第3.1节中关于结构设计的一般性规定。

（2）装配式混凝土结构的设计应符合下列规定：

①应采取有效措施加强结构的整体性；

②装配式结构宜采用高强混凝土、高强钢筋；

③装配式结构的节点和接缝应受力明确、构造可靠，并应满足承载力、延性和耐久性等要求；

④应根据连接节点和接缝的构造方式和性能，确定结构的整体计算模型。

（二）装配式混凝土结构最大适用高度

装配整体式框架结构、装配整体式框架－现浇剪力墙结构、装配整体式剪力墙结构、装配整体式部分框支剪力墙结构的房屋最大适用高度应满足表3-1的要求，并应符合下列规定：

（1）当结构中竖向构件全部为现浇且楼盖采用叠合梁板时，房屋最大适用高度可按现行行业标准《高层建筑混凝土结构技术规程》（JGJ 3-2010）中的规定确定。

（2）装配整体式剪力墙结构和装配整体式部分框支剪力墙结构，在规定的水平力作用下，当预制剪力墙构件底部承担的总剪力大于该层总剪力的50%时，其最大适用高度应适当降低；当预制剪力墙构件底部承担的总剪力大于该层总剪力的80%时，最大适用高度应取表3-1括号内的数值。

表3-1　装配整体式结构房屋的最大适用高度

结构类型	非抗震设计	抗震设防烈度			
		6度	7度	8度（0.2g）	8度（0.3g）
装配整体式框架结构	70	60	50	40	30
装配整体式框架—现浇剪力墙结构	150	130	120	100	80
装配整体式剪力墙结构	140（130）	130（120）	110（100）	90（80）	70（60）
装配整体式部分框支剪力墙结构	120（110）	110（100）	90（80）	70（60）	40（30）

注：房屋高度指室外地面到主要屋面的高度，不包括局部突出屋顶的部分。

对于预制预应力混凝土装配整体式框架结构其最大适用高度在《预制预应力混凝土装配整体式框架结构技术规程》（JGJ 224-2010）中第3.1.1条进行了规定：对预制预应力混凝土装配整体式框架结构，乙类、丙类建筑的适用高度应符合表3-2的规定。

表3-2　预制预应力混凝土装配整体式结构适用的最大高度（m）

结构类型		非抗震设计	抗震设防烈度	
			6度	7度
装配式框架结构	采用预制柱	70	55	45
	采用现浇柱	70	55	50
装配式框架—剪力墙结构	采用现浇柱、墙	140	120	110

（三）装配式混凝土结构的抗震等级

（1）装配整体式结构的抗震设计，应根据设防类别、烈度、结构类型和房屋高度采用不同的抗震等级，并应符合相应的计算和构造措施要求。丙类装配整体式结构的抗震等级应按表3-3确定。

表 3-3　丙类装配整体式结构的抗震等级

结构类型		6度		7度			8度		
装配整式框架结构	高度（m）	≤24	>24	≤24	>24				
	框架	四	三	三	二				
	大跨度框架	三		二					
装配整体式框架—现浇剪力墙结构	高度（m）	≤60	>60	≤24	>24且≤60	>60	≤24	>24且≤60	>60
	框架	四	三	四	三	二	三	二	一
	剪力墙	三	三	三	三	二	三	二	二
装配整体式剪力墙结构	高度（m）	≤70	>70	≤24	>24且≤70	>70	≤24	>24且≤70	>70
	剪力墙	四	三	四	三	二	三	二	
装配整体式部分框支剪力墙结构	高度（m）	≤70	>70	≤24	>24且≤70	>70	≤24	>24且≤70	>70
	现浇框支框架	二	二	二	二	二	一	一	
	底部加强部位剪力墙	三	三	三	三	二	二	二	
	其他区域剪力墙	四	三	四	三	二	三	二	

（抗震设防烈度分为 6度、7度、8度；8度区域 >70 为框支/剪力墙结构不允许）

注：大跨度框架指跨度不小于18m的框架。

（2）乙类装配整体式结构应按本地区抗震设防烈度提高一度的要求加强其抗震措施；当本地区抗震设防烈度为8度且抗震等级为一级时，应采取比一级更高的抗震措施；当建筑场地为Ⅰ类时，仍可按本地区抗震设防烈度的要求采取抗震构造措施。

（3）多层装配式剪力墙结构抗震等级应符合下列规定：

①抗震设防烈度为8度时取三级；

②抗震设防烈度为6度、7度时取四级。

③预制预应力混凝土装配整体式房屋应根据设防类别、烈度、结构类型和房屋高度采用不同的抗震等级，并应符合相应的计算和构造措施要求。丙类建筑的抗震等级应符合表3-4的规定。

表 3-4　预制预应力混凝土装配整体式房屋的抗震等级

结构类型		6度		7度	
装配式框架结构	高度（m）	≤24	>24	≤24	>24
	框架	四	三	三	二
	大跨度框架	三			

（抗震设防烈度：6度、7度）

结构类型		抗震设防烈度				
		6 度		7 度		
装配式框架—剪力墙结构	高度（m）	≤ 24	> 24	≤ 24	> 24 且 ≤ 60	> 60
	框架	四	三	四	三	二
	剪力墙	三		三		

注：①建筑场地为Ⅰ类时，剪力墙除 6 度外允许按表内降低一度所对应的抗震等级采取抗震构造措施，但相应的计算要求不应降低；②接近或等于高度分界线时，允许结合房屋不规则程度及场地、地基条件确定抗震等级；③乙类建筑应按本地区抗震设防烈度提高一度的要求加强其抗震措施，当建筑场地为Ⅰ类时，除 6 度外允许仍按本地区抗震设防烈度的要求采取抗震构造措施；④大跨度框架是指跨度不小于 18m 的框架。

（四）装配式混凝土结构的高宽比

高层装配整体式结构的高宽比不宜超过表 3-5 的数值。

表 3-5　高层装配整体式结构适用的最大高宽比

结构类型	非抗震设计	抗震设防烈度	
		6 度、7 度	8 度
装配整体式框架结构	5	4	3
装配整体式框架—现浇剪力墙结构	6	6	5
装配整体式剪力墙结构	6	6	5

（五）装配式结构的平面、竖向布置及规则性

（1）装配式结构的平面布置宜符合下列规定：

①平面形状宜简单、规则、对称，质量、刚度分布宜均匀，不应采用严重不规则的平面布置；

②平面长度不宜过长，长宽比（L/B）宜按表 3-6 采用；

③平面突出部分的长度 L 不宜过大、宽度 B 不宜过小，L/B_{max}，L/b 宜按表 3-6 采用；

④平面不宜采用角部重叠或细腰形平面布置。

表 3-6　平面尺寸及突出部位尺寸的比值限值

抗震设防烈度	L/B	L/B_{max}	L/b
6、7 度	≤ 6.0	≤ 0.35	≤ 2.0
8 度	≤ 5.0	≤ 0.30	≤ 1.5

（2）装配式结构竖向布置应连续、均匀、应避免抗侧力结构的侧向刚度和承载力沿竖向突变，并应符合现行国家标准《建筑抗震设计规范（附条文说明）（2016 年版）》（GB 50011-2010）的有关规定。

（3）装配整体式剪力墙结构的布置应满足下列要求：

①应沿两个方向布置剪力墙；

②剪力墙的截面宜简单、规则，预制墙的门窗洞口宜上下对齐、成列布置。

（4）预制预应力混凝土装配整体式框架建筑及其抗侧力结构的平面布置宜规则、对称，并应具有良好的整体性；建筑的立面和竖向剖面宜规则，结构的侧向刚度宜均匀变化，竖向抗侧力构件的截面尺寸和材料强度宜自下而上逐渐减小，避免抗侧力结构侧向刚度突变。

（5）多层框架结构不宜采用单跨框架结构，高层的框架结构以及乙类建筑的多层框架结构不应采用单跨框架结构。楼梯间的布置不应导致结构平面显著不规则，并对楼梯构件进行抗震承载力验算。

（6）在进行建筑方案设计时，需考虑装配式混凝土结构对规则性的要求，尽量避免采用不规则的平面、竖向布置。

（六）装配式混凝土结构中某些部位的要求

装配式混凝土结构中某些部位适合采用现浇混凝土，应按以下规定执行。

（1）高层装配整体式结构应符合下列规定：

①宜设置地下室，地下室宜采用现浇混凝土；

②剪力墙结构底部加强部位的剪力墙宜采用现浇混凝土；

③框架结构首层柱宜采用现浇混凝土，顶层宜采用现浇楼盖结构。

（2）带转换层的装配整体式结构应符合下列规定：

①当采用部分框支剪力墙结构时，底部框支层不宜超过2层，且框支层及相邻上一层应采用现浇结构；

②部分框支剪力墙以外的结构中，转换梁、转换柱宜现浇。

（3）装配整体式结构的楼盖宜采用叠合楼盖。结构转换层、平面复杂或开洞较大的楼层、作为上部结构嵌固部位的地下室楼层宜采用现浇楼盖。

（4）抗震设防烈度为8度时，高层装配整体式剪力墙结构中的电梯井筒宜采用现浇混凝土结构。

（5）当顶层楼盖采用叠合楼盖时，应加大现浇层的厚度，以保证结构整体性能。

（七）高层装配整体式结构进行抗震性能化设计

高层装配整体式结构进行抗震性能化设计，其范围和方法应符合以下规定。

（1）抗震设计的高层装配整体式结构，当其房屋高度、规则性、结构类型等超过《装配式混凝土结构技术规程》（JGJ 1-2014）的规定或者抗震设防标准有特殊要求时，可按现行行业标准《高层建筑混凝土结构技术规程》（JGJ 3-2010）的有关规定进行结构抗震性能设计。

（2）在进行结构抗震性能设计时，构件的性能目标设定应有针对性，对抗震关键部位、不规则部位设定较高的性能目标，如中震不屈服或中震弹性；一般构件可不必设定超出规范要求的性能目标。

（3）构件的性能目标宜区分受力状态，抗剪、偏拉、偏压可分别设定性能目标，一般抗剪的性能目标 > 偏拉 > 偏压。

（4）重要节点及接缝也应设置合适的性能目标，接缝的性能目标不宜低于墙肢抗剪的性能目标。

（5）结构整体弹塑性分析时应考虑拼缝的影响，进行合理的模拟。

（八）防连续倒塌设计

（1）对于可能遭受偶然作用，且倒塌可能引起严重后果的重要结构，宜进行防连续倒塌设计。

装配式结构应具有在偶然作用发生时适宜的抗连续倒塌能力，不允许采用摩擦连接传递重力荷载，应采用构件连接传递重力荷载；应具有适宜的多余约束性、整体连续性、稳固性和延性；水平构件应具有一定的反向承载能力，如连续梁边支座、非地震区简支梁支座顶面及连续梁、框架梁梁中支座底面应有一定数量的配筋及合适的锚固连接构造，防止偶然作用发生时，该构件产生过大破坏。

（2）对于防连续倒塌设计，应按照《混凝土结构设计规范》（GB 50010−2010）中第3.6条的要求进行。如果房屋层数为10层及10层以上或者房屋高度大于28m，还应该按照《高层建筑混凝土结构技术规程》（JGJ 3−2010）第3.12条的基本要求进行。

（3）防连续倒塌应满足如下构造要求：

①强调结构的整体性，提出节点及接缝区域连接钢筋的数量不少于构件，后浇混凝土或者灌浆料强度不低于构件，塑性铰区接缝受剪承载力高于构件截面受剪承载力，即"强接缝、弱构件"的概念。

②在预制剪力墙的水平及竖向接缝内，均强调墙体钢筋的可靠连接和锚固，保证传力的连续性。

③在结构中沿各层楼面预制墙顶设置连续封闭的现浇圈梁及水平后浇带，并强调其中纵向钢筋的连续性，增加结构的多余约束性、整体连续性。

④在楼板边支座及端支座处，板端设置伸出钢筋或者设置附加钢筋，增强楼板与支承构件的连续性、抗剪能力和水平传力能力，并保证楼板具有一定的反向承载能力。

（4）对于重要的或有特殊要求的建筑，如需进行防连续倒塌设计时，可采用下列方法：

①局部加强法：提高可能遭受偶然作用而发生局部破坏的竖向重要构件和关键传力部位的安全储备，也可直接考虑偶然作用进行设计；

②拉结构件法：在结构局部竖向构件失效的条件下，可根据具体情况分别按梁−拉结模型、悬索−拉结模型和悬臂−拉结模型进行承载力验算，维持结构的整体稳固性；

③拆除构件法：按一定规则拆除结构的主要受力构件，验算剩余结构体系的极限承载力，也可采用倒塌全过程分析进行设计。

（九）装配式混凝土结构中使用的主要材料要求

装配式混凝土结构中使用的主要材料包括钢筋（包括焊网）、混凝土、钢材、钢筋连接锚固材料、生产和施工中使用的配件等。其中钢筋、钢材及混凝土材料应满足以下要求。

（1）混凝土、钢筋和钢材的力学性能指标和耐久性要求等应符合现行国家标准《混凝土结构设计规范》（GB 50010-2010）和《钢结构设计标准》（GB 50017-2017）的规定。

（2）预制构件的混凝土强度等级不宜低于C30；预应力混凝土预制构件的混凝土强度等级不宜低于C40，且不应低于C30；现浇混凝土的强度等级不应低于C25。

（3）钢筋的选用应符合现行国家标准《混凝土结构设计规范》（GB 50010-2010）的规定，普通钢筋采用套筒灌浆连接和浆锚搭接连接时，钢筋应采用热轧带肋钢筋。

（4）钢筋焊接网应符合现行行业标准《钢筋焊接网混凝土结构技术规程》（JGJ 114-2014）的规定。

（5）预制构件的吊环应采用未经冷加工的HPB300级钢筋制作。吊装用内埋式螺母或吊杆的材料应符合国家现行相关标准的规定。

（6）预制构件节点及接缝处后浇混凝土强度等级不应低于预制构件的混凝土强度等级；多层剪力墙结构中墙板水平接缝用坐浆材料的强度等级值应大于被连接构件的混凝土强度等级值。

（7）套筒灌浆连接的钢筋应采用符合现行国家标准《钢筋混凝土用钢 第2部分：热轧带肋钢筋》（GB/T 1499.2-2018）、《钢筋混凝土用余热处理钢筋》（GB13014-2013）要求的带肋钢筋；钢筋直径不宜小于12mm，且不宜大于40mm。

（8）采用套筒灌浆连接的构件混凝土强度等级不宜低于C30。

（十）预制预应力混凝土装配整体式框架结构材料要求

（1）预制预应力混凝土装配整体式框架所使用的混凝土应符合表3-7的规定：

表3-7 预制预应力混凝土装配整体式框架的混凝土强度等级

名称	叠合板		叠合梁		预制柱	节点键槽以外部分	现浇剪力墙、柱
	预制板	叠合板	预制板	叠合板			
混凝土强度等级	C40及以上	C30及以上	C40及以上	C30及以上	C30及以上	C30及以上	C30及以上

（2）键槽节点部分应采用比预制构件混凝土强度等级高一级且不低于C45的无收缩细石混凝土填实。

（3）预应力筋宜采用预应力螺旋肋钢丝、钢绞线，且强度标准值不宜低1570MPa。

（4）预制预应力混凝土梁键槽内的U形钢筋应采用HRB400级、HRB500级或HRB335级钢筋。

（十一）钢筋连接及锚固材料

（1）钢筋套筒灌浆连接接头采用的套筒应符合现行行业标准《钢筋连接用灌浆套筒》（JG/T 398-2019）的规定。

（2）钢筋套筒灌浆连接接头采用的灌浆料应符合现行行业标准《钢筋连接用套筒

灌浆料》（JG/T 408–2019）的规定。

（3）钢筋浆锚搭接连接接头应采用水泥基灌浆料，灌浆料的性能应满足表3-8的要求。

表 3-8　钢筋浆锚搭接连接接头用灌浆料性能要求

项目		性能指标	试验方法标准
泌水率（%）		0	《普通混凝土拌合物性能试验方法标准》（GB/T 50080）
流动度（mm）	初始值	≥ 200	《水泥基灌浆材料应用技术规范》（GB/T 50448）
	30min 保留值	≥ 150	
竖向膨胀率（%）	3h	≥ 0.02	《水泥基灌浆材料应用技术规范》（GB/T 50448）
	24h 与 3h 的膨胀率之差	0.02 ~ 0.5	
抗压强度（MPa）	1d	≥ 35	《水泥基灌浆材料应用技术规范》（GB/T 50448）
	3d	≥ 55	
	28d	≥ 80	
最大氯离子含量（%）		0.06	《混凝土外加剂匀质性试验方法》（GB/T 8077）

（4）钢筋锚固板的材料应符合现行行业标准《钢筋锚固板应用技术规程》（JGJ 256–2011）的规定。

（5）连接用焊接材料，螺栓、锚栓和铆钉等紧固件的材料应符合国家现行标准《钢结构设计标准》（GB 50017–2017）、《钢结构焊接规范》（GB 50661–2011）和《钢筋焊接及验收规程》（JGJ 18–2012）等的规定。

（6）灌浆套筒应符合现行行业标准《钢筋连接用灌浆套筒》（JG/T 398–2019）的有关规定。灌浆套筒灌浆端最小内径与连接钢筋公称直径的差值不宜小于表3-9规定的数值，用于钢筋锚固的深度不宜小于插入钢筋公称直径的8倍。

表 3-9　灌浆套筒灌浆段最小内径尺寸要求

钢筋直径（mm）	套筒灌浆段最小内径与连接钢筋公称直径差最小值（mm）
12 ~ 25	10
28 ~ 40	15

（7）灌浆料性能及试验方法应符合现行行业标准《钢筋连接用套筒灌浆料》（JG/T 408–2019）的有关规定，并应符合下列要求：

①灌浆料抗压强度应符合表3-10的要求，且不应低于接头设计要求的灌浆料抗压

强度；灌浆料抗压强度试件尺寸应按 40mm×40mm×160mm 的尺寸制作，其加水量应按灌浆料产品说明书确定，试件应按标准方法制作、养护；

表 3-10 灌浆料抗压强度要求

时间（龄期）	抗压强度（N/mm²）
1d	≥ 35
3d	≥ 60
28d	≥ 85

②灌浆料竖向膨胀率应符合表 3-11 的要求；

表 3-11 灌浆料竖向膨胀率要求

项目	竖向膨胀率（%）
3h	≥ 0.02
24h 与 3h 的差值	0.02 ~ 0.50

③灌浆料拌合物的工作性能应符合表 3-12 的要求，泌水率试验方法应符合行国家标准《普通混凝土拌合物性能试验方法标准》（GB/T 50080-2016）的规定。

表 3-12 灌浆料拌合物的工作性能要求

项目		工作性能要求
流动度（mm）	初始	≥ 300
	30min	≥ 260
泌水率（%）		0

（8）套筒灌浆连接接头应满足强度和变形性能要求。

（9）钢筋套筒灌浆连接接头的抗拉强度不应小于连接钢筋抗拉强度标准值，而且破坏时应断于接头外钢筋。

（10）钢筋套筒灌浆连接接头的屈服强度不应小于连接钢筋屈服强度标准值。

（11）套筒灌浆连接接头应能经受规定的高应力和大变形反复拉压循环检验，而且在经历拉压循环后，其抗拉强度仍应符合《钢筋套筒灌浆连接应用技术规程》（JGJ 355-2015）第 3.2.2 条的规定。

（12）在套筒灌浆连接接头单向拉伸、高应力反复拉压、大变形反复拉压试验加载过程中，当接头拉力达到连接钢筋抗拉荷载标准值的 1.15 倍而未发生破坏时，应判为抗拉强度合格，可停止试验。

（13）套筒灌浆连接接头的变形性能应符合表 3-13 的规定。当频遇荷载组合下，构件中钢筋应力高于钢筋屈服强度标准值的 0.6 倍时，设计单位可对单向拉伸残余变形的加载峰值提出调整要求。

表 3-13　套筒灌浆连接接头的变形性能

项目		工作性能要求
对中单向拉伸	残余变形（mm）	≤ 0.10（d ≤ 32） ≤ 0.14（d > 32）
	最大力下总伸长率（%）	≥ 6.0
高应力反复拉压	残余变形（mm）	≤ 0.3
大变形反复拉压	残余变形（mm）	≤ 0.3 且 ≤ 0.6

注：一接头试件加载至 0.6 倍并卸载后在规定标距内的残余变形；一接头试件在最大承载力下的总伸长率；一接头试件按规定加载制度经高应力反复拉压 20 次后的残余变形；一接头试件按规定加载制度经大变形反复拉压 4 次后的残余变形；一接头试件按规定加载制度经大变形反复拉压 8 次后的残余变形。

（十二）预留预埋件材料

受力预埋件的锚板及锚筋材料应符合现行国家标准《混凝土结构设计规范》（GB 50010）的有关规定。专用预埋件及连接件材料应符合国家现行有关标准的规定。

夹心外墙板中内外叶墙板的拉结件应符合下列规定：

（1）金属及非金属材料拉结件均应具有规定的承载力、变形和耐久性能，并应经过试验验证；

（2）拉结件应满足夹心外墙板的节能设计要求。

二、结构计算

（一）作用及作用组合

（1）装配式结构的作用及作用组合应根据国家现行标准《建筑结构荷载规范》（GB 50009-2012）、《建筑抗震设计规范（附条文说明）（2016 年版）》（GB 50011-2010）、《高层建筑混凝土结构技术规程》（JGJ 3-2010）和《混凝土结构工程施工规范》（GB 50666-2011）等确定。

（2）装配式结构设计过程中，作用与作用组合与其他类型结构是一致的。需要注意的是短暂设计状况下的构件及连接节点验算：包括构件脱模翻身、吊运、安装阶段的承载力及裂缝控制，吊具承载力验算；构件安装阶段的临时支撑验算、临时连接预埋件验算等。施工阶段的荷载及荷载组合主要按照《混凝土结构工程施工规范》（GB 50666-2011）等确定，并应符合《装配式混凝土结构技术规程》（JGJ 1-2014）中的规定。

（二）装配式混凝土结构的整体分析方法

（1）在各种设计状况下，装配整体式结构可采用与现浇混凝土结构相同的方法进行结构分析。当同一层内既有预制又有现浇抗侧力构件时，地震设计状况下宜对现浇抗侧力构件在地震作用下的弯矩和剪力进行适当放大。

（2）装配整体式结构承载能力极限状态及正常使用极限状态的作用效应分析可采用弹性方法，并宜按结构实际情况建立分析模型。

（3）除另有规定外，装配整体式框架结构可按现浇混凝土框架结构进行设计。

（4）抗震设计时，对同一层内既有现浇墙肢又有预制墙肢的装配整体式剪力墙结构，现浇墙肢水平地震作用弯矩、剪力宜乘以不小于 1.1 的增大系数。

（5）在结构内力与位移计算时，对现浇楼盖和叠合楼盖，均可假定楼盖在其自身平面内为无限刚性；楼面梁的刚度可计入翼缘作用予以增大；梁刚度增大系数可根据翼缘情况近似取为 1.3 ~ 2.0。

（三）装配式混凝土结构的层间位移角限值

按弹性方法计算的风荷载或多遇地震标准值作用下的楼层层间最大位移与层高之比的限值宜按表 3-14 采用。

表 3-14　楼层层间最大位移与层高之比的限值

结构类型	限值
装配整体式框架结构	1/550
装配整体式框架—现浇剪力墙结构	1/650
装配整体式剪力墙结构、装配整体式部分框支剪力墙结构	1/800
多层装配式剪力墙结构	1/1200

三、构件设计

（一）民用建筑工程中常用的预制构件类型

包括：框（排）架柱、剪力墙、柱梁节点、支撑、梁（屋架）、板、楼梯、围护和分隔墙、功能性部品和部件等，详见表 3-15。

表 3-15　预制构件类型

构件类型	构件描述	技术发展和应用
框（排）架柱	实心、空心、格构	铰接和半刚接连接技术、混合连接框架结构体系推广应用
剪力墙	实心 空心、叠合（单面/双面）、格构	干式和干湿混合连接技术推广应用

构件类型	构件描述	技术发展和应用
柱梁节点	一字形、L形、T形、十字形、牛腿式/柱、梁、节点一体化	推广应用
支撑	X形、V形、K形……	完善结构体系
梁（屋架）	预制、叠合、实心、空心、析架、格构……	干式连接、与型钢配合的技术等推广应用
板	预制、叠合/平板、带肋、双T、V形折板、槽形、格栅……预应力板（空心、实心、带肋）	推广应用
楼梯	板式、梁式/剪刀、双跑、多跑	推广应用
围护和分隔墙	实心、空心、复合型，幕墙、装饰……	点、线连接技术，与预制混凝土结构和装修相结合推广应用
功能性部品部件	送排风道、管道井、电梯井边、整体式厨房和卫生间、太阳能支架、门窗套、遮阳……	完善产品标准与建筑体系结合推广应用
其他	地下设施、地面服务设施……	完善产品标准和技术标准

（二）预制构件的设计原则

（1）装配式、装配整体式混凝土结构中各类预制构件及连接构造应按下列原则进行设计：①应在结构方案和传力途径中确定预制构件的布置及连接方式，并在此基础上进行整体结构分析和构件及连接设计；②预制构件的设计应满足建筑使用功能，并符合标准化设计的要求；③预制构件的连接宜设置在结构受力较小处，且便于施工，结构构件之间的连接构造应满足结构传递内力的要求；④各类预制构件及其连接构造应按从生产、施工到使用过程中可能产生的不利工况进行验算，对预制非承重构件尚应符合《混凝土结构设计规范》（GB 50010-2010）第9.6.8条的规定。

（2）装配式、装配整体式混凝土结构中各类预制构件的连接构造，应便于构件安装、装配整体式。对计算时不考虑传递内力的连接，也应有可靠的固定措施。

（3）非承重预制构件的设计应符合下列要求：①与支承结构之间宜采用柔性连接方式；②在框架内镶嵌或采用焊接连接时，应考虑其对框架抗侧移刚度的影响；③外挂板与主体结构的连接构造应具有一定的变形适应性。

（4）预制构件应遵循少规格、多组合的原则。

（5）装配式结构中，预制构件的连接部位宜设置在结构受力较小的部位，其尺寸和形状应符合下列规定：①应满足建筑使用功能、模数、标准化要求，并应进行优化设计；②应根据预制构件的功能和安装部位、加工制作及施工精度等要求，确定合理的公差；③应满足制作、运输、堆放、安装及质量控制要求。

（三）预制构件设计内容

预制构件深化设计的深度应满足建筑、结构和机电设备等各专业以及构件制作、运输、安装等各环节的综合要求。

（四）装配式剪力墙结构施工图部分的设计

装配式剪力墙结构施工图部分的设计应包括结构施工图和预制构件制作详图设计两个阶段，并应符合下列规定：

（1）结构施工图设计的内容和深度除应满足现行国家有关施工图设计文件编制深度的规定外，还应满足预制构件制作详图的编制需求和安装施工的要求；应根据建设项目的具体情况，增加如下设计内容：①预制构件制作和安装施工的设计说明；②预制构件模板图和配筋图；③预制构件明细表或索引图；④预制构件连接计算和连接构造大样图；⑤预制构件安装大样图；⑥对建筑、机电设备、精装修等专业在预制构件上的预留洞口、预埋管线、预埋件和连接件等，进行设计综合；⑦预制构件制作、安装施工的工艺流程及质量验收要求；⑧连接节点施工质量检测、验收要求。

（2）预制构件制作详图设计应根据结构施工图的内容和要求进行编制，设计深度应满足预制构件制作、工程量统计的需求和安装施工的要求，且包括如下内容：①预制构件制作和使用说明，包括对材料、制作工艺、模具、质量检验、运输要求、堆放存储和安装施工要求等的规定；②预制构件的平面和竖向布置图，包括预制构件生产编号、布置位置和数量等内容；③预制构件模板图、配筋图和预埋件布置图的深化及调整；④预制夹心外墙板内外叶之间的连接件布置图和计算书、保温板排板图等，带饰面砖或饰面板构件的排砖图或排板图；⑤预制构件材料和配件明细表；⑥预制构件在制作、运输、存储、吊装和安装定位、连接施工等阶段的复核计算和预设连接件、预埋件、临时固定支撑等的设计。

（五）预制构件的计算

预制构件的计算应包括持久设计状况、地震设计状况和短暂设计状况。

其中，持久设计状况和地震设计状况的计算内容及方法应符合现行国家标准《混凝土结构设计规范》（GB 50010-2010）、《建筑抗震设计规范（附条文说明）（2016年版）》（GB 50011-2010 和 ）《装配式混凝土结构技术规程》（JGJ 1-2014）及《高层建筑混凝土结构技术规程》（JGJ 3-2010）的有关规定；短暂设计状况的计算内容及方法除应符合现行国家标准《混凝土结构工程施工规范》（GB 50666-2011）及《装配式混凝土结构技术规程》（JGJ 1-2014）的有关规定外，且应满足预制构件生产和建造全过程的实际状态的需要。

（六）预制构件的设计

预制构件的设计应符合下列规定：

（1）对持久设计状况，应对预制构件进行承载力、变形、裂缝控制验算；

（2）对地震设计状况，应对预制构件进行承载力验算；

（3）对制作、运输、堆放、安装等短暂设计状况下的预制构件验算，应符合现行国家标准《混凝土结构工程施工规范》（GB 50666-2011）的有关规定。

（七）装配式结构构件及节点设计

装配式结构构件及节点应进行承载能力极限状态及正常使用极限状态设计，并应符合现行国家标准《混凝土结构设计规范》（GB 50010-2010）、《建筑抗震设计规范（附条文说明）（2016年版）》（GB 50011-2010）、《混凝土结构工程施工规范》（GB 50666-2011）等的有关规定。

（八）构件及节点承载力抗震调整系数要求

抗震设计时，构件及节点的承载力抗震调整系数应按表3-16采用。

预埋件锚筋截面计算的承载力抗震调整系数应取1.0；当仅考虑竖向地震作用组合时，承载力抗震调整系数应取1.0。

表 3-16　构件及节点承载力抗震调整系数

结构构件类别	正截面承载力计算					斜截面承载力计算	受冲切承载力计算、接缝受剪承载力计算
	受弯构件	偏心受压柱		偏心受拉构件	剪力墙	各类构件及框架节点	
		轴压比小于0.15	轴压比不小于0.15				
抗震调整系数	0.75	0.75	0.80	0.85	0.85	0.85	0.85

（九）预制构件短暂设计工况验算

（1）预制混凝土构件在生产、施工过程中，应按实际工况的荷载、计算简图、混凝土实体强度进行施工阶段验算。验算时，应将构件自重乘以相应的动力系数：对脱模、翻转、吊装、运输时可取1.5，临时固定时可取1.2。

（2）装配式混凝土结构施工前，应根据设计要求和施工方案进行必要的施工验算。

（3）预制构件在脱模、吊运、运输、安装等环节的施工验算，应将构件自重标准值乘以脱模吸附系数或动力系数作为等效荷载标准值，并应符合下列规定：

①脱模吸附系数宜取1.5，也可根据构件和模具表面状况适当增减；复杂情况，脱模吸附系数宜根据试验确定；

②构件吊运、运输时，动力系数宜取1.5：构件翻转及安装过程中就位、临时固定时，动力系数可取1.2。当有可靠经验时，动力系数可根据实际受力情况和安全要求适当增减。

（4）预制构件的施工验算应符合设计要求。当设计无具体要求时，宜符合下列规定：

①钢筋混凝土和预应力混凝土构件正截面边缘的混凝土法向压应力，应满足下式的要求：

$$\sigma_{cc} \leqslant 0.8 f'_{ck}$$

$$（3-1）$$

式中 σ_{cc} —— 各施工环节在荷载标准值组合作用下产生的构件正截面边缘混凝土法向压应力（MPa），可按毛截面计算；

f'_{ck} —— 与各施工环节的混凝土立方体抗压强度相应的抗压强度标准值（MPa），按现行国家标准《混凝土结构设计规范》（GB 50010-2010）以线性内插法确定。

②钢筋混凝土和预应力混凝土构件正截面边缘的混凝土法向拉应力，宜满足下式的要求：

$$\sigma_{tt} \leqslant 1.0 f'_{tk}$$

$$（3-2）$$

式中 σ_{ct} —— 各施工环节在荷载标准值组合作用下产生的构件正截面边缘混凝土法向拉应力（MPa），可按毛截面计算；

f'_{tk} —— 与各施工环节的混凝土立方体抗压强度相应的抗压强度标准值（MPa），按现行国家标准《混凝土结构设计规范》（GB 50010-2010），以线性内插法确定。

③预应力混凝土构件的端部正截面边缘的法向拉应力，可适当放松，但不应大于。

④施工过程中允许出现裂缝的钢筋混凝土构件，其正截面边缘混凝土法向拉应力限值可适当放松，但开裂截面受拉钢筋的应力，应满足下式的要求：

$$\sigma_s \leqslant 0.7 f_{yk}$$

$$（3-3）$$

式中 σ_s —— 各施工环节在荷载标准值组合作用下产生的构件受拉钢筋应力，应按开裂截面计算（MPa）；

f_{yk} —— 受拉钢筋强度标准值（MPa）。

⑤叠合式受弯构件尚应符合现行国家标准《混凝土结构设计规范》（GB 50010—2010）的有关规定。在叠合层施工阶段验算中，作用在叠合板上的施工活荷载标准值可按实际情况计算，且取值不宜小于 $1.5KN/m^2$。

（5）预制构件中的预埋吊件及临时支撑，宜按下式进行计算：

$$K_c S_c \leqslant R_c$$

$$（3-4）$$

式中 K_c —— 施工安全系数，当有可靠经验时，可根据实际情况适当增减；

S_c —— 施工阶段荷载标准组合作用下的效应值，施工阶段的荷载标准值按《混凝土结构工程施工规范》（GB 50666-2011）附录 A 及第 9.2.3 条的有关规定取值；

R_c —— 按材料强度标准值计算或根据试验确定的预埋吊件、临时支撑、连接件的承载力；对复杂或特殊情况，宜通过试验确定。

表 3-17　预埋吊件及临时支撑的施工安全系数

项目	施工安全系数
临时支撑	2
临时支撑的连接件 预制构件中用于连接临时支撑的预埋件	3
普通预埋吊件	4
多用途的预埋吊件	5

注：对采用 HPB300 钢筋吊环的预埋吊件，应符合现行国家标准《混凝土结构设计规范》（GB 50010-2010）的有关规定。

（6）预制构件在翻转、运输、吊运、安装等短暂设计状况下的施工验算，应将构件自重标准值乘以动力系数后作为等效静力荷载标准值。构件运输、吊运时，动力系数宜取 1.5；构件翻转及安装过程中就位、临时固定时，动力系数可取 1.2。

（7）预制构件进行脱模验算时，等效静力荷载标准值应取构件自重标准值乘以动力系数后与脱模吸附力之和，且不宜小于构件自重标准值的 1.5 倍。动力系数与脱模吸附力应符合下列规定：①动力系数不宜小于 1.2；②脱模吸附力应根据构件和模具的实际情况取用，且不宜小于 1.5。

（8）用于固定连接件的预埋件与预埋吊件、临时支撑用预埋件不宜兼用；当兼用时，应同时满足各种设计工况要求。预制构件中预埋件的验算应符合现行国家标准《混凝土结构设计规范》（GB 50010-2010）、《钢结构设计标准》（GB 50017-2017）和《混凝土结构工程施工规范》（GB 50666-2011）等有关规定。

（9）预制构件中外露预埋件凹入构件表面的深度不宜小于 10mm。

（十）叠合构件

（1）二阶段成形的水平叠合受弯构件，当预制构件高度不足全截面高度的 40% 时，施工阶段应有可靠支撑。

施工阶段有可靠支撑的叠合受弯构件，可按整体受弯构件设计计算，但其斜截面受剪承载力和叠合面受剪承载力应按《混凝土结构设计规范》（GB 50010—201）附录 H 计算。

施工阶段无支撑的叠合受弯构件，应对底部预制构件及浇筑混凝土后的叠合构件按《混凝土结构设计规范》（GB 50010-2010）附录 H 的要求进行二阶段受力计算。

（2）由预制构件及后浇混凝土成形的叠合柱和墙，应按施工阶段及使用阶段的工况分别进行预制构件及整体结构的计算。

（3）叠合板可根据预制板接缝构造、支座构造、长宽比按单向板或双向板设计。当预制板之间采用分离式接缝时，宜按单向板设计。对长宽比不大于 3 的四边支承叠合板，当其预制板之间采用整体式接缝或无接缝时，可按双向板设计。

（4）叠合构件的计算应满足下列要求：

①叠合梁、叠合板等水平叠合受弯构件应按施工现场支撑布置的具体情况，进行整

体计算或考虑二阶段受力验算；

②由预制构件及后浇混凝土成形的叠合柱和墙等竖向叠合构件，可按整体构件进行构件验算；

③叠合构件的预制部分应进行短暂工况设计验算，当预制构件作为施工现场现浇混凝土的模板时，应补充施工阶段的相关验算。

（十一）装配整体式框架的构件构造

（1）装配整体式框架结构中，当采用叠合梁时，框架梁的后浇混凝土叠合层厚度不宜小于 150mm，次梁的后浇混凝土叠合层厚度不宜小于 120mm；当采用凹口截面预制梁时，凹口深度不宜小于 50mm，凹口边厚度不宜小于 60mm。

（2）叠合梁的箍筋配置应符合下列规定：

①抗震等级为一、二级的叠合框架梁的梁端箍筋加密区，宜采用整体封闭箍筋；

②采用组合封闭箍筋的形式时，开口箍筋上方应做成 135°弯钩；非抗震设计时，弯钩端头平直段长度不应小于 5d（d 为箍筋直径）：抗震设计时，平直段长度不应小于 10d。现场应采用箍筋帽封闭开口箍，箍筋帽末端应做成 135°弯钩；非抗震设计时，弯钩端头平直段长度不应小于 5d；抗震设计时，平直段长度不应小于 10d。

（3）预制柱的设计应符合现行国家标准《混凝土结构设计规范》（GB 50010-2010）的要求，并应符合下列规定：①柱纵向受力钢筋直径不宜小于 20mm；②矩形柱截面宽度或圆柱直径不宜小于 400mm，且不宜小于同方向梁宽的 1.5 倍；③柱纵向受力钢筋采用套筒灌浆连接时，柱箍筋加密区长度不应小于纵向受力钢筋连接区域长度与 500mm 之和；套筒上端第一个箍筋距离套筒顶部不应大于 50mm。

（4）装配整体式框架结构的构造设计应注意以下四点：①预制柱、预制（叠合）梁外伸钢筋的配筋构造必须考虑相邻构件安装施工时的钢筋连接和避让及现场施工钢筋的放置和固定等要求；②预制柱、预制（叠合）梁内的钢筋构造应尽量采用适合于钢筋骨架机械加工的方式，如在框架柱内宜采用螺旋箍筋、焊接封闭箍筋等形式；③预制柱底部和顶部、预制（叠合）梁柱边塑性铰区、主次梁交叉处主梁两侧等部位，应保证箍筋加密的构造要求；④预制柱、预制（叠合）梁内的纵向受力钢筋布置在同等的情况下，宜采用较少根数、较大直径的方式。

（十二）预制剪力墙板构造

（1）预制剪力墙宜采用一字形，也可采用 L 形、T 形或 U 形；开洞预制剪力墙洞口宜居中布置，洞口两侧的墙肢宽度不应小于 200mm，洞口上方连梁高度不宜小于 250mm。

（2）预制剪力墙的连梁不宜开洞；当需开洞时，洞口宜预埋套管，洞口上、下截面的有效高度不宜小于梁高的 1/3，且不宜小于 200mm；被洞口削弱的连梁截面应进行承载力验算，洞口处应配置补强纵向钢筋和箍筋，补强纵向钢筋的直径不应小于 12mm。

（3）预制剪力墙开有边长小于 800mm 的洞口且在结构整体计算中不考虑其影响时，

应沿洞口周边配置补强钢筋：补强钢筋的直径不应小于 12mm，截面面积不应小于同方向被洞口截断的钢筋面积。

（4）当采用套筒灌浆连接时，自套筒底部至套筒顶部并向上延伸 300mm 范围内，预制剪力墙的水平分布筋应加密，加密区水平分布筋的最大间距及最小直径应符合表 3-18 的规定，套筒上端第一道水平分布钢筋距离套筒顶部不应大于 50mm。

表 3-18　加密区水平分布钢筋的要求

抗震等级	最大间距（mm）	最小直径（mm）
一、二级	100	8
三、四级	150	8

（5）端部无边缘构件的预制剪力墙，宜在端部配置两根直径不小于 12mm 的竖向构造钢筋；沿该钢筋竖向应配置拉筋，拉筋直径不宜小于 6mm、间距不宜大于 250mm。

（6）当预制外墙采用夹心墙板时，应满足下列要求：

①外叶墙板厚度不应小于 50mm，且外叶墙板应与内叶墙板可靠连接；

②夹心墙板的夹层厚度不宜大于 120mm；

③当作为承重墙时，内叶墙板应按剪力墙进行设计。

（7）当房屋高度不大于 10m 且不超过 3 层时，预制剪力墙截面厚度不应小于 120mm；当房屋超过 3 层时，预制剪力墙截面厚度不宜小于 140mm。

（8）当预制剪力墙截面厚度不小于 140mm 时，应配置双排双向分布钢筋网。剪力墙水平及竖向分布筋最小配筋率不应小于 0.15%。

（十三）叠合楼板预制底板构造

（1）叠合板应按现行国家标准《混凝土结构设计规范》（GB 50010-2010）进行设计，并应符合下列规定：①叠合板的预制板厚度不宜小于 60mm，后浇混凝土叠合层厚度不应小于 60mm；②当叠合板的预制板采用空心板时，板端空腔应封堵；③跨度大于 3m 的叠合板，宜采用桁架钢筋混凝土叠合板；④跨度大于 6m 的叠合板，宜采用预应力混凝土预制板；⑤板厚大于 180mm 的叠合板宜采用混凝土空心板。

（2）桁架钢筋混凝土叠合板应满足下列要求：①桁架钢筋应沿主要受力方向布置；②桁架钢筋距板边不应大于 300mm，间距不宜大于 600mm；③桁架钢筋弦杆钢筋直径不宜小于 8mm，腹杆钢筋直径不应小于 4mm；④桁架钢筋弦杆混凝土保护层厚度不应小于 15mm。

（3）当未设置桁架钢筋时，在下列情况下，叠合板的预制板与后浇混凝土叠合层之间应设置抗剪构造钢筋：①单向叠合板跨度大于 4.0m 时，距支座 1/4 跨度范围内；②双向叠合板短向跨度大于 4.0m 时，距四边支座 1/4 短跨范围内；③悬挑叠合板；④悬挑板的上部纵向受力钢筋在相邻叠合板的后浇混凝土锚固范围内。

（4）叠合板的预制板与后浇混凝土叠合层之间设置的抗剪构造钢筋应符合下列规定：①抗剪构造钢筋宜采用马凳形状，间距不宜大于400mm，钢筋直径 d 不应小于6mm；②马凳钢筋宜伸到叠合板上、下部纵向钢筋处，预埋在预制板内的总长度不应小于 15d，水平段长度不应小于 50mm。

（十四）预制楼梯构造

（1）预制板式楼梯的梯段板底应配置通长的纵向钢筋。板面宜配置通长的纵向钢筋；当楼梯两端均不能滑动时，板面应配置通长的纵向钢筋。

（2）预制楼梯与支承构件之间宜采用简支连接。采用简支连接时，应符合下列规定：①预制楼梯宜一端设置固定铰，另一端设置滑动铰，其转动及滑动变形能力应满足结构层间位移的要求，且预制楼梯端部在支承构件上的最小搁置长度应符合表3-19的规定；②预制楼梯设置滑动铰的端部应采取防止滑落的构造措施。

表 3-19　预制楼梯在支承构件上的最小搁置长度

抗震设防烈度	6 度	7 度	8 度
最小搁置长度（mm）	75	75	100

（十五）非承重预制构件

（1）非承重预制构件的设计应符合下列要求：①与支承结构之间宜采用柔性连接方式；②在框架内镶嵌或采用焊接连接时，应考虑其对框架抗侧移刚度的影响；③外挂板与主体结构的连接构造应具有一定的变形适应性。

（2）外挂墙板的高度不宜大于一个层高，厚度不宜小于 100mm。

（3）外挂墙板宜采用双层、双向配筋，竖向和水平钢筋的配筋率均不应小于0.15%，且钢筋直径不宜小于 5mm，间距不直大于 200mm。

（4）门窗洞口周边、角部应配置加强钢筋。

（5）外挂墙板最外层钢筋的混凝土保护层厚度除有专门要求外，应符合下列规定：①对石材或面砖饰面，不应小于 15mm；②对清水混凝土，不应小于 20mm；③对露骨料装饰面，应从最凹处混凝土表面计起，且不应小于 20mm。

（6）外挂墙板的截面设计应符合《装配式混凝土结构技术规程》（JGJ 1-2014）第6.4节的要求。

（7）外挂墙板与主体结构采用点支承连接时，连接件的滑动孔尺寸，应根据穿孔螺栓的直径、层间位移值和施工误差等因素确定。

（8）外挂墙板间接缝的构造应符合下列规定：①接缝构造应满足防水、防火、隔声等建筑功能要求；②接缝宽度应满足主体结构的层间位移、密封材料的变形能力、施工误差、温差引起变形等要求，且不应小于 15mm。

四、预制构件连接设计

（1）装配整体式混凝土结构中预制构件的连接是通过后浇混凝土、灌浆料和坐浆材料、钢筋及连接件等实现预制构件间的接缝以及预制构件与现浇混凝土间结合面的连续，满足设计需要的内力传递和变形协调能力及其他结构性能要求。

（2）装配整体式混凝土结构中，接缝的正截面承载力验算与现浇混凝土结构相同，应符合现行国家标准《混凝土结构设计规范》（GB 50010-2010）的规定；接缝的受剪承载力应符合行业标准《装配式混凝土结构技术规程》（JGJ 1-2014）的规定。

①装配整体式结构中，接缝的正截面承载力应符合现行国家标准《混凝土结构设计规范》（GB 50010-2010）的规定。接缝的受剪承载力应符合下列规定：

A. 持久设计状况：

$$\gamma_a V_{jd} \leqslant V_u$$

（3-5）

B. 地震设计状况：

$$V_{jdE} \leqslant V_{uE} / Y_{RE}$$

（3-6）

在梁、柱端部箍筋加密区及剪力墙底部加强部位，应符合下列要求：

$$\eta_j V_{mua} \leqslant V_{uE}$$

（3-7）

式中 γ_a —— 结构重要性系数，安全等级为一级时不应小于1.1，安全等级为二级时不应小于1.0；

V_{jd} —— 持久设计状况下接缝剪力设计值；

V_{jdE} —— 地震设计状况下接缝剪力设计值；

V_u —— 持久设计状况下梁端、柱端、剪力墙底部接缝受剪承载力设计值；

V_{uE} —— 地震设计状况下梁端、柱端、剪力墙底部接缝受剪承载力设计值；

V_{mua} —— 被连接构件端部按实配钢筋面积计算的斜截面受剪承载力设计值；

η_j —— 接缝受剪承载力增大系数，抗震等级为一、二级取1.2，抗震等级为三、四级取1.1。

V_{RE} —— 抗震调整系数。

②叠合梁端竖向接缝的受剪承载力设计值应按下列公式计算：

A. 持久设计状况：

$$V_u = 0.07 f_c A_{cl} + 0.10 f_c A_k + 1.65 A_{sd} \sqrt{f_c f_y}$$

（3-8）

B. 地震设计状况：

$$V_{uE} = 0.04 f_c A_{cl} + 0.06 f_c A_k + 1.65 A_{sd} \sqrt{f_c f_y}$$

（3-9）

式中 A_{cl}—— 叠合梁端截面后浇混凝土叠合层截面面积；

f_c—— 预制构件混凝土轴心抗压强度设计值；

f_y—— 垂直穿过结合面钢筋的抗拉强度设计值；

A_k—— 各键槽的根部截面面积之和，按后浇键槽根部截面和预制键槽根部截面分别计算，并取两者的较小值；

A_{sd}—— 垂直穿过结合面所有钢筋的面积，包括叠合层内的纵向钢筋。

C. 在地震设计状况下，预制柱底水平接缝的受剪承载力设计值应按下列公式计算：

当预制柱受压时：

$$V_{uE} = 0.8N + 1.65A_{sd}\sqrt{f_c f_y}$$

（3-10）

当预制柱受拉时：

$$V_{uE} = 1.65A_{sd}\sqrt{f_c f_y\left[1-\left(\frac{N}{A_{sd}f_y}\right)^2\right]}$$

（3-11）

式中 f_c—— 预制构件混凝土轴心抗压强度设计值；

f_y—— 垂直穿过结合面钢筋抗拉强度设计值；

N—— 与剪力设计值 V 相应的垂直于结合面的轴向力设计值，取绝对值进行计算；

A_{sd}—— 垂直穿过结合面所有钢筋的面积；

V_{uE}—— 地震设计状况下接缝受剪承载力设计值。

D. 在地震设计状况下，剪力墙水平接缝的受剪承载力设计值应按下式计算：

$$V_{uE} = 0.6f_y A_{sd} + 0.8N$$

（3-12）

式中 f_y—— 垂直穿过结合面的钢筋抗拉强度设计值；

N—— 与剪力设计值 V 相应的垂直于结合面的轴向力设计值，压力时取正，拉力时取负；

A_{sd}—— 垂直穿过结合面的抗剪钢筋面积。

E. 在地震设计状况下，预制剪力墙水平接缝的受剪承载力设计值应按下列公式计算：

$$V_{uE} = 0.6f_y A_{sd} + 0.6N$$

（3-13）

式中 f_y—— 垂直穿过结合面的钢筋抗拉强度设计值；

N—— 与剪力设计值 V 相应的垂直于结合面的轴向力设计值，压力时取正，拉力时取负；

A_{sd}—— 垂直穿过结合面的抗剪钢筋面积。

（3）预制构件与后浇混凝土、灌浆料和座浆材料的结合面。

①混凝土叠合梁、板应符合下列规定：

叠合梁的叠合层混凝土的厚度不宜小于 100mm，混凝土强度等级不宜低于 C30。预制梁的箍筋应全部伸入叠合层，且各肢伸入叠合层的直线段长度不宜小于 10d，d 为箍筋直径。预制梁的顶面应做成凹凸差不小于 6mm 的粗糙面。

叠合板的叠合层混凝土的厚度不应小于 40mm，混凝土强度等级不宜低于 C25。预制板表面应做成凹凸差不小于 4mm 的粗糙面。承受较大荷载的叠合板以及预应力叠合板，宜在预制底板上设置伸入叠合层的构造钢筋。

②装配整体式结构中框架梁的纵向受力钢筋和柱、墙中的竖向受力钢筋宜采用机械连接、焊接等形式；板、墙等构件中的受力钢筋可采用搭接连接形式；混凝土结合面应进行粗糙处理或做成齿槽；拼接处应采用强度等级不低于预制构件的混凝土灌缝。

装配整体式结构的梁柱节点处，柱的纵向钢筋应贯穿节点；梁的纵向钢筋应满足锚固要求。

当柱采用装配式榫式接头时，接头附近区段内截面的轴心受压承载力宜为该截面计算所需承载力的 1.3 ~ 1.5 倍。此时，可采取在接头及其附近区段的混凝土内加设横向钢筋网、提高后浇混凝土强度等级和设置附加纵向钢筋等措施。

③预制构件与后浇混凝土、灌浆料、座浆材料的结合面应做粗糙面、键槽，并应符合下列规定：

A. 预制板与后浇混凝土叠合层之间的结合面应设置粗糙面。

B. 预制梁与后浇混凝土叠合层之间的结合面应设置粗糙面；预制梁端面应设置键槽且宜设置粗糙面。键槽的尺寸和数量应按《装配式混凝土结构技术规程》（JGJ 1–2014）第 7.2.2 条的规定计算确定：键槽的深度 t 不宜小于 30mm，宽度 w 不宜小于深度的 3 倍且不宜大于深度的 10 倍；键槽可贯通截面，当不贯通时槽口距离截面边缘不宜小于 50mm；键槽间距宜等于键槽宽度；键槽端部斜面倾角不宜大于 30°。

C. 预制剪力墙的顶部和底部与后浇混凝土的结合面应设置粗糙面；侧面与后浇混凝土的结合面应做成粗糙面，也可设置键槽；键槽深度不宜小于 20mm，宽度不宜小于深度的 3 倍且不宜大于深度的 10 倍，键槽间距宜等于键槽宽度，键槽端部斜面倾角不宜大于 30°。

D. 预制柱的底部应设置键槽且宜做成粗糙面，键槽应均匀布置，键槽深度不宜小于 30mm，键槽端部斜面倾角不宜大于 30°。柱顶应设置粗糙面。

E. 粗糙面的面积不宜小于结合面的 80%，预制板的粗糙面凹凸深度不应小于 4mm，预制梁端、预制柱端、预制墙端的粗糙面凹凸深度不应小于 6mm。

（4）空心板剪力墙、双面叠合板剪力墙、预制空心柱等竖向叠合构件、预制整体式盒子间构件等与现浇混凝土的结合面规定尚无统一的技术标准，可参考北京市地方标准《装配式剪力墙结构设计规程》（DB 11/ 1003–2022）第 7 章、安徽省地方标准《叠合板式混凝土剪力墙结构技术规程》（DB 34/T 810–2020）中关于双面叠合板剪力墙结构的相关内容。

（5）预制框架柱的连接面设计：装配整体式框架结构中，预制柱水平接缝处不宜出现拉力。

（6）钢筋连接：

①装配整体式结构中，节点和接缝处的纵向钢筋连接宜根据接头受力、施工工艺等要求选用机械连接、套筒灌浆连接、浆锚搭接连接、焊接连接、绑扎搭接连接等连接方式，并应符合国家现行有关标准的规定。

②预制构件纵向钢筋宜在后浇混凝土内直线锚固；当直线锚固长度不足时，可采用弯折、机械锚固方式，并应符合现行国家标准《混凝土结构设计规范》（GB 50010-2010）和《钢筋锚固板应用技术规程》（JGJ 256-2011）的规定。

（7）叠合板支座处的纵向钢筋应符合下列规定：

①板端支座处，预制板内的纵向受力钢筋宜从板端伸出并锚入支承梁或墙的后浇混凝土中，锚固长度不应小于5d（d为纵向受力钢筋直径），且宜伸过支座中心线；

②单向叠合板的板侧支座处，当预制板内的板底分布钢筋伸入支承梁或墙的后浇混凝土中时，应符合本条第1款的要求：当板底分布钢筋不伸入支座时，宜在紧邻预制板顶面的后浇混凝土叠合层中设置附加钢筋，附加钢筋截面面积不宜小于预制板内的同向分布钢筋面积，间距不宜大于600mm，在板的后浇混凝土叠合层内锚固长度不应小于15d，在支座内锚固长度不应小于15d（d为附加钢筋直径），且宜伸过支座中心线。

（8）单向叠合板板侧的分离式接缝宜配置附加钢筋，并应符合下列规定：

①接缝处紧邻预制板顶面宜设置垂直于板缝的附加钢筋，附加钢筋伸入两侧后浇混凝土叠合层的锚固长度不应小于15d（d为附加钢筋直径）；

②附加钢筋截面面积不宜小于预制板中该方向钢筋面积，钢筋直径不宜小于6mm，间距不宜大于250mm。

（9）双向叠合板板侧的整体式接缝宜设置在叠合板的次要受力方向上且宜避开最大弯矩截面。接缝可采用后浇带形式，并应符合下列规定：

①后浇带宽度不宜小于200mm；

②后浇带两侧板底纵向受力钢筋可在后浇带中焊接、搭接连接、弯折锚固；

③当后浇带两侧板底纵向受力钢筋在后浇带中弯折锚固时，应符合下列规定：

A.叠合板厚度不应小于10d，且不应小于120mm（d为弯折钢筋直径的较大值）；

B.接缝处预制板侧伸出的纵向受力钢筋应在后浇混凝土层内锚固，且锚固长度不应小于5d；两侧钢筋在接缝处重叠的长度不应小于10d，钢筋弯折角度不应大于30°，弯折处沿接缝方向应配置不少于2根通长构造钢筋，且直径不应小于该方向预制板内钢筋直径；

（10）阳台板、空调板宜采用叠合构件或预制构件。预制构件应与主体结构可靠连接；叠合构件的负弯矩钢筋应在相邻叠合板的后浇混凝土中可靠锚固，叠合构件中预制板底钢筋的锚固应符合下列规定：①当板底为构造配筋时，其钢筋锚固应符合《装配式混凝土结构技术规程》（JGJ 1-2014）第6.6.4条第1款的规定；②当板底为计算要求配筋时，钢筋应满足受拉钢筋的锚固要求。

（11）装配整体式结构中框架梁的纵向受力钢筋和柱、墙中的竖向受力钢筋宜采用机械连接、焊接等形式；板、墙等构件中的受力钢筋可采用搭接连接形式；混凝土结合面应进行粗糙处理或做成齿槽；拼接处应采用强度等级不低于预制构件的混凝土灌缝。装配整体式结构的梁柱节点处，柱的纵向钢筋应贯穿节点；梁的纵向钢筋应满足锚固要求。

当柱采用装配式榫式接头时，接头附近区段内截面的轴心受压承载力宜为该截面计算所需承载力的 1.3 ~ 1.5 倍。此时，可采取在接头及其附近区段的混凝土内加设横向钢筋网、提高后浇混凝土强度等级和设置附加纵向钢筋等措施。

（12）装配整体式框架结构中，预制柱的纵向钢筋连接应符合下列规定：

①当房屋高度不大于 12m 或层数不超过 3 层时，可采用套筒灌浆、浆锚搭接、焊接等连接方式；

②当房屋高度大于 12m 或层数超过 3 层时，宜采用套筒灌浆连接。

（13）叠合梁可采用对接连接并应符合下列规定：①连接处应设置后浇段，后浇段的长度应满足梁下部纵向钢筋连接作业的空间需求；②梁下部纵向钢筋在后浇段内宜采用机械连接、套筒灌浆连接或焊接连接；③后浇段内的箍筋应加密，箍筋间距不应大于 5d（d 为纵向钢筋直径），且不应大于 100mm。

（14）主梁与次梁采用后浇段连接时，应符合下列规定：①在端部节点处，次梁下部纵向钢筋伸入主梁后浇段内的长度不应小于 12d。次梁上部纵向钢筋应在主梁后浇段内锚固。当采用弯折锚固或锚固板时，锚固直段长度不应小于 0.6；当钢筋应力不大于钢筋强度设计值的 50% 时，锚固直段长度不应小于 $0.35l_{ab}$；弯折锚固的弯折后直段长度不应小于 12d（d 为纵向钢筋直径）。②在中间节点处，两侧次梁的下都纵向钢筋伸入主梁后浇段内长度不应小于 12d（d 为纵向钢筋直径）；次梁上部纵向钢筋应在现浇层内贯通。

（15）采用预制柱及叠合梁的装配整体式框架中，柱底接缝宜设置在楼面标高处，并应符合下列规定：①后浇节点区混凝土上表面应设置粗糙面；②柱纵向受力钢筋应贯穿后浇节点区；③柱底接缝厚度宜为 20mm，并应采用灌浆料填实。

（16）梁、柱纵向钢筋在后浇节点区内采用直线锚固、弯折锚固或机械锚固的方式时，其锚固长度应符合现行国家标准《混凝土结构设计规范》（GB 50010）中的有关规定；当梁、柱纵向钢筋采用锚固板时，应符合现行行业标准《钢筋锚固板应用技术规程》（JGJ 256）中的有关规定。

（17）采用预制柱及叠合梁的装配整体式框架节点，梁纵向受力钢筋应伸入后浇节点区内锚固或连接，并应符合下列规定：①对框架中间层中节点，节点两侧的梁下部纵向受力钢筋宜锚固在后浇节点区内，也可采用机械连接或焊接的方式直接连接；梁的上部纵向受力钢筋应贯穿后浇节点区。②对框架中间层端节点，当柱截面尺寸不满足梁纵向受力钢筋的直线锚固要求时，宜采用锚固板锚固，也可采用 90° 弯折锚固。③对框架顶层中节点，梁纵向受力钢筋的构造应符合本条第 1 款的规定。柱纵向受力钢筋宜采用直线锚固；当梁截面尺寸不满足直线锚固要求时，宜采用锚固板锚固。④对框架顶层端节点，梁下部纵向受力钢筋应锚固在后浇节点区内，且宜采用锚固板的锚固方式；梁、柱其他纵向受力钢筋的锚固应符合下列规定：A.柱宜伸出屋面并将柱纵向受力钢筋锚固在伸出段内，伸出段长度不宜小于500mm，伸出段内箍筋间距不应大于5d（d为柱纵向受力钢筋直径），且不应大于100mm；柱纵向钢筋宜采用锚固板锚固，锚固长度不应小于40d；梁上部纵向受力钢筋宜采用锚固板锚固。B.柱外侧纵向受力钢筋也可与梁上部纵向受力钢筋在后浇节点区搭接，其构造要求应符合现行国家标准《混凝土结构设计规范》（GB 50010–2010）中的规定；柱内侧纵向受力钢筋宜采用锚固板锚固。

（18）采用预制柱及叠合梁的装配整体式框架节点，梁下部纵向受力钢筋也可伸至节点区外的后浇段内连接，连接接头与节点区的距离不应小于1.5（为梁截面有效高度）。

（19）现浇柱与叠合梁组成的框架节点中，梁纵向受力钢筋的连接与锚固应符合《装配式混凝土结构技术规程》（JGJ 1–2014）第7.3.7条～第7.3.9条的规定。

（20）上、下层预制剪力墙的竖向钢筋，当采用套筒灌浆连接和浆锚搭接连接时，应符合下列规定：①边缘构件竖向钢筋应逐根连接。②预制剪力墙的竖向分布钢筋当仅部分连接时，被连接的同侧钢筋间距不应大于600mm，且在剪力墙构件承载力设计和分布钢筋配筋率计算中不得计入不连续的分布钢筋；不连接的竖向分布钢筋直径不应小于6mm。③一级抗震等级剪力墙以及二级、三级抗震等级底层加强部位，剪力墙的边缘构件竖向钢筋宜采用套筒灌浆连接。

（21）钢筋搭接连接的形式包括绑扎搭接连接、间接搭接连接、浆锚搭接连接和约束浆锚固搭接连接、环套搭接连接等。

①绑扎搭接连接适用于叠合梁纵向钢筋、墙体分布钢筋、叠合板整体式接缝处纵向钢筋；

A.叠合梁纵筋和墙体竖向分布钢筋的连接要求应符合现行国家标准《混凝土结构设计规范》（GB 50010–2010）的规定，小偏心受拉的剪力墙肢竖向分布钢筋不宜采用绑扎搭接连接；

B.墙体接缝在满足《装配式混凝土结构技术规程》（JGJ 1–2014）第8章的规定时，水平分布钢筋可在同一截面采用100%搭接连接，钢筋搭接长度允许采用1.2或1.2；

C.叠合板整体式接缝在满足《装配式混凝土结构技术规程》（JGJ 1–2014）第6.6.6条的规定时，受力钢筋可在同一截面采用100%搭接连接，搭接连接长度允许1.2，且取消了纵向钢筋绑扎搭接连接最小长度300mm的规定。

②钢筋间接搭接连接适用于预制梁、空心板剪力墙、双面叠合板剪力墙、叠合柱等纵向受力钢筋、分布钢筋的连接，钢筋连接均处于现浇混凝土区段。

③浆锚搭接连接是在我国装配整体式剪力墙结构工程实践中形成的一种适用于剪力墙竖向钢筋连接的形式，这种钢筋连接形式属于钢筋间接搭接连接的一种形式，在一些地方标准中也给出了一些应用的指导性规定。鉴于我国尚无浆锚搭接连接接头的统一技术标准，且目前针对该项技术的研究中还存在一些需要完善的方面。因此，在行业标准《装配式混凝土结构技术规程》（JGJ 1—2014）中虽允许使用，但是给出了一些较为严格的规定，以规范工程应用以及指导技术研究。

（22）在预制构件连接中使用的钢筋机械连接形式包括套筒挤压钢筋接头、直螺纹钢筋接头和钢筋套筒灌浆接头三种。

①直螺纹钢筋接头一般可用于预制构件与现浇混凝土结构之间的纵向钢筋连接，应符合行业标准《钢筋机械连接技术规程》（JGJ 107–2016）的规定。

②钢筋套筒灌浆接头有全灌浆和半灌浆两种形式，钢筋接头的性能应符合行业标准《钢筋套筒灌浆连接应用技术规程》（JGJ 355–2015）的规定，钢筋接头的设计要求应符合行业标准《装配式混凝土结构技术规程》（JGJ 1–2014）的规定。

A.灌浆套筒全灌浆接头一般设在预制构件间的后浇段内，待两侧预制构件安装就位后，纵向钢筋伸入套筒后实施灌浆，如预制梁的纵向钢筋连接。

B.灌浆套筒半灌浆接头一般设置预制构件边缘，与之相邻的预制构件钢筋伸入套筒后实施灌浆，如预制柱、预制墙的纵向钢筋连接。

（23）预制构件采用连接件的连接方式时，应对连接件、焊缝、螺栓或铆钉等紧固件在不同设计状况下的承载力进行验算，并应符合现行国家标准《钢结构设计标准》（GB 50017–2017）和《钢结构焊接规范》（GB 50661）等的规定。

（24）抗震等级为三级的多层装配式剪力墙结构，在预制剪力墙转角、纵横墙交接部位应设置后浇混凝土暗柱，并应符合下列规定：

①后浇混凝土暗柱截面高度不宜小于墙厚，且不应小于250mm，截面宽度可取墙厚；

②后浇混凝土暗柱内应配置竖向钢筋和箍筋，配筋应满足墙肢截面承载力的要求，并应满足表3-20的要求；

③预制剪力墙的水平分布钢筋在后浇混凝土暗柱内的锚固、连接应符合现行国家标准《混凝土结构设计规范》（GB 50010–2010）的有关规定。

表 3-20 多层装配式剪力墙结构后浇混凝土暗柱配筋要求

底层			其他层		
纵向钢筋最小量	箍筋（mm）		纵向钢筋最小量	箍筋（mm）	
	最小直径	沿竖向最大间距		最小直径	沿竖向最大间距
4φ12	6	200	4φ10	6	250

（25）楼层内相邻预制剪力墙之间的间距接缝可采用后浇段连接，并应符合下列规定：①后浇段内应设置竖向钢筋，竖向钢筋配筋率不应小于墙体竖向分布筋配筋率，且不宜小于2φ12；②预制剪力墙的水平分布钢筋在后浇段内的锚固、连接应符合现行国家标准《混凝土结构设计规范（GB 50010—2010）的有关规定。

（26）预制剪力墙水平接缝宜设置在楼面标高处，并应满足下列要求：①接缝厚度宜为20mm。②接缝处应设置连接节点，连接节点间距不宜大于1m；穿过接缝的连接钢筋数量应满足接缝受剪承载力的要求，且配筋率不应低于墙板竖向钢筋配筋率，连接钢筋直径不应小于14mm。③连接钢筋可采用套筒灌浆连接、浆锚搭接连接、焊接连接，并应满足《装配式混凝土结构技术规程》（JGJ 1–2014）附录A中相应的构造要求。

（27）当房屋层数大于3层时,应符合下列规定:①预制屋面、楼面宜采用叠合楼盖,叠合板与预制剪力墙的连接应符合《装配式混凝土结构技术规程（JGJ 1-2014）第6.6.4条的规定;②沿各层墙顶应设置水平后浇带,并应符合《装配式混凝土结构技术规程》（JGJ 1-2014）第8.3.3条的规定;③当抗震等级为三级时,应在屋面设置封闭的后浇钢筋混凝土圈梁,圈梁应符合《装配式混凝土结构技术规程》（JGJ 1-2014）第8.3.2条的规定。

（28）当房屋层数不大于3层时,楼面可采用预制楼板,并应符合下列规定:①板在墙上的搁置长度不应小于60mm,当墙厚不能满足搁置长度要求时可设置挑耳;板端后浇混凝土接缝宽度不宜小于50mm,接缝内应配置连续的通长钢筋,钢筋直径不应小于8mm。②当板端伸出锚固钢筋时,两侧伸出的锚固钢筋应互相可靠连接,并应与支承墙伸出的钢筋、板端接缝内设置的通长钢筋拉结。③板端不伸出锚固钢筋时,应沿板跨方向布置连系钢筋,连系钢筋直径不应小于10mm,间距不应大于600mm;连系钢筋应与两侧预制板可靠连接,并应与支承墙伸出的钢筋、板端接缝内设置的通长钢筋拉结。

（29）连梁宜与剪力墙整体预制,也可在跨中拼接。预制剪力墙洞口上方的预制连梁可与后浇混凝土圈梁或水平后浇带形成叠合连梁;叠合连梁的配筋及构造要求应符合现行国家标准《混凝土结构设计规范》（GB 50010-2010）的有关规定。

（30）预制剪力墙与基础的连接应符合下列规定:

①基础顶面应设置现浇混凝土圈梁,圈梁上表面应设置粗糙面。②预制剪力墙与圈梁顶面之间的接缝构造应符合《装配式混凝土结构技术规程》（JGJ 1-2014）第9.3.3条的规定,连接钢筋应在基础中可靠锚固,且宜伸入到基础底部。③剪力墙后浇暗柱和竖向接缝内的纵向钢筋应在基础中可靠锚固,且宜伸入到基础底部。

第二节 钢结构设计

一、钢结构设计一般规定

（一）装配式钢结构建筑的结构设计应符合下列规定

（1）符合现行国家标准《工程结构可靠性设计统一标准》（GB 50153-2008）的规定,结构的设计使用年限不应少于50年,其安全等级不应低于二级;

（2）应按现行国家标准《建筑工程抗震设防分类标准》（GB 50223-2008）的规定确定其抗震设防类别,并应按照现行国家标准《建筑抗震设计规范（附条文说明）（2016年版）》（GB 50011-2010进）行抗震设防设计;

（3）荷载和效应的标准值、荷载分项系数、荷载效应组合、组合值系数应满足现行国家标准《建筑结构荷载规范》（GB 50009-2012）的规定;

（4）结构构件设计应符合现行国家标准《钢结构设计标准》（GB 50017-2017）、《钢管混凝土结构技术规范》（GB 50936-2014）。

（二）概念设计

（1）多高层建筑钢结构体系，应注重概念设计，具有明确的计算简图和合理的地震作用传递途径，必要的承载能力和刚度，良好的变形能力和消耗地震能量的能力；结构刚度、承载力和质量在竖向和水平方向的分布应合理，避免因局部突变或结构扭转效应而形成薄弱部位。对可能出现的薄弱部位，应采取有效的加强措施。

（2）不规则的建筑方案体形，应按规定采取加强措施；特别不规则的建筑方案，应进行专门研究和论证，采用特别的加强措施；严重不规则的建筑方案不应采用。

（三）结构布置

装配式钢结构建筑的结构布置应符合下列要求：

（1）结构平面布置宜规则、对称，应尽量减少因刚度、质量不对称造成结构扭转；

（2）结构的竖向布置宜保持刚度、质量变化均匀，避免出现突变和薄弱层；

（3）结构布置考虑温度效应、地震效应、不均匀沉降等因素，需设置伸缩缝、防震缝、沉降缝时，满足伸缩、防震与沉降的功能要求；

（4）结构布置应与建筑功能相协调，大开间或跃层时的柱网布置，支撑、剪力墙等抗侧力构件的布置，次梁的布置等，均宜经比选、优化并与建筑设计协调确定。

（四）材料规定

（1）钢材的选用应综合考虑构件的重要性和荷载特征、结构形式和连接方法、应力状态、工作环境以及钢材品种和厚度等因素，合理地选用钢材牌号、质量等级及其性能要求，并应在设计文件中完整地注明对钢材的技术要求。在工程需要时，可采用耐候钢、耐火钢、高强度钢等高性能钢材。

（2）压型钢板宜采用镀锌钢板、镀铝锌钢板或在其基材上涂有彩色有机涂层的钢板辊压成型。屋面、墙面压型钢板的基材厚度宜取 0.4 ~ 1.6mm，用作楼面模板的压型钢板厚度不宜小于 0.5mm。压型钢板宜采用长尺板材，以减小板长方向之搭接。

（3）冷弯薄壁型钢结构构件的壁厚不宜大于 6mm，也不宜小于 1.5mm（压型钢板除外），主要承重结构构件的壁厚不宜小于 2mm。

（4）用于刚架梁、柱的冷弯薄壁型钢，其壁厚不应小于 2mm。在低层冷弯薄壁型钢房屋的结构设计和材料订货文件中，应注明所采用的钢材的牌号、质量等级、供货条件以及连接材料的型号（或钢材的牌号）。必要时尚应注明对钢材所要求的机械性能和化学成分的附加保证项目。钢板厚度不得出现负公差。

（五）楼板体系

除门式刚架结构外，装配式钢结构建筑的楼板应符合下列规定：

（1）楼板可选用适用装配式施工的压型钢板组合楼板、钢筋桁架楼承板组合楼板、钢筋桁架混凝土叠合楼板、预制带肋底板混凝土叠合楼板（PK板）及预制预应力空心板叠合楼板（SP 板）等；

（2）楼板应与钢结构主体进行可靠连接；

（3）抗震设防烈度为 6 度、7 度且房屋高度不超过 28m 时，可采用装配式楼板（全预制楼板）或其他轻型楼盖。当有可靠依据时，建筑高度可增加至 50m，并应采取下列措施之一保证楼板的整体性：①设置水平支撑；②加强预制板之间的连接性能；③增设带有钢筋网片的混凝土后浇层；④其他可靠方式。

（4）装配式钢结构建筑可采用装配整体式楼板（混凝土叠合板），但高度限值应适当降低；

（5）楼盖舒适度应符合国家现行标准《混凝土结构设计规范》（GB 50010-2010）及《高层建筑混凝土结构技术规程》（JGJ 3-2010）的要求。

（六）位移限值

除门式刚架结构外，在风荷载或多遇地震标准值作用下，楼层层间最大水平位移与层高之比不宜大于 1/250（采用钢管混凝土柱时不宜大于 1/300）；同时，层间位移角不应大于围护系统的容许变形能力。装配式钢结构住宅风荷载作用下的楼层层间最大水平位移与层高之比尚不应大于 1/300。

（七）其他

（1）钢结构应进行防火和防腐设计，并应符合《建筑设计防火规范》（GB 50016-2014）、《建筑用钢结构防腐涂料》（JG/T 224-2007）、《钢结构设计规程（DBJ 15-102）及《建筑钢结构防腐蚀技术规程》（JGJ/T 251-2011）的规定。

①钢结构构件防腐措施应根据其使用环境、材质、结构形式、防腐要求年限、防腐施工及维护作业条件等要求，因地制宜，综合选择防腐蚀方案。

②钢结构构件的防腐蚀设计耐久年限，可根据建筑物的重要性及重新涂装的难易程度确定，可划分为 2～5 年，5～10 年、10～20 年三种情况。

③在钢结构设计文件中应注明防腐的耐久性、使用年限及定期检查和维修的要求。

（2）当有可靠依据时，通过相关论证，可采用新型构件、节点及结构体系。

（3）装配式钢结构建筑的楼梯可采用装配式混凝土楼梯，也可采用梁式钢楼梯；当采用钢楼梯时，踏步宜采用预制混凝土板；楼梯宜与主体结构柔性连接，不宜参与整体受力。

二、结构计算

结构计算主要包括荷载作用及各种作用的组合、结构分析方法、结构稳定性分析以及地震作用分析等内容。

（1）多高层钢结构建筑的结构设计，须考虑竖向荷载、温度作用、风荷载、屋面雪荷载等以及水平和竖向地震作用。对于房屋高度大于 30m 且高宽比大于 1.5 的房屋，应考虑风压脉动对结构产生顺风向振动的影响。对横向风振作用效应或扭转风振作用效应明显的高层民用建筑，应考虑横风向风振或扭转风振的影响。

（2）对风荷载比较敏感的高层民用建筑，承载力设计时应按基本风压的1.1倍采用。

（3）在竖向荷载、风荷载以及多遇地震作用下才采用弹性分析方法，在罕遇地震作用下可采用弹塑性分析方法。

（4）墙体所用的不同形式的填充墙、墙板的抗侧移刚度会影响钢框架结构的整体抗侧刚度，从而影响结构的自振周期大小。当内外墙体对结构侧向变形限制较明显时，应对钢框架结构自振周期进行合理的折减。

（5）高度不小于80m的装配式钢结构住宅以及高度不小于150m的其他装配式钢结构建筑，应满足风振舒适度要求。在现行国家标准《建筑结构荷载规范》（GB 50009-2012）规定的10年一遇的风荷载标准值作用下，结构顶点的顺风向和横风向振动最大加速度计算值不应大于表的限值。结构顶点的顺风向和横风向振动最大加速度，可按现行国家标准《建筑结构荷载规范》（GB 50009-2012）的有关规定计算，也可通过风洞试验结果判断确定。计算时，钢结构阻尼比宜取0.01～0.015。

（6）分析网架结构和双层网壳结构时，可假定节点为铰接，杆件只承受轴向力；分析立体管桁架时，当杆件的节点长度与截面高度（或直径）之比不小于12（主管）和24（支管）时，也可假定节点为铰接；分析单层网壳时，应假定节点为刚接，杆件除承受轴向力外，还承受弯矩、扭矩、剪力等。

三、多高层建筑钢结构

（1）多高层建筑钢结构通常包括：框架结构；框架－支撑结构；框架－延性墙板结构；框架－筒体结构；筒体结构（包括框筒、筒中筒、桁架筒和竖筒结构）；巨型框架结构等。

（2）框架是具有抗弯能力的钢框架；框架－支撑体系中的支撑可为中心支撑，偏心支撑和屈曲约束支撑；框架－延性墙板体系中的延性墙板中主要指钢板剪力墙、无粘结内藏钢板支撑剪力墙板和内嵌竖缝混凝土剪力墙板等。

（3）筒体体系包括框筒、筒中筒、桁架筒、竖筒；巨型框架主要是由巨型柱和巨型梁（桁架）组成的结构。

（4）房屋高度不超过50m的高层民用建筑，可采用框架、框架－中心支撑或其他体系的结构；超过50m的高层民用建筑，8度、9度时宜采用框架－偏心支撑、框架－延性墙板或屈曲约束支撑等结构。高层民用建筑钢结构不应采用单跨框架结构。

（5）重点设防类和标准设防类装配式钢结构建筑适用的最大高度应符合表3-21的规定。

表 3-21 装配式钢结构适用的最大高度（m）

结构体系	6度 （0.05g）	7度 （0.10g）	7度 （0.15g）	8度 （0.20g）	8度 （0.30g）	9度 （0.40g）
钢框架	110	110	90	90	70	50
钢框架-中心支撑	220	220	200	180	150	120
钢框架-偏心支撑 钢框架-屈曲约束支撑钢 框架-延性墙板	240	240	220	200	180	160
筒体（框筒、筒中筒、桁架筒、竖筒）巨型框架	300	300	280	260	240	180
交错桁架	90	60	60	40	40	

注：①房屋高度指室外地面到主要屋面板板顶的高度（不包括局部突出屋顶部分）；②超过表内高度的房屋，应进行专门研究和论证，采取有效的加强措施；③交错桁架结构不得用于9度区；④表格中数据适用于整体式楼板的情况；⑤表中适用于钢柱或钢管混凝土柱。

（一）钢框架结构

装配式钢结构建筑采用钢框架结构时，结构设计应符合下列规定：

（1）钢框架结构设计应符合现行国家标准的有关规定，对高层装配式钢结构建筑的设计尚应符合现行行业标准《高层民用建筑钢结构技术规程》（JGJ 99-2015）的规定；

（2）梁与柱的连接宜采用加强型连接，有依据时也可采用其他形式；

（3）在罕遇地震作用下可能出现塑性铰处，梁的上下翼缘均应设侧向支撑点；

（4）对于层数不超过6层且抗震设防烈度不超过8度的装配式钢结构建筑，当建筑设计要求室内不外露结构轮廓时，框架柱可采用由热轧（焊接）H型钢与剖分T型钢组成的异形柱截面；当有可靠依据时，适用高度可适当增加。

（二）钢框架—支撑结构

装配式钢结构建筑采用钢框架-支撑结构时，结构设计应符合下列规定：（1）钢框架-支撑结构设计应符合现行国家标准的有关规定，对高层装配式钢结构建筑的设计尚应符合现行行业标准《高层民用建筑钢结构技术规程》（JGJ 99-2015）的规定；（2）当支撑翼缘朝向框架平面外，且采用支托式连接时，其平面外计算长度可取轴线长度的0.7倍。当支撑腹板位于框架平面内时，其平面外计算长度可取轴线长度的0.9倍；（3）当支撑采用节点板进行连接时，在支撑端部与节点板约束点连线之间应留有两倍节点板厚的间隙，且应进行下列验算：①支撑与节点板间焊缝的强度验算；②节点板自身的强度和稳定验算；③连接板与梁柱间焊缝的强度验算。

（三）钢框架-延性墙板

装配式钢结构建筑采用钢框架-延性墙板结构时，结构设计应符合下列规定：

（1）钢板剪力墙和钢板组合剪力墙的设计应符合现行行业标准《高层民用建筑钢结构技术规程》（JGJ 99-2015）和《钢板剪力墙技术规程》（JGJ/T 380-2015）的规定；

（2）内嵌竖缝混凝土剪力墙的设计应符合现行行业标准《高层民用建筑钢结构技术规程》（JGJ 99-2015）的规定；

（3）当采用钢板剪力墙时，应考虑竖向荷载对钢板剪力墙性能的不利影响；当采用开竖缝的钢板剪力墙且层数不高于18层时，可不考虑竖向荷载对钢板剪力墙性能的不利影响。

四、冷弯薄壁型钢结构

（一）构件设计

轴心受拉构件、轴心受压构件、受弯构件、压（拉）弯构件的强度和稳定性计算，可按现行行业标准《低层冷弯薄壁型钢房屋建筑技术规程》（JGJ 227-2011）的规定采用。

（二）连接设计

（1）应符合现行国家标准《冷弯薄壁型钢结构技术规范》（GB 50018-2002）有关螺钉连接计算的规定。

（2）采用螺钉连接时，螺钉至少应有3圈螺纹穿过连接构件。螺钉的中心距和端距不得小于螺钉直径的3倍，边距不得小于螺钉直径的2倍。受力连接中螺钉连接数量不得少于2个。用于钢板之间连接时，钉头应靠近较薄的构件一侧。

（三）墙体设计

1. 一般规定

（1）低层冷弯薄壁型钢房屋墙体结构的承重墙应有立柱、顶导梁和底导梁、支撑、拉条和撑杆、墙体结构面板等部件组成。非承重墙可不设置支撑、拉条和撑杆。墙体立柱的间距宜为400～600mm。

（2）低层冷弯薄壁型钢房屋结构的抗剪墙体，在上、下墙体间应设置抗拔件，与基础间应设置地脚螺栓及抗拔件。

2. 墙体设计计算

（1）低层冷弯薄壁型钢房屋的墙体设计计算应当按照现行行业标准《低层冷弯薄壁型钢房屋建筑技术规程》（JGJ 227-2011）的相关规定进行计算；

（2）低层冷弯薄壁型钢建筑的墙体，应进行施工过程验算。

3. 构造要求

（1）墙体立柱和墙体面板的构造应符合下列规定：①墙体立柱宜按照模数上下对应设置。②墙体立柱可采用卷边冷弯槽钢构件或由卷边冷弯槽钢构件、冷弯槽钢构件组成的拼合构件；立柱与顶、底导梁应采用螺栓连接。③承重墙体的端边、门窗洞口的边部应采用拼合立柱，拼合立柱间采用双排螺钉固定，螺钉间距不应大于300mm。④在墙体的连接处，立柱布置应满足钉板要求。⑤墙体面板应与墙板立柱采用螺钉连接，墙体面板的边部和接缝处螺钉的间距不宜大于 150mm，墙体面板内部的螺钉间距不宜大于 300mm。⑥墙体面板进行上下拼接时宜错缝拼接，在拼接处应设置厚度不小于 0.8mm 且宽度不小于 50mm 的连接钢带进行连接。

（2）墙体顶、底导梁的构造应符合下列规定：①墙体顶、底导梁宜采用冷弯槽钢构件，顶、底导梁壁厚不宜小于所连接墙体立柱的壁厚。②承重墙的顶导梁应按简支梁计算，支承在墙体两立柱之间。计算时应考虑楼面梁或屋架传下的跨间集中反力，并加上施工时 1.0kN 的集中施工荷载，以确定产生的最大弯矩值。然后，根据受弯构件的规定，验算其强度和稳定性。

第三节　钢混组合结构设计

一、钢混组合结构一般规定

本节适用于装配式组合钢 – 混凝土建筑结构的下列体系：装配式框架 – 剪力墙结构、装配式框架结构、装配式剪力墙结构、装配式钢混组合密柱低层住宅。

（1）装配式组合钢 – 混凝土建筑结构设计过程中需进行施工阶段验算，以保证结构在施工安装时的安全性。同时需保证已施工部分的正常使用要求。

（2）节点设计及施工拼接方案，需保证构件拼接过程中留有合理的操作空间。结构构件的安装过程不应影响已结构完工楼层的墙板、门窗等建筑构件的正常安装。

（3）施工阶段验算中，新建结构的重要性系数 γ_0 可取 0.9，已拼装成型的结构的重要性系数 γ_0 应取 1.0。

（4）结构施工阶段验算时，应考虑恒载、施工活载、风荷载、不均匀温度作用等施工期结构实际承受的荷载。

（5）施工阶段基本风压宜采用当地 25 年重现期基本风压，体型系数应按结构施工时围护结构的布置情况考虑。风荷载可按《建筑结构荷载规范》（GB 50009–2012）的规定采用。

（6）施工阶段需考虑日照产生的不均匀温度作用，计算结构最大升温工况与最大降温工况。对于有围护的室内结构，结构平均温度应考虑室内温差的影响；对于暴露于室外的结构或施工期间的结构，宜依据结构的朝向和表面吸热性质考虑太阳辐射的影响；对于暴露于室外的大截面封闭式钢结构构件，宜考虑截面温箱效应的影响。温度荷载可按《建筑结构荷载规范》（GB 50009–2012）的规定采用。

（7）预制结构构件应按自身在制作、运输、安装过程中的实际工况的荷载、支承情况、混凝土的强度变化进行构件施工阶段承载力验算。验算时应将构件自重乘以相应的动力系数，对脱模、翻转、吊装、运输时可取 1.5 或 0.85，临时固定时可取 1.2，并可视构件具体情况作适当增减。

（8）预制结构构件应按自身在制作、运输、安装过程中的承载力验算，作用效应应按承载能力极限状态下作用的基本组合，但其分项系数均为 1.0。构件截面承载力计算时，混凝土强度可取标准值；钢材强度、正截面承载力验算时，可取标准值的 1.25 倍，受剪承载力验算时可取标准值。

（9）在施工中利用已安装就位的构件进行吊装时，应对吊机（车）行驶其上的构件、与其吊机（车）有连接的构件进行承载力验算。施工设备需乘以动力系数，动力系数可按《建筑结构荷载规范》（GB 50009-2012）的规定采用。作用效应应按承载能力极限状态下作用的基本组合，材料强度按标准值。

（10）利用计算机进行施工阶段模拟分析，应符合下列要求：①计算模型的建立、必要的简化计算与处理，应符合结构的实际施工状况，计算中应考虑预制构件节点刚度形成过程的影响。②计算软件的技术条件应符合本规范及有关标准的规定，并应阐明其特殊处理的内容和依据。③复杂连接节点应采用实体有限元软件、构件试验，分析其在施工阶段的内力及变形特征。施工阶段模拟分析的整体模型根据节点的受力特性，对节点刚度、承载力进行相应调整。④所有计算机计算结果，应经分析判断确认其合理、有效后方可用于工程设计。

（11）计算机进行施工阶段模拟分析时，需考虑二次成型构件在浇灌混凝土硬化前后构件刚度变化。

（12）施工过程中，未灌混凝土或已灌混凝土但混凝土硬化程度不足以形成整体受力的悬臂柱、墙及框架，在施工阶段荷载标准组合作用下，楼层层间最大位移与层高之比不宜超过 1/150。

（13）装配式组合钢 - 混凝土建筑每层结构施工时长不宜超过 30d。

二、结构计算

（一）一般规定

（1）装配式框架结构、装配式剪力墙结构、装配式框架 - 剪力墙结构的房屋最大适用高度应满足表 3-22 的要求，并符合下列规定：

①当结构中竖向构件全部为现浇且楼盖采用叠合梁板时，房屋的最大适用高度可按现行行业标准《高层建筑混凝土结构技术规程》（JGJ 3-2010）中的规定采用。

②装配整体式剪力墙结构和装配整体式部分框支剪力墙结构，在规定的水平力作用下，当预制剪力墙构件底部承担的总剪力大于该层总剪力的 50% 时，其最大适用高度应适当降低；当预制剪力墙构件底部承担的总剪力大于该层总剪力的 80% 时，最大适用高度应取表 3-22 中括号内的数值。

表 3-22 装配整体式结构房屋的最大适用高度（m）

结构类型	非抗震设计	抗震设防烈度			
		6 度	7 度	8 度（0.2g）	8 度（0.3g）
装配式框架结构	70	60	50	40	30
装配式剪力墙结构	140（130）	130（120）	110（100）	90（80）	70（60）
装配式框架 – 剪力墙结构	150	130	120	100	80

注：房屋高度指室外地面到主要屋面的高度，不包括局部突出屋顶的部分。

（2）高层装配式结构的高宽比不宜超过表 3-23 的数值。

表 3-23 高层装配式结构适用的最大高宽比

结构类型	非抗震设计	抗震设防烈度	
		6、7 度	8 度
装配式框架结构	5	4	3
装配式剪力墙结构	6	6	5
装配式框架 – 剪力墙结构	6	6	5

（3）装配整体式结构构件的抗震设计应根据设防类别、烈度、结构类型和房屋高度采用不同的抗震等级，并应符合相应的计算和构造措施要求。丙类装配整体式结构的抗震等级应按表 3-24 确定。

表 3-24 丙类装配式结构的抗震等级

结构类型		抗震设防烈度						
		6 度		7 度		8 度		
装配式框架结构	高度（m）	≤ 24	> 24	≤ 24	> 24	≤ 24		> 24
	大跨度框架	三		二		二		
	框架	四	三	三	二	二		
装配式剪力墙结构	高度（m）	≤ 70	> 70	≤ 24	> 24 且 ≤ 70	> 70	≤ 24	> 24 且 ≤ 70	> 70
	剪力墙	四	三	四	三	二	三	二
装配式框架 – 剪力墙结构	高度（m）	≤ 60	> 60	≤ 24	> 24 且 ≤ 60	> 60	≤ 24	> 24 且 ≤ 60	> 60
	框架	四	三	四	三	二	三	二	一
	剪力墙	三	三	三	二	二	二	二

注：大跨度框架指跨度不小于 18m 的框架。

（4）乙类装配整体式结构设计应按本地区抗震设防烈度提高一度的要求加强其抗震措施；当本地区抗震设防烈度为 8 度且抗震等级为一级时，应采取比一级更高的抗震

装配式建筑设计与施工

措施；当建筑场地为Ⅰ类时，仍可按本地区抗震设防烈度的要求采取抗震构造措施。

（5）装配式结构的平面布置宜符合下列规定：①平面形状宜简单、规则、对称，质量、刚度分布宜均匀，不应采用严重不规则的平面布置；②平面长度不宜过长，长宽比（*l/B*）宜按表 3-25 采用；③平面突出部分的长度 i 不宜过大、宽度 b 不宜过小，L/B_{max}、l/b 宜按表 3-25 采用；④平面不宜采用角部重叠或细腰形平面布置。

表 3-25　平面尺寸及突出部位尺寸的比值限值

抗震设防烈度	*l/B*	L/B_{max}	*l/b*
6、7 度	≤ 6.0	≤ 0.35	≤ 2.0
8 度	≤ 5.0	≤ 0.30	≤ 1.5

（6）装配式结构竖向布置应连续、均匀，应避免抗侧力结构的侧向刚度和承载力沿竖向突变，并应符合现行国家标准《建筑抗震设计规范（附条文说明）（2016 年版）》（GB 50011-2010）的有关规定。

（7）抗震设计的高层装配整体式结构，当其房屋高度、规则性、结构类型等超过本规程的规定或者抗震设防标准有特殊要求时，可按现行行业标准《高层建筑混凝土结构技术规程》（JGJ 3）的有关规定进行结构抗震性能设计。

（8）高层装配整体式结构应符合下列规定：①宜设置地下室，地下室宜采用现浇混凝土；②剪力墙结构底部加强部位的剪力墙宜采用现浇混凝土；③框架结构首层柱宜采用现浇混凝土，顶层宜采用现浇楼盖结构。

（9）装配式结构构件及节点应进行承载能力极限状态及正常使用极限状态设计，并应符合现行国家标准《混凝土结构设计规范》（GB 50010-2010），《建筑抗震设计规范（附条文说明）（2016 年版）》（GB 50011-2010）和《混凝土结构工程施工规范》（GB5 0666-2011）等的有关规定。

（10）抗震设计时，构件及节点的承载力抗震调整系数 γ_{RE} 应按表 3-26 采用；当仅考虑竖向地震作用组合时，承载力抗震调整系数 γ_{RE} 应取 1.0。预埋件锚筋截面计算的承载力抗震调整系数 γ_{RE} 应取 1.0。

表 3-26　构件及节点承载力抗震调整系数 γ_{RE}

结构构件类别	正截面承载力计算					斜截面承载力计算	受冲切承载力计算、接缝受剪承载力计算
	受弯构件	偏心受压柱		偏心受拉构件	剪力墙	各类构件及框架节点	
		轴压比小于 0.15	轴压比不小于 0.15				
γ_{RE}	0.75	0.75	0.8	0.85	0.85	0.85	0.85

（11）预制构件节点及接缝处后浇混凝土强度等级不应低于预制构件的混凝土强度等级；多层剪力墙结构中，墙板水平接缝用坐浆材料的强度等级值应大于被连接构件的

84

混凝土强度等级值。

（12）预埋件和连接件等外露金属件应按不同环境类别进行封闭或防腐、防锈、防火处理，并应符合耐久性要求。

（二）作用及作用组合

（1）装配式结构的作用及作用组合应根据国家现行标准《建筑结构荷载规范》（GB 50009–2012），《建筑抗震设计规范（附条文说明）（2016年版）》（GB 50011–2010），《高层建筑混凝土结构技术规程》JGJ 3和《混凝土结构工程施工规范》（GB 50666–2011）等确定。

（2）预制构件在翻转、运输、吊运、安装等短暂设计状况下的施工验算，应将构件自重标准值乘以动力系数后作为等效静力荷载标准值。构件运输、吊运时，动力系数宜取1.5；构件翻转及安装过程中就位、临时固定时，动力系数可取1.2。

（3）预制构件进行脱模验算时，等效静力荷载标准值应取构件自重标准值乘以动力系数后与脱模吸附力之和，且不宜小于构件自重标准值的1.5倍。动力系数与脱模吸附力应符合下列规定：①动力系数不宜小于1.2；②脱模吸附力应根据构件和模具的实际状况取用，且不宜小于$1.5KN/m^2$。

（三）结构分析

（1）在各种设计状况下，装配整体式结构可采用与现浇混凝土结构相同的方法进行结构分析。当同一层内既有预制又有现浇抗侧力构件时，地震设计状况下宜对现浇抗侧力构件在地震作用下的弯矩和剪力进行适当放大。

（2）装配整体式结构承载能力极限状态及正常使用极限状态的作用效应分析可采用弹性方法。

（3）按弹性方法计算的风荷载或多遇地震标准值作用下的楼层层间最大位移Δu与层高h之比的限值宜按表3-27采用。

表 3-27　楼层层间最大位移与层高之比的限值

结构类型	$\Delta u/h$ 限值
装配式框架结构	1/550
装配式剪力墙结构	1/1000
装配式框架–剪力墙结构	1/800

（4）在结构内力与位移计算时，对现浇楼盖和叠合楼盖，均可假定楼盖在其自身平面内为无限刚性；楼面梁的刚度可计入翼缘作用予以增大；梁刚度增大系数可根据翼缘情况近似取为1.3～2.0。

（四）框架结构设计

（1）除本规程另有规定外，装配整体式框架结构可按现浇混凝土框架结构进行设计。

（2）装配整体式框架结构中，预制柱的纵向钢筋连接应符合下列规定：

①当房屋高度不大于12m或层数不超过3层时，可采用套筒灌浆、浆锚搭接、焊接等连接方式；

②当房屋高度大于12m或层数超过3层时，宜采用套筒灌浆连接。

（3）装配整体式框架结构中，预制柱水平接缝处不宜出现拉力。

（4）对一级、二级、三级抗震等级的装配整体式框架，应进行梁柱节点核心区抗震受剪承载力验算；对四级抗震等级可不进行验算。梁柱节点核心区抗震受剪承载力验算和构造应符合现行国家标准《混凝土结构设计规范》（GB 50010–2010）和《建筑抗震设计规范（附条文说明）（2016年版）》（GB 50011–2010）中的有关规定。

（5）叠合梁端竖向接缝的受剪承载力设计值应按下列公式计算：

①持久设计状况

$$V_U = 0.07 f_c A_{cl} + 0.10 f_c A_k + 1.65 A_{sd}\sqrt{f_c f_y}$$

（3–14）

②地震设计状况

$$V_{uE} = 0.04 f_c A_{cl} + 0.06 f_k A_k + 1.65 A_{sd}\sqrt{f_c f_y}$$

（3–15）

式中 A_{cl} —— 叠合梁端截面后浇混凝土叠合层截面面积；

f_c —— 预制构件混凝土轴心抗压强度设计值；

f_y —— 垂直穿过结合面钢筋抗拉强度设计值；

A_k —— 各键槽的根部截面面积之和，按后浇键槽根部截面和预制键槽根部截面分别计算，并取二者的较小值；

A_{sd} —— 垂直穿过结合面所有钢筋的面积，包括叠合层内的纵向钢筋。

V_U —— 持久设计状况下梁端、柱端、剪力墙底部接缝受剪承载力设计值。

（6）在地震设计状况下，预制柱底水平接缝的受剪承载力设计值应按下列公式计算：

当预制柱受压时：

$$V_{uE} = 0.8N + 1.65 A_{sd}\sqrt{f_c f_y}$$

（3–16）

当预制柱受拉时：

$$V_{uE} = 1.65 A_{sd}\sqrt{f_c f_y \left[1 - \left(\frac{N}{A_{sd} f_y}\right)^2\right]}$$

（3–17）

式中 f_c —— 预制构件混凝土轴心抗压强度设计值；

f_y —— 垂直穿过结合面钢筋抗拉强度设计值；

N——与剪力设计值 V 相应的垂直于结合面的轴向力设计值，取绝对值进行计算；

A_{sd}——垂直穿过结合面所有钢筋的面积；

V_{uE}——地震设计状况下接缝受剪承载力设计值。

（五）剪力墙结构设计

（1）抗震设计时，对同一层内既有现浇墙肢也有预制墙肢的装配整体式剪力墙结构，现浇墙肢水平地震作用弯矩、剪力宜乘以不小于 1.1 的增大系数。

（2）装配整体式剪力墙结构的布置应满足下列要求：①应沿两个方向布置剪力墙；②剪力墙的截面宜简单、规则；预制墙的门窗洞口宜上下对齐、成列布置。

（3）抗震设计时，高层装配整体式剪力墙结构不应全部采用短肢剪力墙；抗震设防烈度为 8 度时，不宜采用具有较多短肢剪力墙的剪力墙结构。当采用具有较多短肢剪力墙的剪力墙结构时，应符合下列规定：①在规定的水平地震作用下，短肢剪力墙承担的底部倾覆力矩不宜大于结构底部总地震倾覆力矩的 50%；②房屋适用高度应比规定的装配整体式剪力墙结构的最大适用高度适当降低，抗震设防烈度为 7 度和 8 度时宜分别降低 20m。

（4）抗震设防烈度为 8 度时，高层装配整体式剪力墙结构中的电梯井筒宜采用现浇混凝土结构。

（六）钢混组合密柱低层住宅

（1）钢 - 混组合密柱低层住宅设计应符合现行国家标准《工程结构可靠性设计统一标准》（GB 50153-2008）的规定，住宅结构的设计使用年限不应少于 50 年，其安全等级不应低于二级。

（2）钢 - 混组合密柱低层住宅体系，宜利用内灌混凝土的钢构件侧向刚度对整体结构抗侧移的作用。内灌混凝土的钢构件侧向刚度应根据材料和连接方式的不同由试验确定，并应符合下列要求：①应通过内灌混凝土的钢构件试验确定构件对框架侧向刚度的贡献，按位移等效原则将构件等效成交叉支撑构件，并应提供支撑构件截面尺寸的计算公式。②抗侧力试验应满足：当框架层间相对侧移角达到 1/300 时，受力构件不得出现任何开裂破坏；当达到 1/200 时，框架在接缝处可出现修补的裂缝；当达到 1/50 时，受力构件不应出现断裂或脱落。

（3）钢 - 混组合密柱低层住宅的楼（屋）面活荷载、基本风压、荷载效应组合的具体表达式和相关系数应按照现行国家标准《建筑结构荷载规范》（GB 50009-2012）的规定采用。

（4）需要进行抗震验算的钢混组合密柱低层住宅，应按现行国家标准《建筑抗震设计规范（附条文说明）（2016 年版）》（GB 50011-2010）的有关规定执行。

（5）钢 - 混组合密柱低层住宅在风荷载和多遇地震作用下，楼层内最大弹性层间位移分别不应超过楼层高度的 1/400 和 1/300。

三、构件设计

（一）板基本规定

1. 装配式结构楼板按下列原则进行计算

（1）两边支承的板应按单向板计算。

（2）四边支承的板应按下列规定计算：①当长边与短边长度之比小于或等于 2.0 时，应按双向板计算；②当长边与短边长度之比大于 2.0 但小于 3.0 时，宜按双向板计算；当按沿短边方向受力的单向板计算时，应沿长边方向布置足够数量的构造钢筋；③当长边与短边长度之比大于或等于 3.0 时，宜按沿短边方向受力的单向板计算。

（3）免支模施工楼板宜按单向板计算。

（4）施工模拟计算时楼板宜按单向板计算。

2. 楼板的尺寸宜符合下列规定

（1）板的跨厚比：钢筋混凝土单向板不大于 30，双向板不大于 40；无梁支承的有柱帽板不大于 35，无梁支承的无柱帽板不大于 30。预应力板及免支模施工楼板（板底含刚度较大预制面，半现浇叠合楼板除外），可适当增加；当板的荷载、跨度较大或采用半现浇叠合楼板时，宜适当减小。

（2）楼板厚度不应小于表 3-28 规定的数值。

表 3-28　现浇钢筋混凝土板的最小厚度（mm）

板的类别		最小厚度
单向板	屋面板	60
	民用建筑楼板	60
	工业建筑楼板	70
	行车道下的楼板	80
双向板		80
密肋楼盖	面板	50
	肋高	250
悬臂板（根部）	悬臂长度不大于 500mm	60
	悬臂长度 1200mm	100
无梁楼板		150
现浇空心楼盖		200
叠合板及预制模板钢桁架楼板		100

（二）板基本形式及构造

（1）非板柱结构装配楼板基本形式可选用预制混凝土楼板或钢筋桁架楼承板、压型钢板楼承板、半现浇叠合板、预制模板钢桁架楼板等免支模施工楼板。

（2）楼板设计须满足相应国家规范及国家行业标准；楼板与其余装配预制构件间应设置有效连接。简支板端部应设置相应防水构造；当考虑楼板抗剪构造兼作防水功能时，宜考虑加大其构件厚度或截面以满足防腐蚀要求。

（3）有抗渗要求区域采用叠合板时，其预制层抗渗等级不得低于其叠合层抗渗要求，预制层施工期裂缝不得大于 0.005mm。

（4）钢筋桁架楼承板要求如下：

①节点与底模接触点均应点焊，点焊承载力不小于表 3-29 的要求。

表 3-29　点焊承载力要求

钢板厚度（mm）	0.4	0.5	0.6	0.8
焊点抗剪承载力	750	1000	1350	2100

②钢筋桁架杆件钢筋直径应按计算确定，但弦杆直径不应小于 6mm，腹杆直径不应小于 4mm。

③支座水平钢筋和竖向钢筋直径，当钢筋桁架高度不大于 100mm 时，直径不应小于 10mm 和 12mm；当钢筋桁架高度大于 100mm 时，直径不应小于 12mm 和 14mm；当考虑竖向支座钢筋承受施工阶段的支座反力时，应按计算确定其直径。

（5）房屋装配整体式楼盖、屋盖采用混凝土预制楼板时，应符合下列规定：

①叠合板的叠合层混凝土厚度不宜小于 40mm，混凝土强度等级不宜低于 C25。预制板表面应做成凹凸差不小于 4mm 的粗糙面。承受较大荷载的叠合板，宜在预制底板上设置伸入叠合层的构造钢筋。

②预制板侧应为双齿边，拼缝上口宽度不小于 30mm；空心板端孔中应有堵头，深度不少于 60mm；并应在拼缝中浇灌强度不低于 C30 的细石混凝土。

③预制板端宜伸出锚固钢筋互相连接，并宜与板的支承结构（圈梁、梁顶或墙顶）伸出的钢筋及板端拼缝中设置的通长钢筋连接。

（三）钢－混凝土梁基本规定

（1）常用箱型梁、钢骨梁、带钢节点混凝土梁、桁架式钢－混凝土梁等。梁内钢构件及混凝土间必须设置有效结合构造；因其计算及构造要求需要设置受力、构造钢筋时，应符合《混凝土结构设计规范》（GB 50010-2010）中第 9.2 条的规定。

（2）钢－混凝土框架梁其正截面受弯承载力应按下列基本假定进行计算：

①截面应保持平面；

②不考虑混凝土的抗拉强度；

③受压边缘混凝土极限压应变 ε_{cu} 取 0.003，相应的最大压应力取混凝土轴心抗压强度设计值 f_c，受压区应力图形简化为等效的矩形应力图，其高度取按平截面假定所确定的中和轴高度乘以系数 0.8，矩形应力图的应力取为混凝土轴心抗压强度设计值；

④型钢腹板的应力图形为拉、压梯形应力图形时，设计计算可简化为等效矩形应力

图形。

（3）配置桁架式型钢的钢－混凝土梁，计算中可将上、下弦型钢考虑为纵向钢筋；斜腹杆承载力的竖向分力可作为受剪箍筋考虑。

（4）钢－混凝土梁在正常使用极限状态下的挠度，可根据构件的刚度用结构力学的方法计算。在等截面构件中，可假定各同号弯矩区段内的刚度相等，并取用该区域内最大弯矩处的刚度。

受弯构件的挠度应按荷载短期效应组合并考虑长期效应组合影响的长期刚度 B_1 进行计算，所求得的挠度计算值不应大于《组合结构设计规范》（JGJ 138-2016）中表 4.2.8 规定的限值；考虑免支撑施工梁段应提高其标准，按上述表内数值乘以 0.9。

（5）箱形梁及钢骨梁等钢－混凝土梁采用无支撑施工时，当梁内预制部分少于截面 40%，其施工阶段内力计算（起吊、浇筑混凝土）不考虑预制混凝土部分参与工作。施工阶段连续梁跨中受拉区域钢构件应按简支情况设计。

（6）采用非刚接连接预制构件，不应按组合构件考虑其稳定性；梁内未浇筑混凝土区域钢构件，板件宽厚比应符合《建筑抗震设计规范（附条文说明）（2016 年版）》（GB 50011-2010）中第 8.3.2 条的规定。

（7）一般用于不直接承受动力荷载，且混凝土翼板与钢－混凝土梁通过有效抗剪连接件形成整体受力时，可按组合梁设计。组合梁翼板计算有效宽度不得大于现场浇筑范围宽度。

（四）钢－混凝土梁基本构造及要求

（1）钢－混凝土框架梁的截面宽度不宜小于 300mm；截面的高度和宽度的比值不宜大于 4。

（2）梁内配置钢筋时，纵向受拉钢筋不宜超过两排，其配筋率不宜大于 0.3%，净距不宜小于 30mm 和 1.5d（d 为钢筋的最大直径）。钢筋置于钢构件内时，与钢构件内边距不宜大于 80mm。

（3）钢－混凝土梁截面高度大于或等于 500mm 时，在梁两侧应沿高度方向设置纵向腰筋（可用板件等代设置），间距不宜大于 200mm，而且腰筋与型钢板件间宜配置拉结钢筋。

（4）钢－混凝土梁支座处和上翼缘受有较大固定集中荷载时，应在型钢腹板两侧设置支撑加劲肋；箱形梁跨中承受固定集中荷载时，除上述构造外，还应在对应荷载位置设置水平拉结箍板。

（5）叠合钢－混凝土梁叠合层不少于 100mm，且预制层不宜少于截面 40%。

（6）箱形梁单边翼缘宽度不宜少于 70mm，且拉结构造净距不宜大于 300mm。箱形梁内不设置钢筋时，腹板、下翼缘应设置混凝土结合构造，如栓钉；梁内设置钢筋且板件与箍筋纵筋等有可靠连接时，可不额外设置结合构造。

（五）带钢节点混凝土柱

（1）装配式钢－混凝土结构框架柱基本形式有钢管混凝土柱、钢骨混凝土柱、带钢混节点柱等。钢管混凝土柱及钢骨混凝土柱设计应符合《组合结构设计规范》（JGJ 138-2016）和《钢管混凝土结构技术规程》（CECS 28-2012）内规定。带钢节点混凝土柱轴压比应符合《建筑抗震设计规范（附条文说明）（2016年版）》（GB 50011-2010）中的规定。

（2）带钢节点混凝土柱受力钢筋构造须符合《建筑抗震设计规范（附条文说明）（2016年版）》（GB 50011-2010）及《混凝土结构设计规范》（GB 50010-2010）的要求。

（3）带钢节点混凝土柱纵向受力钢筋净距不宜少于60mm。柱内钢筋笼考虑施工期参与工作时，柱角筋直径不宜少于20mm，且单侧角筋面积之和不少于总配筋面积25%。受力型钢含钢率不宜少于4%，且不宜大于10%；钢节点与纵向受力钢筋连接板件厚度不应少于0.6d（d为最大钢筋直径），且不宜少于6mm厚。

（4）带钢节点混凝土柱箍筋及拉结构造还应符合以下规定：①钢节点区内拉结构造为板件时纵向间距不应大于200mm，且板件厚度不应少于4mm；当拉结构造为钢筋时，其箍筋最少体积配筋率对应一、二、三级抗震等级时，分别不宜少于0.6%、0.5%、0.4%，其纵向间距一、二级抗震时不应大于100mm，三、四级抗震时不应大于150mm；②底部加强区、首节安装楼层及以上一层间，柱箍筋应全高加密。

（5）当采用圆形截面带钢节点混凝土柱时，柱身纵向钢筋不宜少于8条，不应少于6条且纵筋净距不宜大于150mm；柱箍筋宜按螺旋式箍筋设计。

（六）带钢节点混凝土墙

（1）带钢混节点墙为普通混凝土墙与墙底安装钢构件及梁墙、板墙钢连接节点的组合构件。

（2）带钢节点型钢混凝土墙墙身构造设置应符合《建筑抗震设计规范（附条文说明）（2016年版）》（GB 50011-2010）及《混凝土结构设计规范》（GB 50010-2010）的要求。墙体可为预制构件，也可现场支模浇筑。当采用免拆模板时，分布墙身区域对应有梁布置位置应采取适当支撑措施，而且该区域分布筋直径不应少于10mm。

（3）带钢节点型钢混凝土墙暗柱布置原则同混凝土柱，暗柱端部（顶、底）均应设置闭合钢节点区。暗柱内钢筋笼考虑施工期参与工作时，角部钢筋直径不宜少于16mm。受力型钢含钢率不宜少于4%，而且不宜大于10%；钢节点与纵向受力钢筋连接板件厚度不应少于0.6d（d为最大钢筋直径），且厚度不宜少于6mm。

（4）带钢节点型钢混凝土墙身局部箍筋可采用板件等，板件厚度不宜少于3.5mm，而且宽度不应少于最大纵向钢筋直径的6倍。当其参与施工阶段工作时，应在计算结果的基础上，加大其截面至1.1倍计算值。

（5）墙身设计为分段现场拼装形式时，水平分段安装区域可采用钢板件过渡，该板件与安装区域应设置有效拉结构造，且板件厚度不少于0.8d（d为该层水平分布筋最大直径）。

（6）带钢节点型钢混凝土墙连梁宜采用钢箱混凝土梁，且梁上下翼缘厚度宜相同。当翼缘计算厚度较大时，宜采用双层翼缘形式。

（7）分布墙体大于 4m 者，宜设置构造暗柱。于较高楼层或风较大地区施工时，墙体施工阶段应对应构造柱及边缘构件设置相应支撑措施。

四、钢－混凝土构件连接节点

（一）连接节点设计

（1）节点设计需满足所使用设计方法的各项假定。

（2）节点分类可根据刚度进行，根据节点转动刚度的不同，可将节点分为刚接、铰接和半刚接三种类型：①铰接节点需能够传递结构内力，但不传递弯矩，而且铰接节点需具有足够的转动能力；②刚接节点须具有足够的转动刚度，以传递弯矩与内力；③当同时不属于刚接节点与铰接节点情况的节点，可分类为半刚接节点，半刚接节点需能够传递弯矩与内力。

（二）梁柱、梁墙、楼板及单层分节节点构造要求

（1）梁柱、梁墙节点考虑刚接时，应保证构件等强连接。墙柱连接板件厚度不应少于梁节点连接板件厚度的 1.2 倍，且连接区域上下各应比梁高出不少于 70mm。钢筋与钢板件焊接安装时，单根钢筋直径不大于 28mm 时，焊缝总长度不应少于 10d；单根钢筋直径大于 28mm 时，焊缝总长度不应少于 12d，且焊接板件厚度不应少于 0.6d。

（2）梁柱、梁墙节点考虑铰接时，应保证抗剪件安装区等强连接。墙柱节点内对应梁腹板设置抗剪加劲肋时，该肋板厚度不应少于梁腹板厚度，且不少于 8mm；柱节点内不对应梁腹板设置抗剪加劲肋时，柱节点连接板件厚度不应少于 1.2 倍梁腹板厚度。

（3）梁柱、梁墙钢节点内已有预制混凝土时，宜采用设置牛腿方式设计安装梁。

（4）柱底单层分节安装连接板件厚度不应少于 0.6 倍梁柱节点板件厚度。当柱底连接板件兼作钢筋连接过渡作用时，其厚度不应少于 0.8 倍梁柱节点板件厚度，而且应考虑设置有效构造传递剪力。

（5）采用免支撑形式结构设计时，施工阶段宜考虑梁柱、梁墙节点铰接设计；梁两侧施工荷载差异较大者，应对相连墙柱设置相应支撑措施。

（6）预制混凝土构件边缘与焊接区域边缘净距不少于 $2h_f$（h_f 为焊接区域焊缝宽度）。

（7）梁钢件与楼板抗剪连接件计算应符合《钢结构设计标准》（GB 50017-2017）中的规定。抗剪连接件宜采用栓钉，间距不宜大于 200mm。

（8）墙、柱与楼板连接时，应设置有效连接抗剪构件，该构件不应考虑柱或楼板参与抗弯受力。当该抗剪构件兼作止水作用时，厚度宜适当加大（钢板件加厚不少于 2mm，钢筋、栓钉直径提升不少于一级）。

（9）非承重预制构件与结构构件间连接的设计应符合下列要求：①与支承结构之间宜采用柔性连接方式；②在框架内镶嵌或采用焊接连接时，应考虑其对框架抗侧移刚度的影响；③外挂板与主体结构的连接构造应具有一定的变形适应性。

五、预制构件基本要求

（1）预制构件及连接构造应按下列原则进行设计：①应在结构方案和传力途径中确定预制构件的布置及连接方式，并在此基础上进行整体结构分析和构件的连接设计；②预制构件的设计应满足建筑使用功能，并符合标准化要求；③预制构件的连接宜设置在结构受力较小处，且宜便于施工，结构构件之间的连接构造应满足结构传递内力的要求；④各类预制构件及其连接构造应按从生产、施工到使用过程中可能产生的最不利工况进行验算。

（2）预制构件施工阶段的计算及设计应符合以下基本要求：①预制混凝土构件在生产、施工过程中应按实际工况的荷载、计算简图、混凝土实体强度进行施工阶段验算。验算时应将构件自重乘以相应动力系数：脱模、翻转、吊装、运输时可取 1.5，临时固定时可取 1.2。②预制钢构件验算其施工阶段受力时，其钢件最大应力不宜大于 0.4，其挠度不应大于 l/1000（l 为钢件计算长度）。③预制钢混构件整体预制时，应遵从以上两点原则进行设计及施工阶段验算，验算时不宜考虑混凝土的抗拉承载力；部分预制叠合受力钢混构件还应保证其混凝土部分裂缝宽度不大于 0.1mm，有防水要求时不大于 0.01mm。

（3）预制构件吊点位置设置应考虑构件体型，保证构件在吊装时保持平稳。设置预埋件、吊环、吊装孔及各种内埋式预留吊具时，应对构件在该处承受吊装荷载作用的效应进行承载力验算。验算吊装时，宜保证局部吊点失效时，剩余吊具不破坏，如设置 4 吊点时，应按 3 吊点情况验算预留吊具承载力。

（4）预制构件吊点形式，可选用钢板件、HPB 300 钢筋、或组合式预埋吊具。其计算及构造要求应遵从《混凝土结构设计规范》（GB 50010–2010）中 9.7 规定。

第四章 装配式混凝土建筑的施工技术

第一节 装配式混凝土建筑连接技术

装配式混凝土建筑是在工厂预制混凝土结构构件，通过可靠的连接方式在施工现场装配而成的建筑，其中节点连接问题一直是构件预制和施工现场质量控制的重点和难点。对装配式混凝土结构而言，"可靠的连接方式"是第一重要的，是结构安全的基本保障。目前，我国装配式混凝土结构连接方式主要包括钢筋灌浆套筒连接、浆锚搭接、后浇混凝土连接、螺栓连接和焊接。

钢筋灌浆套筒连接、浆锚搭接、后浇混凝土连接都属于湿法连接，螺栓连接和焊接属于干法连接。

一、钢筋灌浆套筒连接

钢筋灌浆套筒连接是在金属套筒内灌注水泥基浆料，将钢筋对接，形成机械连接接头。目前，装配式建筑中钢筋灌浆套筒连接的应用最为广泛。

（一）钢筋灌浆套筒连接原理及工艺

1. 钢筋灌浆套筒连接原理

带肋钢筋插入套筒，向套筒内灌注无收缩或微膨胀的水泥基灌浆料，充满套筒与钢筋之间的间隙，灌浆料硬化后与钢筋的横肋和套筒内壁凹槽或凸肋紧密啮合，钢筋连接后所受外力能够有效传递。

2.钢筋灌浆套筒连接工艺

钢筋灌浆套筒连接分两个阶段进行，第一个阶段在预制构件加工厂，第二个阶段在结构安装现场。

在工厂预制加工阶段，预制剪力墙、柱是将一段钢筋与套筒进行连接和预安装，再与构件的钢筋结构中其他钢筋连接固定，套筒侧壁接灌浆管、排浆管并引到构件模板外，然后浇筑混凝土，将连接钢筋、套筒预埋在构件内。

（二）钢筋灌浆套筒连接接头的组成

钢筋灌浆套筒连接接头由带肋钢筋（连接钢筋）、灌浆套筒和灌浆料三个部分组成。

1.连接钢筋

《钢筋连接用灌浆套筒》（JG/T 398-2019）规定，灌浆套筒适用直径为12 ~ 40mm 的 500MPa 级及以下热轧带肋或余热处理钢筋。钢筋的机械性能技术参数如表 4-1 所示。

表 4-1 钢筋的机械性能技术参数

强度级别	钢筋牌号	屈服强度 /MPa	抗拉强度 /MPa	延伸率	断后伸长率
335	HRB335、HRBF335	≥ 335	≥ 455	≥ 17%	≥ 7.5%
	HRB335E、HRBF335E	≥ 335	≥ 455	≥ 17%	≥ 9%
400	HRB400、HRBF400	≥ 400	≥ 540	≥ 16%	≥ 7.5%
	HRB400E、HRBF400E	≥ 400	≥ 540	≥ 16%	≥ 9.0%
	RRB400	≥ 400	≥ 540	≥ 14%	≥ 5.0%
	RRB400W	≥ 430	≥ 570	≥ 16%	≥ 7.5%

强度级别	钢筋牌号	屈服强度 /MPa	抗拉强度 /MPa	延伸率	断后伸长率
500	HRB500、HRBF500	≥ 500	≥ 630	≥ 15%	≥ 7.5%
	HRB500E、HRBF500E	≥ 500	≥ 630	≥ 15%	≥ 9.0%
	RRB500	≥ 500	≥ 630	≥ 13%	≥ 5.0%

注：①带"E"钢筋为适用于抗震结构的钢筋，其钢筋实测抗拉强度与实测屈服强度之比不小于 1.25；钢筋实测屈服强度与规定的屈服强度特征值之比不大于 1.30，最大力总伸长率不小于 9%。②带"W"钢筋为可焊接的余热处理钢筋。

2. 灌浆套筒

钢筋灌浆套筒连接接头采用的套筒应符合现行行业标准《钢筋连接用灌浆套筒》（JG/T 398-2019）的规定。

（1）灌浆套筒分类

①按加工方式分。灌浆套筒按加工方式分为铸造灌浆套筒和机械加工灌浆套筒。

②按结构形式分。灌浆套筒按结构形式分为全灌浆套筒和半灌浆套筒。全灌浆套筒接头两端均采用灌浆方式连接钢筋，适用于竖向构件（墙、柱）和横向构件（梁）的钢筋连接。半灌浆套筒接头一端采用灌浆方式连接，另一端采用非灌浆方式连接（通常采用螺纹连接）钢筋，主要适用于竖向构件（墙、柱）的连接。半灌浆套筒按非灌浆一端连接方式不同，还分为直接滚轧直螺纹半灌浆套筒、剥肋滚轧直螺纹半灌浆套筒和镦粗直螺纹半灌浆套筒。

（2）灌浆套筒内径与锚固长度

灌浆套筒灌浆端的最小内径与连接钢筋公称直径的差值不宜小于表 4-2 规定的数值，用于钢筋锚固的深度不宜小于插入钢筋公称直径的 8 倍。

表 4-2 灌浆套筒内径最小尺寸要求

钢筋公称直径 /mm	灌浆套筒最小内径与连接钢筋公称直径差值的最小值 /mm
12 ~ 25	10
28 ~ 40	15

3. 灌浆料

钢筋连接用套筒灌浆料是以水泥为基本材料，配以细骨料，以及混凝土外加剂和其他材料组成的干混料，加水搅拌后具有良好的流动性、早强、高强、微膨胀等性能，填充于套筒和带肋钢筋间隙，简称灌浆料。

（1）灌浆料性能指标

《钢筋连接用套筒灌浆料》（JG/T 408-2019）中规定了灌浆料在标准温度和湿度条件下的各项性能指标的要）求，常温型套筒灌浆料的性能应符合表4-3的规定。其中抗压强度值越高，对灌浆接头连接性能越有帮助；流动度越高，施工作业越方便，接头灌浆饱满度越容易保证。

表 4-3　常温型套筒灌浆料的性能指标

检测项目		性能指标
流动度 /mm	初始	≥ 300
	30min	≥ 260
抗压强度 /MPa	1d	≥ 35
	3d	≥ 60
	28d	≥ 85
竖向膨胀率 /（％）	3h	0.02 ~ 2
	24h 与 3h 差值	0.02 ~ 0.40
氯离子含量 /（％）		≤ 0.03
泌水率 /（％）		0

（2）灌浆料使用注意事项

灌浆料是通过加水拌和均匀后使用的材料，不同厂家的产品配方设计不同，虽然都可以满足《钢筋连接用套筒灌浆料》（JG/T 408-2019）所规定的性能指标，但却具有不同的工作性能，对环境条件的适应能力不同，灌浆施工的工艺也会有差异。

为了确保灌浆料使用时达到其产品设计指标，具备灌浆连接施工所需要的工作性能，并能最终顺利地灌注到预制构件的灌浆套筒内，实现钢筋的可靠连接，操作人员需要严格掌握并准确执行产品使用说明书规定的操作。实际施工中需要注意的要点包括：

①灌浆料使用时应检查产品包装上印制的有效期和产品外观，无过期情况和异常现象方可开袋使用。

②加水。浆料拌和时严格控制加水量，必须执行产品生产厂家规定的加水率。加水过多，会造成灌浆料泌水、离析、沉淀，多余的水分挥发后形成孔洞，严重降低灌浆料

抗压强度。加水过少，灌浆料胶凝材料部分不能充分发生水化反应，无法达到预期的工作性能。灌浆料宜在加水后 30min 内用完，以防后续灌浆遇到意外情况时灌浆料可流动的操作时间不足。

③搅拌。灌浆料与水的拌和应充分、均匀，通常是在搅拌容器内依次加入水及灌浆料并使用产品要求的搅拌设备，在规定的时间范围内，将浆料拌和均匀，使其具备应有的工作性能。灌浆料搅拌时，应保证搅拌容器的底部边缘死角处的灌浆料干粉与水充分拌和，搅拌均匀后，需静置 2 ~ 3min 以排气，尽量排出搅拌时卷入浆料的气体，保证最终灌浆料的强度性能。

④流动度检测。灌浆料流动度是保证灌浆连接施工的关键性能指标，灌浆施工环境的温湿度差异，影响着灌浆的可操作性。在任何情况下，流动度低于要求值的灌浆料都不能用于灌浆连接施工，以防止构件灌浆失败造成事故。为此，在灌浆施工前，应首先进行流动度的检测，在流动度值满足要求后方可施工，施工中注意灌浆时间应短于灌浆料具有规定流动度值的时间（可操作时间）。每工作班应检查灌浆料拌合物初始流动度不少于 1 次，确认合格后，方可用于灌浆；留置灌浆料强度检验试件的数量应符合验收及施工控制要求。

⑤灌浆料的强度与养护温度。灌浆料是水泥基制品，其抗压强度增长速度受养护环境的温度影响。冬期施工灌浆料强度增长慢，后续工序应在灌浆料满足规定强度值后进行；而夏季施工灌浆料凝固速度加快，灌浆施工时间必须严格控制。

⑥散落的灌浆料拌合物成分已经改变，不得二次使用；剩余的灌浆料拌合物由于已经发生水化反应，如再次加灌浆料、水后混合使用，可能出现早凝或泌水，故不能使用。

（三）钢筋灌浆套筒连接接头性能要求

钢筋灌浆套筒连接接头作为一种钢筋机械接头应满足强度和变形性能要求。

1. 钢筋灌浆套筒连接接头强度要求

钢筋灌浆套筒连接接头的屈服强度不应小于连接钢筋屈服强度标准值；抗拉强度不小于连接钢筋抗拉强度标准值，且破坏时要求断于接头外钢筋，即不允许在拉伸时破坏在接头处。灌浆套筒连接接头在经受规定的高应力和大变形反复拉压循环后，抗拉强度仍应符合以上规定。

灌浆套筒连接接头单向拉伸、高应力反复拉压、大变形反复拉压试验加载过程中，接头拉力达到连接钢筋抗拉荷载标准值的 1.15 倍而未发生破坏，应判为抗拉强度合格，可停止试验。

2. 钢筋灌浆套筒连接接头变形性能要求

钢筋灌浆套筒连接接头的变形性能应符合表 4-4 的规定。当频遇荷载组合条件下构件中钢筋应力高于钢筋屈服强度标准值 f_{yk} 的 0.6 倍时，设计单位可对单向拉伸残余变形的加载峰值 u_0 提出调整要求。

表 4-4 钢筋灌浆套筒连接接头的变形性能

项目		变形性能要求
对中和偏置单向拉伸	残余变形 /mm	$u_0 \leq 0.10(d \leq 32)$ $u_0 \leq 0.14(d > 32)$
	最大力总伸长率 / (%)	$A_{sgt} \geq 6.0$
高应力反复拉压	残余变形 /mm	$u_{20} \leq 0.3$
大变形反复拉压	残余变形 /mm	$u_4 \leq 0.3$ 且 $u_8 \leq 0.6$

注：d 表示灌浆套筒外径；u_0 表示接头试件加载至 0.6 倍钢筋屈服强度标准值并卸载后在规定标距内的残余变形；u_{20} 表示接头经高应力反复拉压 20 次后的残余变形；u_4 表示接头经大变形反复拉压 4 次后的残余变形；u_8 表示接头经大变形反复拉压 8 次后的残余变形；A_{sgt} 表示接头试件的最大力总伸长率。

（四）钢筋灌浆套筒连接接头设计要求

（1）采用灌浆套筒连接时，混凝土结构设计要符合国家现行标准《混凝土结构设计规范（2015 年版）》（GB 50010-2010）《建筑抗震设计规范（附条文说明）》（2016 年版）》（GB 50011-2010）《装配式混凝土结构技术规程》（JGJ 1-2014）的有关规定。

（2）采用灌浆套筒连接的构件混凝土强度等级不宜低于 C30。

（3）采用符合《钢筋套筒灌浆连接应用技术规程》（JGJ 355-2015）规定的套筒灌浆连接接头时，全部构件纵向受力钢筋可在同一截面上连接。但全截面受拉构件不宜全部采用灌浆套筒连接接头。

（4）混凝土构件中灌浆套筒的净距不应小于 25mm。

（5）混凝土构件的灌浆套筒长度范围内，预制混凝土柱箍筋的混凝土保护层厚度不应小于 20mm，预制混凝土墙最外层钢筋的混凝土保护层厚度不应小于 15mm。

（6）应用灌浆套筒连接接头时，混凝土构件设计还应符合下列规定：①接头连接钢筋的强度等级不应高于灌浆套筒规定的连接钢筋强度等级。②接头连接钢筋的直径规格不应大于灌浆套筒规定的连接钢筋直径规格，且不宜小于灌浆套筒规定的连接钢筋直径规格一级以上。钢筋直径不得大于套筒规定的连接钢筋直径，是因为可能造成套筒内锚固钢筋灌浆料过薄而锚固性能降低，除非以充分试验证明其接头施工可靠且连接性能满足设计要求。灌浆连接的钢筋直径规格不应小于规定的直径规格一级以上，但应注意，由于套筒预制端的钢筋是居中的，现场安装时连接钢筋的直径越小，套筒两端钢筋轴线的极限偏心越大，而连接钢筋偏心过大即可能对构件承载带来不利影响，还可能由于套筒内壁距离钢筋较远而对钢筋锚固约束的刚性下降，接头连接强度下降。同样，如果有充分的试验验证，套筒规定的连接钢筋直径范围扩大，套筒两端连接的钢筋直径就可以相差直径规格一级以上。③构件配筋方案应根据灌浆套筒外径、长度及灌浆施工要求确定。④构件钢筋插入灌浆套筒的锚固长度应符合灌浆套筒参数要求。⑤竖向构件配筋设计应结合灌浆孔、出浆孔位置。⑥底部设置键槽的预制柱，应在键槽处设置排气孔。

（五）钢筋灌浆套筒连接接头型式检验

1. 型式检验条件

属于下列情况时，应进行接头型式检验：

①确定接头性能时；

②灌浆套筒材料、工艺、结构改动时；

③灌浆料型号、成分改动时；

④钢筋强度等级、肋形发生变化时；

⑤型式检验报告超过 4 年。

接头型式检验明确要求，试件用钢筋、灌浆套筒、灌浆料应符合《钢筋套筒灌浆连接应用技术规程》（JGJ 355-2015）对于材料的各项要求。

2. 型式检验试件数量与检验项目

①对中接头试件 9 个，其中 3 个做单向拉伸试验，3 个做高应力反复拉压试验，3 个做大变形反复拉压试验。②偏置接头试件 3 个，做单向拉伸试验。③钢筋试件 3 个，做单向拉伸试验。④全部试件的钢筋应在同一炉（批）号的 1 根或 2 根钢筋上截取；接头试件钢筋的屈服强度和抗拉强度偏差不宜超过 30MPa。

3. 型式检验灌浆接头试件制作要求

型式检验的灌浆套筒连接接头试件要在检验单位监督下由送检单位制作，且符合以下规定：① 3 个偏置单向拉伸接头试件应保证一端钢筋插入灌浆套筒中心，一端钢筋偏置后钢筋横肋与套筒壁接触。②接头应按《钢筋套筒灌浆连接应用技术规程》（JGJ 355-2015）的有关规定进行灌浆；对于半灌浆套筒连接，机械连接端的加工应符合《钢筋机械连接技术规程》（JGJ 107-2016）的有关规定。③采用灌浆料拌合物制作的 40mm×40mm×160mm 试件不应少于 1 组，并宜留设不少于 2 组。④接头试件及灌浆料试件应在标准养护条件下养护。⑤接头试件在试验前不应进行预拉。

灌浆料为水泥基制品，其最终实际抗压强度将是在一定范围内的数值，只有型检接头试件的灌浆料实际抗压强度在其设计强度的最低值附近时，接头才能反映出接头性能的最低状态，如果此时试件能够达到规定性能，则实际施工中的同样强度的灌浆料连接的接头才能被认为是安全的。《钢筋套筒灌浆连接应用技术规程》（JGJ 355-2015）要求，型式检验接头试件在试验时，灌浆料抗压强度不应小于 80MPa，且不应大于 95MPa；如灌浆料 28d 抗压强度的合格指标（f_g）高于 85MPa，试验时的灌浆料抗压强度低于 28d 抗压强度合格指标（f_g）的数值不应大于 5MPa，且超过 28d 抗压强度合格指标（f_g）的数值不大于 10MPa 与 $0.1f_g$ 二者的较大值。

4. 灌浆套筒连接接头的型式检验试验方法

《钢筋套筒灌浆链接应用技术规程》（JGJ 355-2015）对灌浆接头型式检验的试验方法和要求与《钢筋机械连接技术规程》（JGJ 107-2016）的有关规定基本相同，但由于灌浆接头的套筒长度大约是 11～17 倍钢筋直径，远远大于其他机械连接接头，进行型式检验的大变形反复拉压试验时，如按照《钢筋机械连接技术规程》（JGJ 107–2016）规定的变形量控制，套筒本体几乎没有变形，要依靠套筒外的 4 倍钢筋直径长度的变形达到 10 多倍钢筋直径的变形量对灌浆接头来说过于严苛，经试验研究后将本项试验的变形量计算长度 L_g 进行了适当的折减，其中：

全灌浆套筒连接：

$$L_g = \frac{L}{2} + 4d_s$$

（4–1）

半灌浆套筒连接：

$$L_g = \frac{L}{4} + 4d_s$$

（4–2）

式中：L —— 灌浆套筒长度；d_s —— 钢筋公称直径。

型式检验接头的灌浆料抗压强度符合规定，且型式检验试验结果符合要求，才可评为合格。

二、浆锚搭接

（一）浆锚搭接基本原理

传统现浇混凝土结构的钢筋搭接一般采用绑扎连接或直接焊接等方式，而装配式结构预制构件之间的连接除了采用钢筋套筒连接以外，有时也采用钢筋浆锚搭接的方式。与钢筋套筒连接相比，浆锚搭接同样安全可靠、施工方便，成本相对较低。

钢筋浆锚搭接的受力机理是将拉结钢筋锚固在预留孔内，通过灌注高强度无收缩水泥砂浆实现力的传递。也就是说，钢筋中的拉力通过剪力传递到灌浆料中，再传递到周围的预制混凝土之间的界面中去，因此，浆锚搭接也称为间接锚固或间接搭接。这种搭接技术在欧洲有多年的应用历史，我国已有多家单位对间接搭接技术进行了一定数量的研究工作，如哈尔滨工业大学、黑龙江宇辉新型建筑材料有限公司等对这种技术进行了大量试验与研究，也取得了许多成果。

（二）浆锚搭接预留孔洞的成形方式

浆锚搭接有两种预留孔洞成形方式：①埋置螺旋形金属内模，构件达到强度后旋出内模；②预埋金属波纹管做内模，完成后不抽出。通过对比两种成形方式，采用金属内模旋出容易造成孔壁损坏，也比较费工，因此预埋金属波纹管方式相对可靠简单。

（三）浆锚搭接的种类

按照预留孔洞的成形方式不同，浆锚搭接可以分为钢筋约束浆锚搭接和金属波纹管浆锚搭接。

1. 钢筋约束浆锚搭接

钢筋约束浆锚搭接是基于黏结锚固原理进行连接的方法，在竖向结构构件下段范围内预留出竖向孔洞，孔洞内壁表面留有螺纹状粗糙面，周围配有横向约束螺旋箍筋，将下部装配式预制构件预留钢筋插入孔洞，通过灌浆孔注入灌浆料将上、下构件连接成一体。

2. 金属波纹管浆锚搭接

金属波纹管浆锚搭接是在竖向应用的预制混凝土构件下端预埋连接钢筋外绑设一个大口径金属波纹管，金属波纹管贴紧预埋连接钢筋并延伸到构件下端面形成一个波纹管孔洞，波纹管另一端向上从预制构件侧壁引出，预制构件浇筑成型后每根连接钢筋旁都留有一个波纹管形成的预留孔。一种构件在现场安装时，将另一构件的连接钢筋全部插入该构件上对应的波纹管后，从波纹管上孔注入高强灌浆料，灌浆料充满波纹管与连接钢筋的间隙，灌浆料凝固后即形成一个钢筋搭接锚固接头，实现两个构件之间的钢筋连接。

（四）浆锚搭接灌浆料

灌浆料是以水泥为基本原料，其性能应符合表 4-5 的规定。

表 4-5　浆锚搭接灌浆料性能要求

检测项目		性能指标
流动度 /mm	初始	≥ 200
	30 min	≥ 150
抗压强度 /MPa	1 d	≥ 35
	3 d	≥ 55
	28 d	≥ 80
竖向自由膨胀率 /（%）	24 h 与 3h 差值	0.02 ~ 0.5
氯离子含量 /（%）		0.06

（五）浆锚搭接的要求

钢筋采用浆锚搭接方式连接时，可在下层预制构件中设置竖向连接钢筋与上层预制构件内的连接钢筋进行连接。纵向钢筋采用浆锚搭接时，对预留孔成孔工艺、孔道形状和长度、构造要求、灌浆料和被连接的钢筋，应进行力学性能以及适用性的试验验证。直径大于 20mm 的钢筋不宜采用浆锚搭接，直接承受动力荷载的构件纵向钢筋不应采用浆锚搭接。连接钢筋可在预制构件中通长设置，或在预制构件中可靠锚固。

三、后浇混凝土连接

后浇混凝土是指预制构件安装后在预制构件连接区域或叠合层现场灌注的混凝土。

后浇混凝土连接是装配式混凝土结构非常重要的连接方式，基本上所有的装配式混凝土结构建筑都会有后浇混凝土。

后浇混凝土钢筋连接是后浇混凝土连接最重要的环节。后浇混凝土钢筋连接方式可采用现浇结构钢筋的连接方式，主要包括机械螺纹套筒连接、钢筋搭接、钢筋焊接等。

为加强预制部件与后浇混凝土之间的连接，预制混凝土构件与后浇混凝土的接触面须做成粗糙面或键槽，或两者兼有，以提高混凝土抗剪能力。

平面、粗糙面和键槽面混凝土抗剪能力的比例为 1 ∶ 1.6 ∶ 3，即粗糙面抗剪能力是平面的 1.6 倍，键槽面是平面的 3 倍。

粗糙面的处理方法如下：

（1）人工凿毛法：人工使用铁锤和凿子剔除预制构件结合面的表皮，露出碎石骨料。

（2）机械凿毛法：使用专门的小型凿岩机配置梅花平头钻，剔除结合面混凝土表皮。

（3）缓凝水冲法：在预制构件混凝土灌注前，将含有缓凝剂的浆液涂刷在模板上，灌注混凝土后，利用已浸润缓凝剂的表面混凝土与内部混凝土的缓凝时间差，用高压水冲洗未凝固的表层混凝土，冲掉表面浮浆、露出骨料形成粗糙表面。

《装配式混凝土结构技术规程》中对预制构件与后浇混凝土、灌浆料、座浆材料的结合面做了如下规定：

①预制梁与后浇混凝土叠合层之间的结合面应设置粗糙面，预制梁端面应设置键槽（见图 4-1）且宜设置粗糙面。键槽的尺寸和数量应按规定计算确定；键槽的深度 t 不宜小于 30mm，宽度 w 不宜小于深度的 3 倍且不宜大于深度的 10 倍；键槽可贯通截面，当不贯通时，槽口距离截面边缘不宜小于 50mm；键槽间距宜等于键槽宽度；键槽端部斜面倾角不宜大于 30°。

②预制剪力墙的顶部和底部与后浇混凝土的结合面应设置粗糙面；侧面与后浇混凝土的结合面应设置粗糙面，也可设置键槽；键槽深度 t 不宜小于 20mm，宽度 w 不宜小于深度的 3 倍且不宜大于深度的 10 倍，键槽间距宜等于键槽宽度，键槽端部斜面倾角不宜大于 30°。

③预制柱的底部应设置键槽且宜设置粗糙面，键槽应均匀布置，键槽深度不宜小于 30mm，键槽端部斜面倾角不宜大于 30°。柱顶应设置粗糙面。

④⑤粗糙面的面积不宜小于结合面的 80%，预制板的粗糙面凹凸深度不应小于 4mm，预制梁端、预制柱端、预制墙端的粗糙面凹凸深度不应小于 6mm。

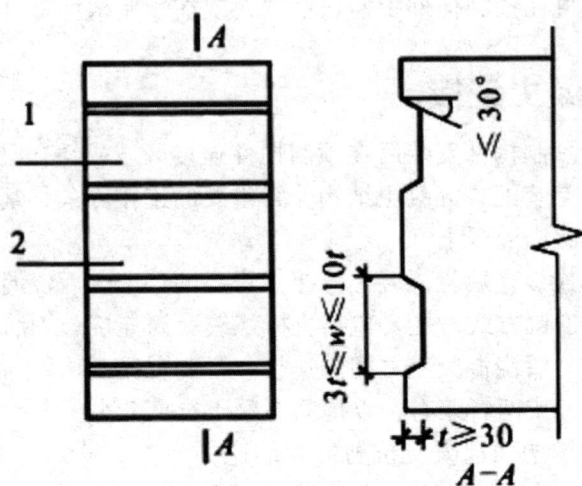

（a）键槽贯通截面

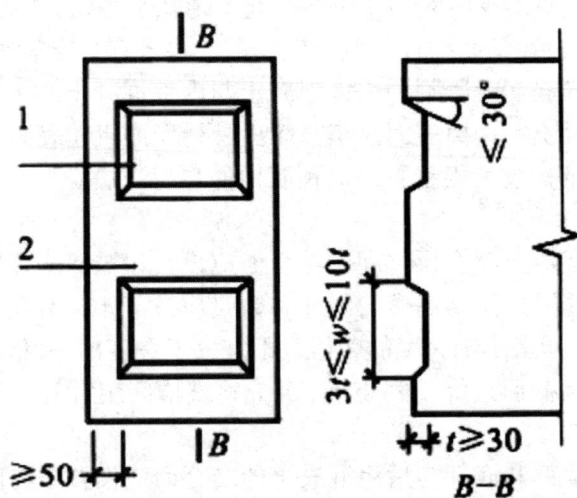

（b）键槽不贯通截面

图 4-1　梁端键槽构造示意（单位：mm）

四、螺栓连接

螺栓连接是指用螺栓和预埋件将预制构件与预制构件或主体结构进行连接的一种连接方式。这种连接形式属于机械连接，连接过程比较简单，对精度要求非常高。首先是在上层剪力墙的下边设置有孔洞的钢板，将下层剪力墙的上方有螺纹的钢筋作为螺杆，其次将钢筋穿过钢板并用螺帽与上层剪力墙连接，对连接的部位浇筑混凝土，最后混凝土硬化将上、下层墙体连接起来。

预制装配式剪力墙结构采用这种方式进行连接存在的问题有：随着时间以及荷载作用，螺栓可能会发生松动；受到自然环境或者其他因素影响，螺栓会逐渐脱落。

螺栓连接的适用范围：在装配式混凝土结构中，螺栓连接仅用于外挂墙板和楼梯等非主体结构构件的连接。

五、焊接

焊接是指在预制混凝土构件中预埋钢板，对预埋钢板进行焊接来传递构件之间作用力的连接方式。

焊接的优点是避免了传统湿连接等方式的灌浆和养护环节，从而节省了工期。缺点是焊接方法中无明显的塑性铰设置，焊接缝在反复地震荷载作用下容易发生脆性破坏，故该连接方式的抗震性能不理想。但是，对于塑性铰设置良好的焊接接头，其优点非常显著，故当前干式连接的发展方向之一为开发变形性能较好的焊接构造。在施工中应该充分安排好相应构件的焊接工序，从而减小焊接的残余应力并使焊接有效。

第二节　装配式混凝土结构竖向受力构件的现场施工

本节主要介绍预制混凝土框架柱构件安装、预制混凝土剪力墙构件安装以及后浇区的施工。

根据预制混凝土框架柱构件、预制混凝土剪力墙构件安装工艺，上、下层构件间混凝土的连接有座浆法和连通腔灌浆法两种方式。预制混凝土剪力墙构件常采用连通腔灌浆法，预制混凝土框架柱构件安装采用这两种方法都比较常见。本节将以座浆法为例介绍预制混凝土柱构件安装施工工艺，以连通腔灌浆法为例介绍预制混凝土剪力墙构件安装施工工艺。

一、预制混凝土柱构件安装施工

预制混凝土柱构件的安装施工工序为：测量放线→铺设座浆料→柱构件吊装→定位校正和临时固定→钢筋套筒灌浆施工。

（一）测量放线

安装施工前，应在构件和已完成结构上测量放线，设置安装定位标志。

测量放线主要包括以下内容：

①每层楼面轴线垂直控制点不应少于 4 个，楼层上的控制轴线应使用经纬仪，由底层原始点直接向上引测。

②每个楼层应设置 1 个引程控制点。

③预制构件控制线应由轴线引出。

④应准确弹出预制构件安装位置的外轮廓线。预制柱的就位以轴线和外轮廓线为控制线，对于边柱和角柱，应以外轮廓线控制为准。

（二）铺设座浆料

预制柱构件底部与下层楼板上表面不能直接相连，应有 20mm 厚的座浆层，以保证两者混凝土能够可靠协同工作。座浆层应在构件吊装前铺设，且不宜铺设太早，以免座浆层凝结硬化失去黏结能力。一般而言，应在座浆层铺设后 1h 内完成预制构件安装工作，天气炎热或气候干燥时应缩短安装作业时间。

座浆料必须满足以下技术要求：①座浆料坍落度不宜过大，一般在市场上购买 40 ~ 60MPa 规格的座浆料使用小型搅拌机（可容纳一包料即可）加适当的水搅拌而成，不宜调制过稀，必须保证座浆完成后呈中间高、两端低的形状。②在座浆料采购前需要与厂家约定浆料内粗集料的最大粒径为 4 ~ 6mm，且座浆料必须具有微膨胀性。③座浆料的强度等级应比相应的预制墙板混凝土的强度等级高一级。④座浆料强度应该满足设计要求。铺设座浆料前应清理铺设面的杂物。铺设时应保证座浆料在预制柱安装范围内铺设饱满。为防止座浆料向四周流散造成座浆层厚度不足，应在柱安装位置四周连续用密封材料封堵，并在座浆层内预设 20mm 高的垫块。

（三）柱构件吊装

柱构件吊装宜按照角柱、边柱、中柱顺序进行安装，与现浇部分连接的柱宜先行吊装。

吊装作业应连续进行。吊装前应对待吊构件进行核对，同时对起重设备进行安全检查，重点检查预制构件预留螺栓孔丝扣是否完好，杜绝吊装过程中滑丝脱落现象。对吊装难度大的部件必须进行空载实际演练。操作人员应对操作工具进行清点，填写施工准备情况登记表，施工现场负责人检查核对签字后方可开始吊装。

预制构件在吊装过程中应保持稳定，不得偏斜、摇摆和扭转。吊装时，一定采用扁担式吊具吊装。

（四）定位校正和临时固定

1. 构件定位校正

构件底部局部套筒未对准时，可使用倒链对构件进行手动微调、对孔，垂直坐落在准确的位置后拉线复核水平是否有偏差。无误差后，利用预制构件上的预埋螺栓和地面后置膨胀螺栓安装斜撑杆，复测柱顶标高后方可松开吊钩。利用斜撑杆调节好构件的垂直度。调节好垂直度后，刮平底部座浆。在调节斜撑杆时必须两名工人同时、同方向分别调节两根斜撑杆。

安装施工应根据结构特点按合理顺序进行，需考虑平面运输、结构体系转换、测量校正、精度调整及系统构成等因素，及时形成稳定的空间刚度单元。必要时应增加临时支撑结构或临时措施。单个混凝土构件的连接施工应一次性完成。

预制构件安装后，应对安装位置、安装标高、垂直度、累计垂直度进行校核与调整。构件安装就位后，可通过临时支撑对构件的位置和垂直度进行微调。

2. 构件临时固定

安装阶段的结构稳定性对保证施工安全和安装精度非常重要，构件在安装就位后，应采取临时措施进行固定。临时支撑结构或临时措施应能承受结构自重、施工荷载、风荷载、吊装产生的冲击荷载等作用，且不至于使结构产生永久变形。

（五）钢筋套筒灌浆施工

钢筋套筒灌浆施工是装配式混凝土结构工程的关键环节之一。

钢筋套筒灌浆实际应用在竖向预制构件上时，通常将灌浆连接套筒现场连接端固定在构件下端部模板上，另一端即预埋端的孔口安装密封圈，构件内预埋的连接钢筋穿过密封圈插入灌浆连接套筒的预埋端，套筒两端侧壁上灌浆孔和出浆孔分别引出两条灌浆管和出浆管，连通至构件外表面，预制构件成型后，套筒下端为连接另一构件钢筋的灌浆连接端。构件在现场安装时，将另一构件的连接钢筋全部插入该构件上对应的灌浆连接套筒，从构件下部各个套筒的灌浆孔向各个套筒内灌注高强灌浆料，至灌浆料充满套筒与连接钢筋的间隙且从所有套筒上部出浆孔流出为止，灌浆料凝固后，即形成钢筋套筒灌浆接头，从而完成两个构件之间的钢筋连接。

在实际工程中，连接的质量很大程度取决于施工过程控制。因此，套筒灌浆连接应满足下列要求：

①套筒灌浆连接施工应编制专项施工方案。这里提到的专项施工方案并不要求一定单独编制，而是强调应在相应的施工方案中包括套筒灌浆连接施工的相应内容。施工方案应包括灌浆套筒在预制生产中的定位、构件安装定位与支撑、灌浆料拌和、灌浆施工、检查与修补等内容。施工方案编制应以接头提供单位的相关技术资料、操作规程为基础。

②灌浆施工的操作人员应经专业培训后上岗。培训一般宜由接头提供单位的专业技术人员组织。灌浆施工应由专人完成，施工单位应根据工程量配备足够的合格操作工人。

③首次施工，宜选择有代表性的单元或部位进行试制作、试安装、试灌浆。这里提到的"首次施工"，包括施工单位或施工队伍没有钢筋套筒灌浆连接的施工经验，或对某种灌浆施工类型（剪力墙、柱、水平构件等）没有经验的情况，此时为保证工程质量，宜在正式施工前通过试制作、试安装、试灌浆验证施工方案、施工措施的可行性。

④套筒灌浆连接应采用由接头形式检验确定的相匹配的灌浆套筒、灌浆料。施工中不宜更换灌浆套筒或灌浆料，如确需更换，应按更换后的灌浆套筒、灌浆料提供接头形式检验报告，并重新进行工艺检验及材料进场检验。

⑤灌浆料以水泥为基本材料，对温度、湿度均具有一定敏感性，因此，在储存中应注意干燥、通风并采取防晒措施，防止其形态发生改变。灌浆料宜存储在室内。

竖向钢筋套筒灌浆连接时，灌浆应采用压浆法从灌浆套筒下方注入，在灌浆料从构件上本套筒和其他套筒的灌浆孔、出浆孔流出后应及时封堵。

钢筋套筒灌浆连接施工的工艺要求如下：①预制构件吊装前，应检查构件的类型与编号，且当灌浆套筒内有杂物时，应清理干净。②应保证外露连接钢筋的表面不粘连混凝土、砂浆，不发生锈蚀；当外露连接钢筋倾斜时，应进行校正。连接钢筋的外露长度应符合设计要求，其外表面宜做出插入灌浆套筒最小锚固长度的位置标志，且应清晰准确。③竖向构件宜采用连通腔灌浆法。钢筋水平连接时灌浆套筒应各自独立灌浆。④灌浆料拌合物应采用电动设备搅拌充分、均匀，并宜静置 2min 后使用。其加水量应按灌浆料使用说用书的要求确定，并应按质量计量。搅拌完成后，不得再次加水。⑤灌浆施工时，环境温度应符合灌浆料产品使用说明书要求。一般来说，环境温度低于 5℃时不宜施工；低于 0℃时不得施工；当环境温度高于 30℃时，应采取降低灌浆料拌合物温度的措施。⑥竖向钢筋连接采用连通腔灌浆法时，宜采用一点灌浆的方式。当一点灌浆遇到问题而需要改变灌浆点时，各灌浆套筒已封堵的灌浆孔、出浆孔应重新打开，待灌浆料拌合物再次流出后再进行封堵。⑦灌浆料宜在加水后 30min 内用完。散落的灌浆料拌合物不得二次使用，剩余的拌合物不得再次添加灌浆料、水后混合使用。⑧灌浆料同条件养护试件抗压强度达到 36MPa 后，方可进行对接头有扰动的后续施工。临时固定措施的拆除应在试件抗压强度验证后能够确保结构达到后续施工承载要求方可进行。⑨灌浆作业应及时形成施工质量检查记录表和影像资料。

二、预制混凝土剪力墙构件安装施工

预制混凝土剪力墙构件的安装施工工序为：测量放线→封堵分仓→构件吊装→定位校正和临时固定→钢筋套筒灌浆施工。其中测量放线、构件吊装、定位校正和临时固定的施工工艺可参见预制混凝土柱的施工工艺。

（一）封堵分仓

采用注浆法实现构件间混凝土可靠连接，是通过灌浆料从套筒流入原座浆层充当座浆料而实现的。相对于座浆法，注浆法无须担心吊装作业前座浆料失水凝固，并且先使预制构件落位后再注浆也易于确定座浆层的厚度。

构件吊装前，应预先在构件安装位置预设 20mm 厚垫片，以保证构件下方注浆层厚度满足要求，然后沿预制构件外边线用密封材料进行封堵。当预制构件长度过长时，注浆层也随之过长，不利于控制注浆层的施工质量，这时可将注浆层分成若干段，各段之间用座浆材料分隔，逐段进行注浆。这种注浆方法叫作分仓法。连通区内任意两个灌浆套筒间距不宜超过 1.6m。

（二）构件吊装

与现浇部分连接的墙板宜先行吊装，其他宜按照外墙先行吊装的原则进行吊装。就位前应设置底部调平装置，控制构件安装标高。

（三）钢筋套筒灌浆施工

灌浆前应合理选择灌浆孔。一般来说，宜选择从每个分仓的位于中部的灌浆孔灌浆，灌浆前将其他灌浆孔严密封堵。灌浆操作要求与座浆法相同。该分仓各出浆孔分别有连续的浆液流出时，注浆作业完毕，将灌浆孔和所有出浆孔封堵。

三、装配式混凝土结构后浇混凝土的施工

装配式混凝土结构竖向构件安装应及时穿插进行边缘构件后浇混凝土带的钢筋安装和模板施工，并完成后浇混凝土施工。

（一）装配式混凝土结构后浇混凝土的钢筋工程

①装配式混凝土结构后浇混凝土内的连接钢筋应埋设准确。构件连接处钢筋位置应符合现行有关技术标准和设计要求。当设计无具体要求时，应保证主要受力构件和构件中主要受力方向的钢筋位置，并应符合下列规定：框架节点处，梁纵向受力钢筋宜置于柱纵向钢筋内侧；当主、次梁底部标高相同时，次梁下部钢筋应放在主梁下部钢筋之上；剪力墙中水平分布钢筋宜置于竖向钢筋外侧，并在墙端弯折锚固。预制构件的外露钢筋应防止弯曲变形，并在预制构件吊装完成后，对其位置进行校核与调整。钢筋套筒灌浆连接接头的预留钢筋应采用专用模具进行定位，并保证定位准确。

②装配式混凝土结构的钢筋连接质量应符合相关规范的要求。钢筋可根据规范要求采用直锚、弯锚或机械锚固的方式进行锚固，锚固质量应符合要求。

③预制墙板连接部位宜先校正水平连接钢筋，后安装箍筋套，待墙体竖向钢筋连接完成后绑扎箍筋，连接部位加密区的箍筋宜采用封闭箍筋。

预制梁、柱节点区的钢筋安装时，节点区柱箍筋应预先安装于预制柱钢筋上，随预制柱一同安装就位。预制叠合梁采用封闭箍筋时，预制梁上部纵筋应预先穿入箍筋临时固定，并随预制梁一同安装就位。预制叠合梁采用开口箍筋时，预制梁上部纵筋可在现场安装。

（二）预制墙板间后浇混凝土带模板安装

墙板间后浇混凝土带连接宜采用工具式定型模板支撑，定型模板应通过螺栓（预置内螺母）或预留孔洞拉结的方式与预制构件可靠连接。定型模板安装应避免遮挡墙板下部灌浆预留孔洞。夹芯墙板的外叶板应采用螺栓拉结或夹板等加强固定，墙板接缝部位及与定型模板连接处均应采取可靠的密封、防漏浆措施。

采用 PCF 板进行支模时，预制外墙模板的尺寸参数及与相邻外墙板之间拼缝宽度应符合设计要求。安装时，与内侧模板或相邻构件应连接牢固并采取可靠的密封、防漏浆措施。

（三）装配式混凝土结构后浇混凝土带的浇筑

①对于装配式混凝土结构的墙板间边缘构件竖缝后浇混凝土带的浇筑，应该与水平构件的混凝土叠合层以及按设计须现浇的构件（如作为核心筒的电梯井、楼梯间）同步

进行。一般选择一个单元作为一个施工段,按先竖向、后水平的顺序浇筑施工。这样就用后浇混凝土将竖向和水平预制构件连接成了一个整体。

②后浇混凝土浇筑前,应进行所有隐蔽项目的现场检查与验收。

③浇筑混凝土过程中应按规定见证取样,留置混凝土试件。

④混凝土应采用预拌混凝土,预拌混凝土应符合现行相关标准的规定。装配式混凝土结构施工中的结合部位或接缝处混凝土的工作性能应符合设计施工规定。当采用自密实混凝土时,应符合现行相关标准的规定。

⑤预制构件连接节点和连接缝部位后浇混凝土浇筑前,应清洁结合部位,并洒水润湿。连接缝的混凝土应连续浇筑,竖向连接缝可逐层浇筑。混凝土分层浇筑高度应符合现行规范要求。浇筑时,应采取保证混凝土浇筑密实的措施。同一连接缝的混凝土应连续浇筑,并应在底层混凝土初凝之前将上一层混凝土浇筑完毕。预制构件连接节点和连接缝部位的混凝土应加密振捣,并适当延长振捣时间。预制构件连接处混凝土浇筑和振捣时,应对模板和支架进行观察及维护,发生异常情况应及时进行处理。构件接缝处混凝土浇筑和振捣时应采取措施防止模板、相连接构件、钢筋、预埋件及其定位件移位。

⑥混凝土浇筑完毕后,应按施工技术方案要求及时采取有效的养护措施。设计无规定时,应在浇筑完毕后的 12h 以内对混凝土加以覆盖并养护,浇水次数应能保证混凝土处于湿润状态。采用塑料薄膜覆盖养护的混凝土,其敞露的全部表面应覆盖严密,并应保持塑料薄膜内有凝结水。后浇混凝土的养护时间不应少于 14 天。

喷涂混凝土养护剂是混凝土养护的一种新工艺。混凝土养护剂是高分子材料,喷洒在混凝土表面后固化,形成一层致密的薄膜,使混凝土表面与空气隔绝,大幅度降低水分从混凝土表面蒸发的损失。同时,可与混凝土浅层游离氢氧化钙作用,在渗透层内形成致密、坚硬表层,从而利用混凝土中自身的水分最大限度地完成水化作用,达到混凝土自养的目的。对于装配整体式混凝土结构竖向构件接缝处的后浇混凝土带,洒水保湿比较困难,采用养护剂保护是较可行的选择。

⑦预制墙板斜撑和限位装置,应在连接节点和连接缝部位后浇混凝土或灌浆料强度达到设计要求后拆除;当设计无具体要求时,后浇混凝土或灌浆料应达到设计强度的75% 以上方可拆除。以现浇暗柱为例,其施工流程如下:放置暗柱箍筋→绑扎暗柱纵筋→绑扎暗柱箍筋→暗柱模板支设→暗柱混凝土浇筑→拆模。

第三节　预制混凝土水平受力构件的现场施工

一、钢筋桁架混凝土叠合梁、板安装施工

（一）叠合楼板安装施工

预制混凝土叠合楼板的现场施工工艺流程如图 4-2 所示。

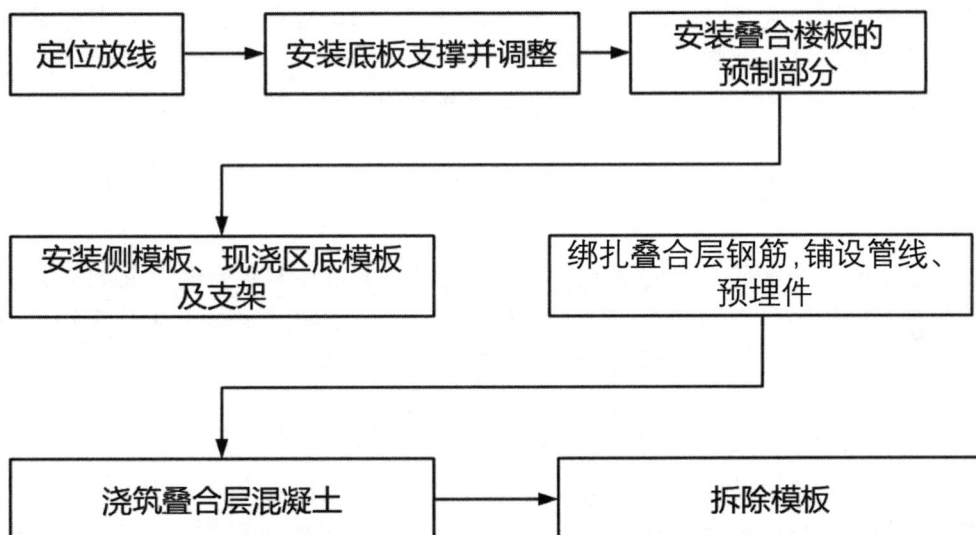

```
┌─────────────┐      ┌──────────────────┐      ┌─────────────────┐
│  定位放线   │ ───▶ │ 安装底板支撑并调整 │ ───▶ │  安装叠合楼板的   │
└─────────────┘      └──────────────────┘      │     预制部分     │
                                                └─────────────────┘
                              │                          │
                              ▼                          ▼
┌─────────────────────┐               ┌──────────────────────────┐
│ 安装侧模板、现浇区底模板 │               │ 绑扎叠合层钢筋,铺设管线、   │
│       及支架          │               │        预埋件            │
└─────────────────────┘               └──────────────────────────┘
                              │                          │
                              ▼                          ▼
┌─────────────────────┐               ┌──────────────────────────┐
│   浇筑叠合层混凝土      │ ───────────▶ │        拆除模板           │
└─────────────────────┘               └──────────────────────────┘
```

图 4-2　预制混凝土叠合楼板的现场施工工艺流程

预制混凝土叠合楼板安装施工应符合下列规定：

①叠合构件的支撑应根据设计要求或施工方案设置，支撑标高除应符合设计规定外，还应考虑支撑本身的施工变形。

②控制施工荷载，不应超过设计规定，并应避免使单个预制构件承受较大的集中荷载与冲击荷载。

③叠合构件的搁置长度应满足设计要求，宜设置厚度不大于20mm的座浆层或垫片。

④叠合构件混凝土浇筑前，应检查结合面粗糙度，并应检查及校正预制构件的外露钢筋。

⑤预制底板吊装完后应对板底接缝高差进行校核；当叠合板板底接缝高差不满足设

111

计要求时，应将构件重新起吊，通过可调托座进行调节。

⑥预制底板的接缝宽度应满足设计要求。

叠合构件应在后浇混凝土强度达到设计要求后，方可拆除支撑或承受施工荷载。

（二）叠合梁安装施工

装配式混凝土叠合梁的安装施工工艺与叠合楼板类似。现场施工时应将相邻的叠合梁与叠合楼板协同安装，两者的叠合层混凝土同时浇筑，以保证建筑的整体性能。

采用套筒灌浆连接水平钢筋，可事先将灌浆套筒安装在一端钢筋上，两端连接钢筋就位后，将套筒从一端钢筋移动到两根钢筋连接处，两端钢筋均插入套筒并达到规定的深度，再从套筒侧壁通过灌浆孔注入灌浆料，至灌浆料从出浆口流出，使灌浆料充满套筒内壁与钢筋的间隙，待灌浆料凝固后即将两根水平钢筋连在一起。

钢筋水平连接时，应采用全灌浆套筒连接，灌浆套筒各自独立灌浆。在水平钢筋套筒灌浆连接时，应使用压浆法，将灌浆料从灌浆套筒的一侧灌浆孔注入，直到拌合物从另一侧的出浆孔流出为止，此时应停止灌浆。灌浆孔和出浆孔的位置应确保灌浆料能够顺畅流动并充满套筒，灌浆完成后，浆面应高于套筒内壁的最高点以保证灌浆密实。

预制梁和既有结构改造现浇部分的水平钢筋采用套筒灌浆连接时，施工措施应符合下列规定：

①连接钢筋的外表面应标记插入灌浆套筒最小锚固长度的标志，标志位置应准确、颜色应清晰。

②对灌浆套筒与钢筋之间的缝隙应采取防止灌浆时灌浆料拌合物外漏的封堵措施。

③预制梁的水平连接钢筋轴线偏差不应大于 6mm，超过允许偏差的应予以处理。

④与既有结构的水平钢筋相连接时，新连接钢筋的端部应设有保证连接钢筋同轴、稳固的装置。

⑤灌浆套筒安装就位后，灌浆孔、出浆孔应在套筒水平轴正上方 ±45° 的锥体范围内，并安装有孔口超过灌浆套筒外表面最高位置的连接管或连接头。

⑥灌浆施工异常的处理情况：水平钢筋连接灌浆施工停止后 30s，如发现灌浆料拌合物下降，应检查灌浆套筒两端的密封情况或灌浆料拌合物排气情况，并及时补灌或采取其他措施。补灌应在灌浆料拌合物达到设计规定的位置后停止，并应在灌浆料凝固后再次检查其位置是否符合设计要求。

叠合梁安装顺序宜遵循先主梁后次梁、先低后高的原则。安装前，应测量并修正临时支撑标高，确保其与梁底标高一致，并在柱上弹出梁边控制线；安装时梁伸入支座的长度与搁置长度应符合设计要求；安装后根据控制线进行精密调整。

装配式混凝土建筑梁柱节点处作业面狭小且钢筋交错密集，施工难度极大。因此，在拆分设计时应考虑好各种钢筋的关系，直接设计出必要的弯折。此外，吊装方案要按拆分设计考虑吊装顺序，吊装时则必须严格按吊装方案控制先后。安装前，应复核柱钢筋与梁钢筋位置、尺寸，梁钢筋与柱钢筋位置有冲突的，应按经设计单位确认的技术方案调整。

叠合楼板、叠合梁等叠合构件应在后浇混凝土强度达到设计要求后，方可拆除底模和支撑，相关强度要求如表 4-6 所示。

表 4-6　模板与支撑拆除时的后浇混凝土强度要求

构件类型	构件跨度 /m	达到设计混凝土强度等级值的百分率 /（%）
板	≤ 2	≥ 50
	> 2，≤ 8	≥ 75
	> 8	≥ 100
梁	≤ 8	≥ 75
	> 8	≥ 100
悬臂构件		≥ 100

二、预制混凝土阳台、空调板、太阳能板的安装施工

装配式混凝土建筑的阳台一般设计成封闭式阳台，其楼板采用钢筋桁架叠合板；部分项目采用全预制悬挑式阳台。空调板、太阳能板以全预制悬挑式为主。全预制悬挑式构件是通过将甩出的钢筋伸入相邻楼板叠合层足够的长度（锚固长度），利用相邻楼板叠合层后浇混凝土与主体结构实现可靠连接的。

预制混凝土阳台、空调板、太阳能板安装施工应符合下列规定：

①预制阳台板吊装宜选用专用型框架吊装梁；预制空调板吊装可采用吊索直接吊装。

②吊装前应进行试吊装，且应检查吊具预埋件是否牢固。

③施工管理及操作人员应熟悉施工图纸，应按照吊装流程核对构件编号，确认安装位置，并标注吊装顺序。

④吊装时注意保护成品，以免墙体边角被撞。

⑤阳台板施工荷载不得超过 1.6kPa。施工荷载宜均匀布置。

⑥悬臂式全预制阳台、空调板、太阳能板甩出的钢筋都是负弯矩筋，应注意钢筋绑扎位置的准确，同时，在后浇混凝土过程中要严格避免踩踏钢筋而造成钢筋向下位移。

⑦预制构件的板底支撑必须在后浇混凝土强度达到 100% 后拆除。板底支撑拆除应保证该构件能承受上层阳台通过支撑传递下来的荷载。

第四节 预制混凝土楼梯及外挂墙板的安装施工

一、预制混凝土楼梯的安装施工

为提高楼梯抗震性能，参照传统现浇结构的施工经验，结合装配式混凝土建筑施工特点，预制楼梯构件与主体结构多采用滑动式支座连接。

预制楼梯的现场施工工艺流程：定位放线→清理安装面→设置垫片→铺设砂浆→预制楼梯吊装→楼梯端支座固定。

预制混凝土楼梯安装施工应符合下列规定：

①吊装前应检查核对构件编号，确定安装位置，弹出楼梯安装控制线，对控制线及标高进行复核。

②楼梯上部与主体结构连接多采用固定式连接，下部与主体结构连接多采用滑动式连接。施工时应先固定上部固定端，后固定下部滑动端。

③楼梯侧面距结构墙体预留 30mm 空隙，为后续抹灰层预留空间；梯井之间根据楼梯栏杆安装要求预留 40mm 空隙。在楼梯段上下口梯梁处铺 20mm 厚 C25 细石混凝土找平灰饼，找平灰饼标高要控制准确。

④预制楼梯采用水平吊装，用螺栓将通用吊耳与楼梯板预埋吊装内螺母连接，起吊前应检查卸扣卡环，确认牢固后方可继续缓慢起吊。调整索具铁链长度，使楼梯段休息平台处于水平位置。试吊预制楼梯板，检查吊点位置是否准确，吊索受力是否均匀等；试起吊高度不应超过 1m。

⑤楼梯吊至梁上方 30～60cm 后，调整楼梯位置，使板边线基本与控制线吻合。就位时要求缓慢操作，严禁快速猛放，以免造成楼梯板震折损坏。楼梯板基本就位后，根据控制线，利用撬棍微调、校正，先保证楼梯两侧准确就位，再使用水平尺和倒链调节，使楼梯水平。

二、预制混凝土外挂墙板的安装施工

（一）预制外挂墙板的特点

预制外挂墙板是安装在主体结构（一般为钢筋混凝土框架结构、框-剪结构、钢结构）上，起围护、装饰作用的非承重预制混凝土外墙板，按装配式结构的装配程序分类应该属于后安装部分。

预制外挂墙板与主体结构的连接采用柔性连接构造，主要有点支撑和线支撑两种安装方式；按装配式结构的装配工艺分类，应该采用干作法。

根据以上外挂墙板的特点，必须重视外挂节点的安装质量，保证其可靠性；对于外挂墙板之间必须有的构造"缝隙"，应进行填缝处理和打胶密封。

（二）外挂墙板施工前准备

（1）外挂墙板安装前应该编制安装方案，确定外挂墙板水平运输、垂直运输的吊装方式，进行设备选型及安装调试。

（2）主体结构预埋件应在主体结构施工时按设计要求埋设；外挂墙板安装前应在施工单位对主体结构和预埋件验收合格的基础上进行复测，若存在问题应与施工、监理、设计单位进行协调解决。主体结构及预埋件施工偏差应符合《混凝土结构工程施工质量验收规范》（GB 50204-2015）的规定，垂直方向和水平方向最大施工偏差应该满足设计要求。

（3）外挂墙板在进场前应进行检查验收，不合格的构件不得安装使用，安装用连接件及配套材料应进行现场报验，复试合格后方可使用。

（4）外挂墙板的现场存放应该按安装顺序排列并采取保护措施。

（5）外挂墙板安装人员应提前进行安装技能培训，安装前施工管理人员要做好技术交底和安全交底。安装施工人员应充分理解安装技术要求和质量检验标准。

（三）外挂墙板的安装与固定

（1）外挂墙板正式安装前要根据施工方案要求进行试安装，经过试安装并验收合格后方可进行正式安装。

（2）外挂墙板应该按顺序分层或分段吊装，吊装应采用慢起、稳升、缓放的操作方式，应系好缆风绳控制构件转动；吊装过程中应保持稳定，不得偏斜、摇摆和扭转。应采取保证构件稳定的临时固定措施，外挂墙板的校核与偏差调整应按以下要求进行：①预制外挂墙板侧面中线及板面垂直度校核时，应以中线为主调整。②预制外挂墙板上下校正时，应以竖缝为主调整。③墙板接缝应以满足外墙面平整为主，内墙面不平或翘曲时，可在内装饰或内保温层调整。④预制外挂墙板山墙阳角与相邻板校正时，应以阳角为基准调整。⑤预制外挂墙板拼缝平整校核时，应以楼地面水平线为准调整。

（3）外挂墙板安装就位后应对连接节点进行检查验收，隐藏在墙内的连接节点必须在施工过程中及时做好隐检记录。

（4）外挂墙板均为独立自承重构件，应保证板缝四周为弹性密封构造。安装时，严禁在板缝中放置硬质垫块，避免外挂墙板通过垫块传力，造成节点连接破坏。

（5）节点连接处露明的铁件均应做防腐处理，对于焊接处镀锌层破坏部位必须涂刷三道防腐涂料防腐，有防火要求的铁件应采用防火涂料喷涂处理。

（6）外挂墙板安装质量的尺寸允许偏差检查，应符合相关规范的要求。

（四）外挂墙板的防水处理

外挂墙板接缝防水工程应由经培训合格的专业人员进行施工。接缝施工前应做好表面清洁处理以及接缝处预制构件拐角处缺损情况的检查。经检查合格方可进行底层基层处理和背衬材料施工。密封胶的施工应采用专用的打胶枪自下而上匀速推进，未能一次施打的连接接缝，应对先后施工的接缝处进行有效的衔接，完成施打后需对密封胶的表面进行整平施工。

预制混凝土外墙板板缝的防水处理要求如下：①预制外挂墙板连接接缝防水节点基层及空腔排水构造做法应符合设计要求。②板缝防水施工人员应培训合格后上岗，具备专业打胶资格和防水施工经验。③预制外挂墙板外侧水平、竖直接缝的防水密封胶封堵前，侧壁应清理干净，保持干燥。嵌缝材料应与挂板牢固粘结，不得漏嵌和虚粘。

预制混凝土外挂墙板的板缝打胶要求如下：①板缝防水密封胶的注胶宽度必须大于厚度并符合生产厂家说明书的要求，防水密封胶应在预制外挂墙板校核固定后嵌填，先安放填充材料，然后注胶。防水密封胶应均匀、顺直、饱满、密实，表面光滑、连续。②为防止密封胶施工时污染板面，打胶前应在板缝两侧粘贴防污胶条，注意保证胶条上的胶不得转移到板面。③外挂墙板十字缝300mm范围内水平缝和垂直缝处的防水密封胶注胶要一次完成。④板缝防水施工72h内要保持板缝处于干燥状态，禁止冬期气温低于5℃或雨天时进行板缝防水施工。⑤外挂墙板接缝的防水性能应该符合设计要求。同时，每1000m²外墙面积划分为一个检验批，不足1000m²时，也应划分为一个检验批；每100m²应至少抽查一处，每处不得少于10m²，对外挂墙板接缝的防水性能进行现场淋水试验。

第五章 装配式钢结构建筑的施工技术

第一节 基础施工

装配式钢结构建筑的基础一般采用钢筋混凝土，因此装配式建筑的基础与普通混凝土结构建筑的基础无太大差异。

一、基础类型与构造

（一）基础类型

由于装配式建筑的基础与钢筋混凝土结构建筑的基础无太大差异，因此也把装配式建筑的常用基础分为浅基础和桩基础，具体划分结构如图5-1所示。

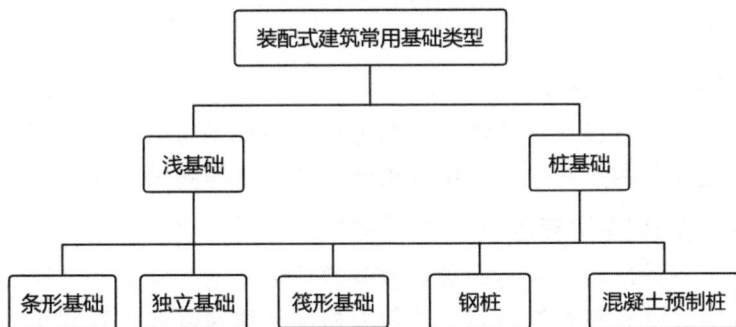

图 5-1 装配式建筑常用基础类型

（二）基础构造

装配式建筑的基础构造见表 5-1。

表 5-1　装配式建筑的基础构造

名称	内容
条形基础	当地基较为软弱、柱荷载或地基压缩性分布不均匀，以至于采用扩展基础可能产生较大的不均匀沉降时，常将一方向（或同一轴线）上若干柱子的基础连成一体而形成柱下条形基础
独立基础	建筑物上部结构采用框架结构或单层排架结构承重时，常采用圆柱形和多边形等形式的独立基础，这类基础称为独立基础，也称单独基础
筏形基础	筏形基础即满堂基础，或称满堂红基础，是把柱下独立基础或条形基础全部用连系梁联系起来，下面再整体浇筑底板，它由底板、梁等整体组成
钢桩	钢桩施工适用于一般钢管桩或 H 型钢桩基础工程
混凝土预制桩	提前在预制厂用钢筋、混凝土经过加工后得到的桩

二、基础定位与放线

（一）建筑定位的基本方法

建筑四周外廓主要轴线的交点决定了建筑在地面上的位置，称为定位点或角点，建筑的定位是根据设计条件，将定位点测设在地面上，作为细部轴线放线和基础放线的依据。由于设计条件和现场条件的不同，建筑的定位方法也有所不同，通常可以根据控制点、建筑方格和建筑基线、与原有建筑和道路的关系这三种方法来定位。

1. 根据控制点定位

如果待定位建筑的定位点设计坐标已知，且附近有高级控制点可供利用，可根据实际情况选用极坐标法、角度交会法或距离交会法来测设定位点，其中极坐标法是用得最多的一种定位方法。

2. 建筑方格和建筑基线

建立建筑方格网，且设计建筑物轴线与方格网边线平行或垂直，则可根据设计的建筑物拐角点和附近方格网点的坐标，用直角坐标法在现场测设。

3. 根据与原有建筑和道路的关系定位

如果设计图上只给出新建筑与附近原有建筑或道路的相互关系，而没有提供建筑定位点的坐标，周围又没有测量控制点、建筑方格网和建筑基线可供利用，则可根据原有建筑的边线或道路中心线将新建的定位点测设出来。

测设的基本方法如下：在现场先找出原有建筑的边线或道路中心线，再用全站仪或经纬仪和钢尺将其延长、平移、旋转或相交，得到新建筑的一条定位直线，然后根据这条定位轴线，测设新建筑的定位点。

（二）定位标志桩的设置

依照上述定位方法进行定位的结果是测定出建筑物的四廓大角桩，进而根据轴线间距尺寸沿四廓轴线测定出各细部轴线桩。但施工中要开挖基槽或基坑，必然会把这些桩点破坏掉。为了保证挖槽后能够迅速、准确地恢复这些桩位，一般采取先测设建筑物四廓各大角控制桩，即在建筑物基坑外 1 ~ 5m 处，测设与建筑物四廓平行的建筑物控制桩（俗称保险桩，包括角桩、细部轴线引桩等构成建筑物控制网），作为进行建筑物定位和基坑开挖后开展基础放线的依据。

（三）放线

建筑物四廓和各细部轴线测定后，即可根据基础图及土方施工方案用白灰撒出灰线，作为开挖土方的依据。

放线工作完成后要进行自检，自检合格后应提请有关技术部门和监理单位进行验线。验线时首先检查定位，依据桩有无变动及定位条件的几何尺寸是否正确，然后检查建筑物四廓尺寸和轴线间距，这是保证建筑物定位和自身尺寸正确性的重要措施。

对于沿建筑红线兴建的建筑物在放线并自检以后，除了提请有关技术部门和监理单位进行验线以外，还要由城市规划部门验线，合格后方可破土动工，以防新建建筑物压红线或超越红线的情况发生。

（四）基础放线

根据施工程序，基槽或基坑开挖完成后要做基础垫层。当垫层做好后，要在垫层上测设建筑物各轴线、边界线、基础墙宽线和柱位线等，并以墨线弹出作为标志，这项测量工作称为基础放线。这是最终确定建筑物位置的关键环节，应在对建筑物控制桩进行校核并合格的情况下，再依据它们仔细测出建筑物主要轴线，经闭合校核后，详细放出细部轴线，所弹墨线应清晰、准确，精度要符合《砌体结构工程施工质量验收规范》（GB 50203-2011）中的有关规定，基础放线尺寸的允许偏差要求见表 5-2。

表 5-2　基础放线尺寸的允许偏差

长度 L、宽度 B 的尺寸 /m	允许偏差 /mm
L（B）≤ 30	± 5
30 < L（B）≤ 60	± 10
60 < L（B）≤ 90	± 15
L（B）> 90	± 20

三、基础施工技术

基础的施工以条形基础、独立基础、筏形基础的施工做法为例解读如下。

（一）条形基础施工

条形基础施工流程：模板的加工及装配→基础浇筑→基础养护。

1. 模板的加工及装配

基础模板一般由侧板、斜撑、水平支撑组成。基础模板装配时先在基槽底弹出基础边线，再把侧板对准边线垂直竖立，校正调平无误后，用斜撑和平撑钉牢。若基础较大，可先立基础两端的侧板，校正后在侧板上口拉通线，依照通线再立中间的侧板。当侧板高度大于基础台阶高度时，可在侧板内侧按台阶高度弹准线，并每隔 2m 左右在准线上钉圆钉，作为浇捣混凝土的标志。每隔一定距离在左侧板上口钉上搭头木，防止模板变形。

2. 基础浇筑

基础浇筑应分段、分层且连续进行，一般不留施工缝。

当条形基础长度较大时，应考虑在适当的部位留置贯通后浇带，避免出现温度收缩裂缝和便于进行施工分段流水作业；对超厚的条形基础，应考虑较低水泥水化热和浇筑入模的温度控制措施，以免出现过大的温度收缩应力，导致基础底板裂缝。条形基础通常每段浇筑长 2～3m，逐段逐层呈阶梯形推进，注意先使混凝土充满模板边角，然后浇筑中间部分，以保证混凝土密实。

3. 基础养护

基础浇筑完毕，表面应覆盖并进行洒水养护，不少于 14d，必要时应用保温养护措施，并防止浸泡地基。

4. 施工注意事项

（1）地基开挖时如有地下水，应降低地下水位至基坑底 50cm 以下部位，以保持在无水的情况下进行土方开挖和基础结构施工。

（2）侧模在混凝土强度保证其表面及棱角不因拆除模板而受损坏后方可拆除，底模的拆除根据早拆体系中的规定进行。

（二）独立基础施工

独立基础施工流程：清理及浇筑垫层→钢筋绑扎→模板安装清理→混凝土浇筑→混凝土振捣→混凝土找平→混凝土养护。

1. 清理及浇筑垫层

地基验槽完成后，清除表面浮土及扰动土，不留积水，立即进行垫层混凝土施工，垫层混凝土必须振捣密实，表面平整，严禁晾晒基土。

2. 独立基础钢筋绑扎

垫层浇灌完成，混凝土强度达到 1.2MPa 后，表面弹线，进行钢筋绑扎。钢筋绑扎不允许漏扣，柱插筋弯钩部分必须与底板筋呈 45° 绑扎。连接点处必须全部绑扎，距底板 5cm 处绑扎第一个箍筋，距基础顶 5cm 处绑扎最后一个箍筋，作为标高控制筋及定位筋。柱插筋最上部再绑扎一道定位筋，上下箍筋及定位箍筋绑扎完成后将柱插筋调整到位，并用井字木架临时固定，然后绑扎剩余箍筋，保证柱插筋不变形走样。两道定位筋在基础混凝土浇筑完成后，必须进行更换。

3. 模板安装

钢筋绑扎及相关施工完成后立即进行模板安装，模板采用小钢模或木模，利用架子管或木方加固。锥形基础坡度 > 30° 时，采用斜模板支护，利用螺栓与底板钢筋拉紧，防止上浮，模板上设透气孔和振捣孔；锥形基础坡度 ≤ 30° 时，利用钢丝网（间距 30cm）防止混凝土下坠，上口设井字木控制钢筋位置。不得让重物冲击模板，不准在吊绑的模板上搭设脚手架，以保证模板的牢固和严密。

4. 清理

清除模板内的木屑、泥土等杂物，木模板浇水湿润，堵严板缝和孔洞。

5. 混凝土浇筑

混凝土浇筑应分层连续进行，间歇时间不超过混凝土初凝时间，一般不超过 2h。为保证钢筋位置正确，可先浇一层 5 ~ 10cm 的混凝土以固定钢筋。

对于台阶形基础，每层台阶高度整体浇筑，每浇筑完一层台阶可停顿 0.5h 待其下沉，再浇上一层。分层下料，每层厚度为振动棒的有效长度。防止由于下料过后，因振捣不实或漏振、吊绑的根部砂浆涌出等原因造成蜂窝、麻面或孔洞的情况。

6. 混凝土振捣

混凝土振捣时采用插入式振捣器，插入的间距不大于振捣器作用部分长度的 1.25 倍。上层振捣棒插入下层 3 ~ 5cm。尽量避免碰撞预埋件和预埋件螺栓，以防止预埋件移位。

7. 混凝土找平

混凝土浇筑后，表面比较大的混凝土使用平板振捣器振一遍，然后用刮杆刮平，再用木抹子搓平。收面前必须校核混凝土表面标高，不符合要求处立即整改。

8. 混凝土养护

已浇筑完的混凝土，应在 12h 内覆盖和浇水。一般常温养护不得少于 7d，特种混凝土养护不得少于 14d。养护设专人检查落实，防止由于养护不及时，造成混凝土表面裂缝。

9. 施工要点

（1）顶板的弯起钢筋、负弯矩钢筋绑扎好后，应做保护，不准在上面踩踏行走。浇筑混凝土时派钢筋工专门负责修理，保证负弯矩钢筋位置的正确性。

（2）泵送混凝土时，注意不要将混凝土泵车内剩余混凝土降低到 20cm 以下，以免吸入空气。

（3）控制坍落度，在搅拌站及现场由专人管理，每隔 2 ~ 3h 测试一次。

（三）筏形基础施工

筏形基础施工流程：模板加工及拼装→钢筋制作和绑扎→混凝土浇筑、振捣及养护。

1. 模板加工及拼装

（1）模板通常采用定型组合钢模板，采用 U 形环连接。垫层面清理干净后，先分段拼装，模板拼装前先刷好隔离剂（隔离剂主要用机油）。

外围模板的主要规格为 1500mm × 300mm、1200mm × 300mm、900mm × 300mm、600mm × 300mm。模板支撑在下部的混凝土垫层上，水平支撑用钢管及圆木短柱、木楔等支在四周基坑侧壁上。

基础梁上部比筏板面高出的 50mm 侧模用 100mm 宽组合钢模板拼装，用钢丝拧紧，中间用垫块或钢筋头支撑，以保证梁的截面尺寸。模板边顺直拉线矫正，轴线、截面尺寸根据垫层上的弹线检查矫正。模板加固检验完成后，用水准仪定标高，在模板面上弹出混凝土上表面水平线，作为控制混凝土标高的依据。

（2）拆模的顺序为：先拆模板的支撑管、木楔等→松连接件→再拆模板→清理→分类归堆。拆模前混凝土要达到一定强度，保证拆模时不损坏棱角。

2. 钢筋制作和绑扎

（1）对于受力钢筋，Ⅰ级钢筋末端（包括用作分布钢筋的光圆钢筋）做 180° 弯钩时，弯弧内直径不小于 2.5d，弯后的平直段长度不小于 3d。对于螺纹钢筋，当设计要求做 90° 或 135° 弯钩时，弯弧内直径不小于 5d。对于非焊接封闭筋，末端做 135° 弯钩时，弯弧内直径除不小于 2.5d 外，还应不小于箍筋内受力纵筋直径，弯后的平直段长度不小于 10d。

（2）钢筋绑扎施工前，在基坑内搭设高约 4m 的简易暖棚，以遮挡雨雪及保持基坑气温，避免垫层混凝土在钢筋绑扎期间遭受冻害。立柱用 ϕ 50mm 钢管，间距为 3.0m，顶部纵横向平杆均用 ϕ 50 钢管。组成的管网孔尺寸为 1.5m × 1.5m，其上铺木板、方钢管等，在木板上覆彩条布，然后满铺草帘。棚内照明用普通白炽灯泡，设两排，间距 5m。

（3）基础梁及筏板筋的绑扎流程：弹线→纵向梁筋绑扎、就位→筏板纵向下层筋布置→横向梁筋绑扎、就位→筏板横向下层筋布置→筏板下层网片绑扎→支撑马凳筋布置→筏板横向上层筋布置→筏板纵向上层筋布置→筏板上层网片绑扎。

（4）筏板内受力筋及分布筋采用绑扎搭接，搭接位置及搭接长度按设计要求。基础架纵筋采用单面（双面）搭接电弧焊，焊接接头位置及焊缝长度按设计及规范要求，焊接试件按规范要求留置、试验。

3. 混凝土浇筑、振捣及养护

（1）按照事先安排的顺序进行，若建筑面积较大，应划分施工段并分段浇筑。

（2）搅拌时采用石子→水泥→砂或砂→水泥→石子的投料顺序，搅拌时间不少于90s，保证拌合物搅拌均匀。

（3）混凝土振捣采用插入式振捣棒。振捣时振捣棒要快插慢拔，插点均匀排列，逐点移动，顺序进行，以防漏振。插点间距约40cm。振捣至混凝土表面出来浆、不再泛气泡时即可。

（4）浇筑混凝土应连续进行，若因非正常原因造成浇筑暂停，当停歇时间超过水泥初凝时间时，接槎处按施工缝处理。施工缝应留直槎，继续浇筑混凝土前对施工缝的处理方法为：先剔除接槎处的浮动石子，再摊少量高强度等级的水泥砂浆，均匀撒开，然后浇筑混凝土，并振捣密实。

浇筑筏形混凝土时无须分层，可一次浇筑成型，虚摊混凝土时比设计标高先稍高一些，待振捣均匀密实后用木抹子按标高线搓平即可。

4. 施工要点

（1）开挖基坑时应注意保持

基坑底土的原状结构，尽量不要扰动。当采用机械开挖基坑时，在基坑地面设计标高以上保留200～400mm厚土层，采用人工挖除并清理干净。如果不能立即进行下道工序施工，应保留100～200mm厚土层，在下道工序施工前挖除，以防止地基土被扰动。在基坑验槽后，应立即浇筑混凝土垫层。

（2）基础浇筑完毕，表面应覆盖和进行洒水养护，并防止浸泡地基。待混凝土强度达到设计强度的25%以上时，即可拆除梁的侧模。

（3）当混凝土基础达到设计强度的30%时，应进行基坑回填。基坑回填应在四周同时进行，并按基底排水方向由高到低分层进行。

第二节　单层钢结构安装

一、单层钢结构安装一般规定

（1）单层钢结构安装工程可按变形缝和空间刚度单元等划分成一个或若干个检验批。地下钢结构按不同地下层划分检验批。

（2）钢结构安装检验批应在进场验收和焊接连接、紧固件连接及制作等分项工程验收合格的基础上进行验收。

（3）安装的测量校正、高强度螺栓安装、负温度下施工及焊接工艺等，应在安装前进行工艺试验或评定，并应在此基础上制定相应的施工工艺或方案。

（4）安装偏差的检测，应在结构形成空间刚度单元并连接固定后进行。

（5）安装时，必须控制屋面、楼面、平台等的施工荷载和冰雪荷载等，严禁使其超过桁架、楼面板、屋面板、平台铺板等的承载能力。

（6）在形成空间刚度单元后，应及时对柱底板和基础顶面的空隙进行细石混凝土和灌浆料等二次浇灌。

（7）起重机梁或直接承受动力荷载的梁其受拉翼缘、起重机桁架或直接承受动力荷载的桁架，其受拉弦杆上不得焊接悬挂物和卡具等。

二、起重机参数选择

一般吊装设备多按履带式、轮胎式、汽车式、塔式的顺序选用。具体可按以下方式选择：

（1）对高度不大的中、小型厂房，应先考虑使用可全回转使用、移动方便的100 ～ 150kN 履带式起重机和轮胎式起重机吊装。

（2）大型工业厂房主体结构的高度和跨度较大、构件较重，宜采用500 ～ 700kN 履带式起重机和350 ～ 1000kN 汽车式起重机吊装。

（3）大跨度且很高的重型工业厂房的主体结构吊装，宜选用塔式起重机吊装。

（4）对厂房大型构件，可采用重型塔式起重机和塔桅起重机吊装。

（5）缺乏起重设备或吊装工作量不大、厂房不高的，可考虑采用独脚桅杆、人字桅杆、悬臂桅杆及回转式桅杆（桅杆式起重机）吊装，其中回转式桅杆起重机最适于单层钢结构厂房的综合吊装；对重型厂房也可采用塔桅式起重机进行吊装。

起重机的类型确定之后，还需要进一步选择起重机的型号及起重臂的长度。所选起重机的三个工作参数：起重量、起重高度、起重半径应满足结构吊装的要求。

①起重量。起重量必须大于所吊装构件的重量与索具重量之和。

②起重高度。起重高度必须满足所吊装构件的吊装高度要求。

③起重半径。当起重机可以不受限制地开到所安装构件附近时，可不验算其起重半径。但当起重机受限制不能靠近吊装位置去吊装构件时，则应验算当起重机的起重半径为一定值时的起重量与起重高度能否满足安装构件的要求。

同一种型号的起重机可能具有几种不同长度的起重臂，应选择一种既能满足三个吊装工作参数的要求而又最短的起重臂。但有时由于各种构件吊装工作参数相差过大，也可选择几种不同长度的起重臂。例如，吊装柱子可选用较短的起重臂，而吊装屋面结构则宜选用较长的起重臂。

三、吊装方法的选择

装配式钢结构构件吊装过程中常用的方法有节间吊装法、分件吊装法和综合吊装法，其具体内容见表5-3。

表 5-3　常用吊装方法及优缺点

方法	内容	优缺点
节间吊装法	起重机在厂房内一次开行中，依次吊完一个节间各类型构件，即先吊完节间柱，并立即校正、固定，灌浆，然后吊装地梁、柱间支撑、墙梁（连续梁）、起重机梁、走道板、柱头系杆（托架）、屋架、天窗架、屋面支撑系统、屋面板和墙板等构件，一个（或几个）节间的构件全部吊装完后，起重机再向前移至下一个（可几个）节间，再吊装下一个（或几个）节间全部构件，直至吊装完成	**优点**：起重机开行路线短，停机一次至少吊完一个节间，不影响其他工序，可进行交叉平行流水作业，缩短工期；构件制作和吊装误差能被及时发现并加以纠正；吊完一个节间，校正固定一个节间，结构整体稳定性好，有利于保证工程质量 **缺点**：需用起重量大的起重机同时吊各类构件，不能充分发挥起重机效率，无法组织单一构件连续作业；各类构件必须交叉配合，场地构件堆放过密，吊具、索具更换频繁，准备工作复杂；校正工作零碎、困难；柱子固定需一定时间，难以组织连续作业，拖长吊装时间，吊装效率较低；操作面窄，较易发生安全事故
分件吊装法	采用分件吊装法时，应先将构件按其结构特点、几何形状及其相互联系进行分类。同类构件按顺序一次吊装完后，再进行另一类构件的安装，如起重机一次开行中先吊装厂房内所有柱子，待校正、固定并灌浆后，依次按顺序吊装地梁、柱间支撑、墙梁、起重机梁、托架（托梁）、屋架、天窗架、屋面支撑和墙板等构件，直至整个建筑物吊装完成。屋面板的吊装有时在屋面上单独用 1~2 台桅杆或层面小起重机来进行	**优点**：起重机在一次开行中仅吊装一类构件，吊装内容单一，准备工作简单，校正方便，吊装效率高；柱子有较长的固定时间，施工较安全；与节间法相比，可选用起重量小一些的起重机吊装，可利用改变起重臂杆长度的方法，分别满足各类构件吊装起重量和起升高度的要求，能有效发挥起重机的效率，构件可分类在现场顺序预制、排放，场外构件可按先后顺序组织供应；构件预制吊装、运输、排放条件好，易于布置 **缺点**：起重机开行频繁，增加机械台班费用；起重臂长度改换需一定时间，不能按节间尽早为下道工序创造工作面，阻碍了工序的穿插，吊装工期相对较长，屋面板吊装需要辅助机械设备
综合吊装法	此法是将全部或一个区段的柱头以下部分的构件用分件法吊装，即柱子吊装完毕后并校正固定，待柱杯口二次灌浆混凝土达到 70% 设计强度后，再按顺序吊装地梁、柱间支撑、起重机梁、走道板、墙梁、托架（托梁），接着逐个节间综合吊装屋面结构构件，包括屋架、天窗架、屋面支撑系统和屋面板等构件	本法保持了节间吊装法和分件吊装法的优点，而避免了其缺点，能最大限度地发挥起重机的能力和效率，缩短工期，是实际施工中运用最多的一种方法

四、钢柱基础浇筑

为了保证地脚螺栓位置准确，施工时可用钢材做固定架，将地脚螺栓安置在与基础模板分开的固定架上，然后浇筑混凝土。为保证地脚螺栓螺纹不受损伤，应涂黄油并用套子套住。

为了保证基础顶面标高符合设计要求，可根据柱脚形式和施工条件，采用下面两种方法。

（1）一次浇筑法将柱脚基础支承面混凝土一次浇筑到设计标高。为了保证支承面标高准确，首先将混凝土浇筑到比设计标高低 20～30mm 处，然后在设计标高处设角钢或槽钢制导架，测准其标高，再以导架为依据用水泥砂浆精确找平到设计标高。采用一次浇筑法，可免除柱脚二次浇筑的工作，但要求钢柱制作十分精确，且要保证细石混凝土与下层混凝土的紧密粘结。

（2）二次浇筑法柱脚支承面混凝土分两次浇筑到设计标高。第一次将混凝土浇筑到比设计标高低 40～60mm 处，待混凝土达到一定强度后，放置钢垫板并精确校准钢垫板的标高，然后吊装钢柱。当钢柱校正后，在柱脚底板下浇筑细石混凝土。二次浇筑法虽然多了一道工序，但钢柱容易校正，故重型钢柱多采用此法。

五、施工安装步骤

钢构件施工安装步骤应根据建筑的特点和选用的吊装方法来制定，不同的吊装方法对应不同的安装步骤。在安装过程中必须保证结构形成稳定的结构体系，还不导致钢构件变形。

（一）采用节间吊装方法的安装步骤

（1）从有柱间支撑的节间开始，先安装四根钢柱及其间的柱间支撑，使之形成稳定体系。

（2）再安装此两柱间的屋面梁及次构件，这样就形成了一个稳定的安装单元。

（3）最后扩展安装，依次安装钢柱、起重机梁、屋面梁等构件。安装屋面梁时能整体吊装的尽量整体吊装，不能整体吊装的屋面梁在保证刚架整体稳定性、施工安全性和方便安装的前提下合理分段吊装。如果跨间较长，也可从中间开始顺序安装两榀刚架、柱间梁、屋面斜梁、支撑、檩条，使两榀刚架与中隔墙连成整体，形成稳定的空间体系，再向两端延伸。

当山墙墙架宽度较小时，可先在地面拼装好，整体起吊安装。

（二）采用分件安装方法的安装步骤

（1）先吊装钢柱，钢柱吊装完成后，校正、固定并灌浆。

（2）依次按顺序吊装地梁、柱间支撑、柱间系杆、墙梁、起重机梁、托架（托梁）、屋架、屋面系杆、天窗架、屋面支撑、屋面板、墙板等构件，直至整个建筑物吊装完成。

（三）采用综合吊装法的安装步骤

（1）先吊装钢柱，吊装完毕后校正固定，钢柱杯口二次灌浆。

（2）二次灌浆混凝土达到70%的设计强度后，按顺序吊装地梁、柱间支撑、起重机梁走道板、墙梁、托架（托梁）。

（3）逐个节间综合吊装屋面结构构件，包括屋架、天窗架、屋面支撑系统和屋面板等构件。

六、钢构件安装

（一）钢柱的安装

1. 安装流程

吊装→就位、校正。

2. 安装细节

（1）钢柱的吊装一般采用自行式起重机，根据钢柱的重量、长度和施工现场条件，可采用单机、双机或三机吊装，吊装的方法可采用旋转法、滑行法和递送法等。

钢柱吊装时，吊点位置和吊点数根据钢柱形状、长度以及起重量等具体情况确定。

如果不采用焊接吊耳，直接在钢柱本身用钢丝绳绑扎时要注意两点：一是在钢柱四角做包角，以防钢丝绳折断；二是在绑扎点处，为防止工字型钢局部受挤压破坏，可增设加强肋板；吊装格构柱，在绑扎点处设支撑杆。

（2）柱子吊起前，为防止地脚螺栓螺纹损伤，宜用薄钢板卷成套筒套在螺栓上，钢柱就位后，取下套筒。柱子吊起后，当柱底距离基准线达到准确位置后，指挥起重机下降就位，并拧紧全部基础螺栓，临时用缆风绳将柱子加固。

（3）柱的校正包括平面位置、标高和垂直度的校正。

位移的校正可用千斤顶顶正，柱基标高校正可根据钢柱实际长度、柱底平整度和钢牛腿顶部距柱底部距离进行，重点要保证钢牛腿顶部标高值，以此来控制基础找平标高。具体做法：钢柱安装时，在柱底板下的地脚螺杆上加一个调整螺母，利用调整螺母控制柱子标高。

垂直度校正用经纬仪或吊线坠检验，如有偏差，采用液压千斤顶或丝杠千斤顶进行校正，底部空隙用铁片或铁垫塞紧；也可在柱脚和基础之间打入钢楔抬高，以增减垫板校正。

（4）对于杯口基础，柱子对位时应从柱四周向杯口放入8个楔块，并用撬棍拨动柱脚，使柱的吊装中心线对准杯口上的吊装准线，并使柱基本保持垂直。柱对位后，应先把楔块略微打紧，再放松吊钩，检查柱沉至杯底后的对中情况，若符合要求，即可将楔块打紧，作为柱的临时固定，然后起重钩便可脱钩。吊装重型柱或细长柱时除需按上述步骤进行临时固定外，必要时应增设缆风绳拉锚。

（5）柱校正后，此时缆风绳不受力，紧固地脚螺栓，并将承重钢垫板上下点焊固定，防止移动；对于杯口基础，钢柱校正后应立即进行固定，及时在钢柱脚底板下浇筑细石混凝土和包柱脚，以防已校正的柱子倾斜或移位。

（6）钢柱校正固定后，随即安装柱间支撑并固定，使其成为稳定体系。

（二）钢屋架的安装

1. 安装流程

第一榀钢屋架吊装→就位、固定→第二榀钢屋架吊装→就位、校正并固定→安装第一、二榀钢屋架间的钢支撑、系杆或檩条→按照以上次序安装直至钢屋架安装完毕。

2. 安装细节

（1）屋面梁出厂时是分段出厂的，每跨屋面梁一般分为两段或三段，每段屋面梁间由高强度螺栓连接。现场跨内设置可移动式拼装台架，安装前在地面拼装成整体，然后整体吊装。

（2）钢屋架通常采用两点吊装，跨度大于21m时，多采用三点或四点，吊点应位于屋架的重心线上，并在屋架一端或两端绑溜绳。由于屋架平面外刚度较差，一般在侧向绑两道杉木或方木进行加固。钢丝绳的水平夹角不小于45°。

（3）屋架多用高空旋转法吊装，即将屋架从摆放垂直位置吊起至超过柱顶200mm以上后，再旋转臂杆转向安装位置，此时起重机边回转，工人边拉溜绳，使屋架缓慢下降，平稳地落在柱头设计位置上，将屋架端部中心线与柱头中心线轴线对准。

（4）第一榀屋架就位并初步校正垂直度后，应在两侧设置缆风绳临时固定，方可卸钩。

（5）第二榀屋架用同样方法吊装就位后，先用杉木或木方与第一榀屋架临时连接固定，卸钩后，随即安装支撑系统和部分檩条进行最后校正固定，以形成一个具有空间刚度和整体稳定的单元体系。以后安装屋架则采取在上弦绑水平杉木杆或木方，与已安装的前榀屋架连接，保持稳定。

（6）钢屋架的垂直度可用线坠、钢尺对支座和跨中进行检查；弯曲度用拉紧测绳进行检查，如不符合要求，可推动屋架上弦进行校正。

（7）钢屋架临时固定，如需用临时螺栓，则每个节点穿入数量不少于安装孔总数的1/3，且至少穿入两个临时螺栓；冲钉穿入数量不宜多于临时螺栓总数的30%。当屋架与钢柱的翼缘连接时，应保证屋架连接板与柱翼缘板接触紧密，否则应垫入垫板使其紧密。如屋架的支承力靠钢柱上的承托板传递时，屋架端节点与承托板的接触要紧密，其接触面积不小于承压面积的70%，边缘最大间隙不应大于0.8mm，较大缝隙应用钢板垫实。

（8）钢支撑系统，每吊装一榀屋架经校正后，随即将与前一榀屋架间的支撑系统吊上，每一大节间的钢构件经校正、检查合格后，即可用电焊、高强度螺栓或普通螺栓进行最后固定。

（9）天窗架安装一般采取以下两种方式。

①将窗架单榀组装，屋架吊装校正、固定后，随即将天窗架吊上，校正固定。

②当起重机起吊高度满足要求时，将单榀天窗架与单榀屋架在地面上组合（平拼或立拼），并按需要进行加固后，一次整体吊装。每吊装一榀，随即将与前一榀天窗架间的支撑系统及相应构件安装上。

（10）檩条的安装多采用一钩多吊、逐根就位的方法，间距用样杆顺着檩条来回移动检查，如有误差，可通过放松或扭紧檩条之间的拉杆螺栓进行校正；平直度用拉线和长靠尺或钢尺检查，校正后，用电焊或螺栓最后固定。

（11）屋盖构件安装连接时，若螺栓孔眼不对，不得用气割扩孔或改为焊接。每个螺栓不得用两个以上垫圈；螺栓外露丝扣长度不得少于3扣，并应防止螺栓螺母松动；更不得用螺母代替垫圈。精制螺栓孔不准使用冲钉，也不得用气割扩孔。构件表面有斜度时，应采用相应斜度的垫圈。

（12）支撑系统安装就位后，应立即校正并固定，不得以定位点焊来代替安装螺栓或安装焊缝，以防遗漏，造成结构失稳。

（13）安装后节点的焊缝或螺栓经检查合格，应及时涂底漆和面漆。设计要求用油漆腻子封闭的焊缝，应及时封好腻子后，再涂刷油漆。安装时构件表面被损坏的油漆涂层应补涂，补涂颜色应与原构件油漆颜色相同。

（14）不准随意在已安装的屋盖钢构件上开孔或切断任何杆件，不得任意割断已安装好的永久螺栓。

（15）利用已安装好的钢屋盖悬吊其他构件和设备时，应经设计同意，并采取措施防止损坏结构。

（三）钢起重机梁的安装

1.安装流程

吊装测量→起重机梁绑扎→就位临时固定→校正与最后固定。

2.安装细节

（1）先用水准仪测出每根钢柱上原先弹出的±0.000基准线在柱子校正后的实际变化值，水准仪的精度要求为±3mm/km。

（2）一般情况下，实测起重机梁横向近牛腿处的两侧，并做好实测标记。根据各钢柱搁置起重机梁牛腿面的实测标高值，定出全部钢柱搁置起重机梁牛腿面的同一标高值，以同一标高值为基准，得出各搁置起重机梁牛腿面的标高差值。根据各个标高差值和起重机梁的实际高差来加工不同厚度的钢垫板，同一搁置起重机梁牛腿面上的钢垫板一般分层加工，以便于两根起重机梁端头高度不同的调整。

（3）严格控制起重机梁定位轴线，要认真做好钢柱底部临时标高垫块的设置工作，时刻注意钢柱吊装后的位移和垂直度偏差数值，实测起重机梁搁置端部梁高的制作误差值。

（4）起重机梁一般采用带卸扣的轻便吊索进行绑扎，绑扎方法有两点双斜索绑扎和两点双直索绑扎两种，双斜索绑扎适用于一般起重机梁，用一台起重机进行吊装，吊索的倾斜角不应大于45°。

（5）起重机梁的起吊均为悬吊法吊装，当起重机梁吊至设计位置时，应准确地使起重机梁轴线与安装轴线相吻合，在就位时应用经纬仪观察柱子的垂直情况，是否有因起重机梁安装而使柱子产生偏斜的情况。如果有这种情况发生，应该把起重机梁吊起，重新进行就位。就位后应立即进行临时固定，临时固定可用铁丝捆扎在柱子上。

（6）起重机梁校正与最终固定。起重机梁高低校正主要是对梁端部标高进行校正。可先用起重机吊空、特殊工具抬空或者油压千斤顶顶空，然后在梁底填设垫块。

起重机梁水平方向移动校正常用撬棒、钢楔、千斤顶进行。通常重型起重机梁用油压千斤顶和链条葫芦解决水平方向移动较为方便。校正应在梁全部安装完、屋面构件校正并最后固定后进行。重量较大的起重机梁也可一边安装一边校正，校正内容包括中心线（位移）、轴线间距、标高垂直度等。纵向位移在就位时已校正，所以主要是校正横向位移。

校正起重机梁中心线与起重机跨距时，先在起重机轨道两端的地面上，根据柱轴线放出起重机轨道轴线，用钢尺校正两轴线的距离，再用经纬仪放线、钢丝挂线坠或在两端拉钢丝等方法校正。

起重机梁标高校正时，先将水平仪放置在厂房中部某一起重机梁上，或在地面上测出一定高度的水准点，再用钢尺或样杆量出水准点至梁面铺轨需要的高度，每根梁观测两端及跨中三点，根据测定标高进行校正。校正时用撬杠撬起或在柱头屋架上弦端头节点上挂倒链，将起重机梁需垫垫板的一端吊起。

起重机梁校正完毕后应立刻将起重机梁上翼板与柱上的起重机梁连接件栓接或焊接固定。

（四）钢桁架与水平支撑的安装

1. 钢桁架安装流程

桁架（整榀或分段）绑扎→就位临时固定→校正与最后固定。

2. 钢桁架安装细节

（1）钢桁架可用自行杆式起重机、履带式起重机、塔式起重机等进行安装。

由于桁架的跨度、重量和安装高度不同，适合的安装机械和安装方法也不相同。

（2）桁架多用悬空吊装，为使桁架在吊起后不致发生摇摆、与其他构件碰撞等现象，起吊前在支座节间附近用麻绳系牢，随吊随放松，以此保持其正确位置。

（3）桁架的绑扎点要保证桁架的吊装稳定性，否则就需在吊装前进行临时加固。

（4）钢桁架的侧向稳定性较差，在吊装机械的起重量和起重臂长度允许的情况下，最好经扩大拼装后进行组合吊装，即在地面上将两榀桁架及其上的天窗架、檩条、支承等拼装成整体，一次进行吊装，这样不但可提高吊装效率，也有利于保证其吊装的稳定性。

（5）桁架临时固定如需用临时螺栓和冲钉，则每个节点处应穿入的数量必须由计算确定，并应符合下列规定：

①不得少于安装孔总数的1/3。

②至少应穿两个临时螺栓；冲钉穿入数量不宜多于临时螺栓总数的 30%。

（6）钢桁架要检验校正垂直度和弦杆的正直度。桁架的垂直度可用挂线锤球检验，弦杆的正直度则可用拉紧的测绳进行检验。

3. 水平支撑安装

细节吊装时，应采用合理的吊装工艺，防止构件产生弯曲变形。应采用下列方法防止变形：

（1）如十字水平支撑长度较长、型钢截面较小、刚性较差，吊装前应用圆木杆等材料进行加固。

（2）吊点位置要合理，使其在平面内均匀受力，以吊起时不产生下挠为准。

安装时应使水平支撑稍作上拱或略大于水平状态时与屋架连接，安装后的水平支撑即可消除下挠；若连接位置发生较大偏差不能安装就位时，不宜采用牵拉工具用较大的外力强行使其入位连接，否则不仅会使屋架下弦侧向弯曲或水平支撑发生过大的上拱或下挠，还会使连接构件存在较大的结构应力。

（五）檩条的安装

（1）整平安装前对檩条支承进行检测和整平，对檩条逐根复查其平整度，安装的檩条间高差控制在 ±5mm 范围内。

（2）弹线檩条支承点应按设计要求的支承点位置固定，为此支承点应用线划出，经檩条安装定位，按檩条布置图验收。

（3）按设计要求进行焊接或螺栓固定，固定前再次调整位置，偏差控制在 ±5mm 范围内。

（4）檩条安装注意事项

①檩条和墙梁安装时，应设置拉条并拉紧，但不应将檩条和墙梁拉弯。

②除最初安装的两榀刚架外，所有其余刚架间的檩条、墙檩的螺栓均应在校准后再拧紧。

（六）彩钢板的安装

彩色钢板铺设顺序，原则上是由上而下，由常年风尾方向起铺。

（1）屋面以山墙边做起点，由左向右或由右向左，依顺序铺设。第一片板安置完毕后，沿板下缘拉准线，每片依准线安装，随时检查不使其发生偏离。铺设面用含防水垫片的自攻螺钉，沿每一板肋中心固定于檩条上。

（2）墙板施工原则与屋面板相同。

（3）收边屋面（含雨篷）收边料搭接处须以含防水垫片自攻螺钉固定。屋脊盖板及檐口泛水（含天沟）须铺塞山型发泡 PE 封口条。收边板施工固定方式，若现场丈量需做变更时，以确认后制作图为准。

（4）安装注意事项

①彩色钢板切割时，其外露面应朝下，以避免切割时产生的锉屑贴附于涂膜面，引

起面屑气化。

②施工人员在屋面行走时，沿排水方向应踏于板谷，沿檩条方向应踏于檩条上，且须穿软质平底鞋。

③屋面须做纵向（排立向）搭接时，搭接长度应在150mm以上，止水胶依设计图施作，其搭接位置应该在衍条位置上，墙面搭接长应在100mm以上，搁置于檩条上。

④自攻螺钉固定于肋板，其凹陷以自攻螺丝底面与肋板中线齐为原则。

第三节　多层及高层钢结构安装

一、钢结构安装条件及要求

（1）钢结构的安装程序必须确保结构的稳定性和不导致永久的变形。

（2）经总承包检查，安装支座或基础验收均合格。

（3）构件安装前应清除附在表面上的灰尘、冰雪、油污和泥土等杂物。

（4）钢结构构件的安装程序应保证成套供应。现场堆放场地能满足现场拼装及顺序安装的需要。

（5）构件在工地制孔、组装、焊接和铆接以及涂层等的质量要求均应符合有关规定。

（6）检查构件在装卸、运输及堆放中有无损坏或变形。损坏或变形的构件应予以矫正或重新加工。被碰坏损的防腐底漆应补涂，并再次检查办理验收合格。

二、多层及高层钢构件吊装方法的选择

多层及高层钢构件吊装常采用综合和分件吊装两种方法，主要内容见表5-4。

表5-4　吊装方法的分类

吊装方法	主要内容	适用范围
综合吊装	（1）用1台或2台履带式起重机在跨内开行，起重机在一个节间内将各层构件一次吊装到顶，并由一端向另一端开行，采用综合法逐间逐层把全部构件安装完成 （2）一台起重机在所在的跨用综合吊装法，其他相邻跨采用分层分段流水吊装进行。为了保证已吊装好结构的稳定，每一层结构构件吊装均需在下一层结构固定完毕和接头混凝土强度等级达到设计强度70%后进行。同时应尽量缩短起重机往返行驶路线，并在吊装中减少变幅和更换吊点的次数，妥善考虑吊装、校正、焊接和灌浆工序的衔接，以及工人操作方便和安全	适用于构件重量较大和层数不多的框架结构吊装

吊装方法	主要内容	适用范围
分件吊装	用一台塔式起重机沿跨外侧或四周开行、逐类构件依次分层吊装。根据流水方式的不同，可分为分层分段流水吊装和分层大流水吊装两种 （1）分层分段流水吊装是指将每一楼层（柱为两层一节时，取两个楼层为一个施工层）根据劳力组织（安装、校正、固定、焊接及灌浆等工序的衔接）以及机械连接作业的需要，分为 2 ~ 4 段进行分层流水作业 （2）分层大流水吊装是指不分段进行分层吊装	适用于面积不大的多层框架吊装

三、钢柱基础要求

（1）钢结构安装前应对建筑物的定位轴线、基础轴线和标高、地脚螺栓位置、规格等进行检查，并应进行基础检测和办理交接验收。当基础工程分批进行交接时，每次交接验收不应少于一个安装单元的柱基基础，并应符合下列规定：

①基础混凝土强度达到设计要求。

②基础周围回填夯实完毕。

（2）基础标高的调整应根据钢柱的长度、钢牛腿和柱脚距离来决定基础标高的调整数值。

通常，基础标高调整时，双肢柱设两个点，单肢柱设一个点，其调整方法如下：根据标高调整数值，用压缩强度为 55MPa 的无收缩水泥砂浆制成无收缩水泥砂浆标高控制块，用无收缩水泥砂浆标高控制块进行调整，标高调整的精度较高（可达 ±1mm 以内）。

四、施工安装步骤

（一）采用综合吊装法的安装步骤

（1）从一端或中间有柱间支撑处开始安装一节柱，先安装四根柱及其柱间的主梁、次梁，并使之形成稳定体系。

（2）依次向另一端由下向上逐层安装钢柱、主梁、次梁。

（3）安装与楼层配套的楼梯，方便以上楼层施工安装。

（4）安装第一节柱间的楼承板。

（5）按以上次序循环安装第二节柱及其柱间的主梁、次梁、配套的楼梯、楼承板。

（二）采用分件吊装法的安装步骤

（1）安装第一节钢柱。

（2）由下向上安装与第一节钢柱间的主梁、次梁。

（3）安装与楼层配套的楼梯。

（4）安装第一节钢柱间的楼层板。

（5）依据以上次序逐节逐层向上安装至顶层。

五、钢构件安装

（一）钢柱安装

1. 安装流程

吊装→就位→校正。

2. 安装细节

（1）钢柱吊装

起吊时钢柱应垂直，尽量做到回转扶直，在起吊回转过程中，应避免同其他已经安装的构件相撞。吊索应预留有效的高度，起吊扶直前将登高爬梯和挂篮等挂设在钢柱预定位置上，并绑扎牢固，就位后临时固定地脚螺栓，校正垂直度；柱接长时，上节钢柱对准下节钢柱的顶中心，然后用螺栓固定钢柱两侧临时固定用连接板，钢柱安装到位，对准轴线，临时固定牢固后才能松开钩子。

（2）钢柱校正

钢柱校正主要是控制钢柱的水平标高、T字轴线位置和垂直度，在整个过程中以测量为主，并应满足以下要求。

①每根钢柱需重复多次校正和观测垂直偏差值。先在起重机脱钩后用电焊钳进行校正；由于点焊时钢筋接头冷却收缩会使钢柱偏移，点焊完成后需二次校正；梁、板安装后需再次校正。对数层一节的长柱，在每层梁安装前后均需校正，以免产生误差累积。

②当下柱出现偏差，一般在上节柱的底部就位时，可对准下节柱中心线和标准中心线的中点各借1/2，而上节柱的顶部仍应以标准中心线为准。

③柱子垂直度允许偏差为h/1000（h为柱高），但不大于20mm。中心线对定位轴线的位移不得超过5mm，上、下柱接口中心线位移不得超过3mm。

④多节钢柱校正比普通钢柱校正更为复杂，实际操作中要对每根钢柱下节柱重复多次校正。

（二）构件接头施工

钢结构现场接头主要是柱与柱、柱与梁、主梁与次梁、梁拼接、支撑、楼梯及支撑等，主要采用栓焊结合的方式连接。接头形式、焊缝等级要符合设计图纸的要求。

（1）多层、高层钢结构的现场焊接顺序应按照力求减少焊接变形和降低焊接应力的原则加以确定。①在平面上，从中心框架向四周扩展焊接。②先焊收缩量大的焊缝，再焊收缩量小的焊缝。③对称施焊。④同一根梁的两端不能同时焊接（先焊一端，待其冷却后再焊另一端）。

（2）当节点或接头采用腹板栓接、翼缘焊接形式时，翼缘焊接宜在高强度螺栓终拧后进行。

（3）钢柱之间常用坡口电焊连接，上节柱和梁经校正及固定后再进行柱接头焊接。柱与柱接头焊接宜在本层梁与柱连接完成之后进行。施焊时，应由两名焊工在相对称位置以相等速度同时施焊。

①单根箱形柱节点的焊接，由两名焊工对称、逆时针转圈施焊。起始焊点距柱棱角50mm，层间起焊点互相错开50mm以上，直至焊接完成。焊至转角处时放慢速度，保证焊缝饱满。焊接结束后，将柱连接耳板割除并打磨平整。

②H形钢柱节点的焊接顺序：先焊翼缘焊缝，再焊腹板焊缝，翼缘板焊接时两名焊工对称、反向焊接。

（4）主梁与钢柱的连接一般为刚接，上下翼缘用坡口电焊连接，腹板用高强度螺栓连接。

①柱与梁的焊接顺序为：先焊接顶部梁柱节点，再焊接底部梁柱节点，最后焊接中间部分梁柱节点；单根梁与柱接头的焊缝，宜先焊梁的下翼缘，再焊其上翼缘，上、下翼缘的焊接方向相反。

②梁、柱接头的焊接通常在梁上、下翼板焊缝位置设有垫板，为保证起始焊缝质量，垫板长度宜宽出梁翼板3倍焊缝的厚度，譬如：梁宽200mm，焊缝厚度设计要求为10mm，则垫板长度宜为200+10×3×2=260（mm）。

（5）对于板厚大于或等于25mm的焊缝接头，用多头烤枪进行焊前预热和焊后的热处理，预热温度为60～150℃，后热温度为200～300℃，恒温1h。

（6）手工电弧焊时，当风速大于5m/s（五级风），气体保护焊时，当风速大于3m/s（二级风），均应采取防风措施方能施焊，雨天应停止焊接。

（7）焊接工作完成后，焊工应在焊缝附近打上自己的钢印。焊缝应按要求进行外观检查和无损检测。

（8）次梁与主梁的连接一般为铰接，基本上在腹板处用高强度螺栓连接，只有少量再在上、下翼缘处用坡口电焊连接。

（三）钢梯、钢平台和防护栏安装

1. 钢直梯安装

钢直梯的安装有如下规定：

（1）钢直梯应采用性能不低于Q235A·F的钢材。

（2）梯梁应采用不小于L50×50×5的角钢或-60×8的扁钢。

（3）踏棍宜采用不小于φ20的圆钢，间距宜为300mm，等距离分布。

（4）支撑应采用角钢、钢板或钢板组焊成的T形钢制作，埋设或焊接时必须牢固可靠。

（5）无基础的钢直梯至少焊两对支撑，支撑竖向间距不宜大于3000mm，最下端的踏棍距基准面距离不宜大于450mm。

（6）钢直梯每组踏棍的中心线与建筑物或设备外表面之间的净距离不得小于150mm。

（7）侧进式钢直梯中心线至平台或屋面的距离为 380 ～ 500mm，梯梁与平台或屋面之间的净距离为 180 ～ 300mm。

（8）梯段高度超过 300mm 时应设护笼，护笼下端距基准面为 2000 ～ 2400mm，护笼上端高出基准面应与《固定式钢梯及平台安全要求 第 3 部分：工业防护栏杆及钢平台》（GB 4053.3-2009）中规定的栏杆高度一致。

（9）护笼直径为 700mm，其圆心距踏棍中心线为 350mm。水平圈采用不小于 -40×4 的扁钢，间距为 450 ～ 750mm，在水平圈内侧均布焊接 5 根不小于 -25×4 的扁钢垂直条。

（10）钢直梯最佳宽度为 500mm。由于工作面所限，攀登高度在 5000mm 以下时，梯宽可适当缩小，但不得小于 300mm。

（11）钢直梯上端的踏板应与平台或屋面平齐，其间隙不得大于 300mm，并在直梯上端设置高度不低于 1050mm 的扶手。

（12）梯段高不宜大于 9m。超过 9m 时宜设梯间平台，以分段交错设梯。攀登高度在 15m 以下时，梯间平台间距为 5 ～ 8m；超过 15m 时，每 5 段设一个梯间平台。平台应设安全防护栏杆。

（13）钢直梯全部采用焊接连接，焊接要求应符合《钢结构工程施工质量验收标准》（GB 50205-2020）的规定。所有构件表面应光滑无毛刺。安装后的钢直梯不应有歪斜、扭曲、变形及其他缺陷。

（14）固定在平台上的钢直梯应下部固定，其上部的支撑与平台梁固定，在梯梁上开设长圆孔，采用螺栓连接。

（15）钢直梯安装后必须认真除锈并做防腐涂装。

（16）荷载规定：①踏棍按在中点承受 1kN 集中活荷载计算，容许挠度不大于踏棍长度的 1/250。②梯梁按组焊后其上端承受 2kN 集中活荷载计算（高度按支撑间距选取，无中间支撑时按两端固定点距离选取），容许长细比不宜大于 200。

2. 固定钢斜梯安装

依据《固定式钢梯及平台安全要求 第 2 部分：钢斜梯》（GB 4053.2-2009）和《钢结构工程施工质量验收标准》（GB 50205-2020），固定钢斜梯的安装规定如下：

（1）不同坡度的钢斜梯，其踏步高 R、踏步宽 t 的尺寸见表 5-5，其他坡度按直线插入法取值。

表 5-5　钢斜梯踏步高和宽

坡度 α	30°	35°	40°	45°	50°	55°	60°	65°	70°	75°
高 R/mm	160	175	185	200	210	225	235	245	255	265
宽 t/mm	280	250	230	200	180	150	135	115	95	75

（2）常用的坡度和高跨比（H：L）见表5-6。

表5-6 钢斜梯踏步高跨比

坡度 α	45°	51°	55°	59°	73°
高跨比（H：L）	1：1	1：0.8	1：0.7	1：0.6	1：0.3

（3）梯梁钢材采用性能不低于Q235A·F的钢材，其截面尺寸应通过设计计算确定。

（4）踏板采用厚度不小于4mm的花纹钢板或经防滑处理的普通钢板，或采用由 -25×4 的扁钢和小角钢组焊成的格子板。

（5）扶手高应为900mm，或与《固定式钢梯及平台安全要求 第3部分：工业防护栏杆及钢平台》（GB 4053.3-2009）中规定的栏杆高度一致，采用外径为30～50mm、壁厚不小于2.5mm的管材。

（6）立柱宜采用截面不小于L40×4的角钢或外径为30～50mm的管材，从第一级踏板开始设置，间距不宜大于1000mm，横杆采用直径不小于16mm的圆钢或30mm×4mm的扁钢，固定在立柱中部。

（7）梯宽宜为700mm，最大不宜大于1100mm，最小不宜小于600mm。

（8）梯高不宜大于5m，大于5m时，宜设梯间平台，分段设梯。

（9）钢斜梯应全部采用焊接连接，焊接要求符合《钢结构工程施工质量验收标准》（GB 50205-2020）。

（10）所有构件表面应光滑无毛刺，安装后的钢斜梯不应有歪斜、扭曲、变形及其他缺陷。

（11）钢斜梯安装后，必须认真除锈并做防腐涂装。

（12）荷载规定，钢斜梯活荷载应按实际要求采用，但不得小于下列数值：①钢斜梯水平投影面上的活荷载标准取3.5kN/m^2；②踏板中点集中活荷载取1.5kN/m^2；③扶手顶部水平集中活荷载取0.5kN/m^2；④挠度不大于受弯构件跨度的1/250。

3. 平台、栏杆安装

（1）平台钢板应铺设平整，与承台梁或框架密贴、连接牢固，表面有防滑措施。

（2）栏杆安装连接应牢固可靠，扶物转角应光滑。

（3）平台、梯子和栏杆安装的允许偏差应符合规定。

第四节　钢网架结构安装

一、钢网架结构安装基本规定

（1）钢网架结构安装应符合以下规定：

①安装的测量校正、高强度螺栓安装、低温度下施工及焊接工艺等，应在安装前进行工艺试验或评定，并应在此基础上制订相应的施工工艺或方案。

②安装偏差的检测应在结构形成空间刚度单元并连接固定后进行。

③安装时，必须控制屋面、楼面、平台等的施工荷载、施工荷载和冰雪荷载等严禁超过梁、桁架、楼面板、屋面板、平台铺板等的承载能力。

（2）钢网架结构支座定位轴线的位置、支座锚栓的规格应符合设计要求，允许偏差应符合表5-7的规定。

表5-7　定位轴线、基础上支座的定位轴线和标高的允许偏差（单位；mm）

项目	允许偏差
结构定位轴线	1/20000，且不大于3.0
基础上支座的定位轴线	1.0
基础上支座底标高	±3.0

（3）支承面顶板的位置、标高、水平度以及支座锚栓位置的允许偏差应符合表5-8的规定。

表5-8　支承面顶板、支座锚栓位置的允许偏差（单位：mm）

项目		允许偏差
支承面顶板	位置	15.0
	顶面标高	0~3.0
	顶面水平度	1/1000
支座锚栓	中心偏移	±5.0

（4）支承垫块的种类、规格、摆放位置和朝向，必须符合设计要求和国家现行有关标准的规定。橡胶垫与刚性垫块之间或不同类型刚性垫块之间不得互换使用。

（5）网架支座锚栓的紧固应符合设计要求。

（6）支座锚栓尺寸的允许偏差应符合表5-9的规定，支座锚栓的螺纹应受到保护。

表 5-9 地脚螺栓（锚栓）尺寸的允许偏差（单位：mm）

项目	允许偏差
螺栓（锚栓）露出长度	± 30 0.0
螺纹长度	± 30 0.0

（7）对建筑结构安全等级为一级、跨度 40m 及以上的公共建筑钢网架结构，且设计有要求时，应按下列项目进行节点承载力试验，其结果应符合以下规定：

①焊接球节点应按设计指定规格的球及其匹配的钢管焊接成试件，进行轴心拉、压承载力试验，其试验破坏荷载值大于或等于 1.6 倍设计承载力为合格。

②螺栓球节点应按设计指定规格的球最大螺栓孔螺纹进行抗拉强度保证荷载试验，当达到螺栓的设计承载力时，螺孔、螺纹及封板仍完好无损为合格。

（8）钢网架结构安装完成后，其节点及杆件表面应干净，不应有明显的疤痕、泥沙和污垢。螺栓球节点应将所有接缝用油腻子填嵌严密，并应将多余螺孔封口。

（9）钢网架结构安装完成后，其安装允许偏差应符合表 5-10 的规定。

表 5-10 钢网架、网壳结构安装的允许偏差（单位：mm）

项目	允许偏差
纵向、横向长度	$\pm l/2000$，且不大于 ± 40.0
支座中心偏移	$l/3000$，且不大于 30.0
周边支承网架、网壳相邻支座高差	$l_1/400$，且不大于 15.0
多点支承网架、网壳相邻支座高差	$l_1/800$，且不大于 30.0
支座最大高差	30.0

注：l 为纵向或横向长度；l_1 为相邻支座距离。

二、钢网架结构安装方法

钢网架结构的节点和杆件在工厂内制作完成并检验合格后运至现场，拼装成整体。它的安装方法很多，可分为高空散装法、分条或分块安装法、高空滑移法、整体吊升法、升板机提升法、桅杆提升法、滑模提升法、顶升施工法等，可根据网架结构选择合适的安装方法。

（一）高空散装法

高空散装法是指运输到现场的运输单元体（平面桁架或锥体）或散件，用起重机械吊升到高空对位拼装成整体结构的方法。适用于螺栓球或高强度螺栓连接节点的网架结构。它在拼装过程中始终有一部分网架悬挑着，当网架悬挑拼成为一个稳定体系时，无须设置任何支架来承受其自重和施工荷载。当跨度较大，拼接到一定悬挑长度后，设置单肢柱或支架，支承悬挑部分，以减少或避免因自重和施工荷载而产生的挠度。

本法无须大型起重设备，对场地要求不高，但需搭设大量拼装支架，高空作业多。小拼单位的允许偏差见表5-11。

表5-11　小拼单元的允许偏差（单位：mm）

项目		允许偏差
节点中心偏移	$D \leq 500$	2.0
	$D > 500$	3.0
杆件中心与节点中心的偏移	$d(b) \leq 200$	2.0
	$d(b) > 200$	3.0
杆件轴线的弯曲矢高	——	$l_1/1000$，且不大于5.0
网格尺寸	$l \leq 5000$	±2.0
	$l > 5000$	±3.0
锥体（桁架）高度	$h \leq 5000$	±2.0
	$h > 5000$	±3.0
对角线尺寸	$A \leq 7000$	±3.0
	$A > 7000$	±4.0
平面桁架节点处杆件轴线错位	$d(b) \leq 200$	2.0
	$d(b) > 200$	3.0

注：D为节点直径，d为杆件直径，b为杆件截面边长，l_1为杆件长度，l为网格尺寸，h为锥体（桁架）高度，A为网格对角线尺寸。

（二）分条或分块安装法

分条或分块安装法是高空散装的组合扩大。为了适应起重机械的起重能力和减少高空拼装工作量，将屋盖划分为若干个单元，在地面拼装成条状或块状扩大组合单元体后，用起重机械或设在双肢柱顶的起重设备（钢带提升机、升板机等）垂直吊升或提升到设计位置上，拼装成整体网架结构的安装方法。

　　这种方法减少了高空作业量，只需搭建局部拼装平台，从而大幅减少了拼装支架的使用量，并且能够充分利用现有的起重设备，具有较高的经济性。但施工应注意保证条（块）状单元制作精度和起拱，以免造成总拼困难。分条或分块单位拼装长度的允许偏差见表 5-12。

表 5-12　分条或分块单元拼装长度的允许偏差（单位：mm）

项目	允许偏差
分条、分块单元长度 ≤ 20m	± 10.0
分条、分块单元长度 > 20m	± 20.0

　　本法适用于分割后刚度和受力状况改变较小的各种中、小型网架，如双向正交正放、正放四角锥、正放抽空四角锥等网架。

　　本法所需起重设备较简单，无须大型起重设备；可与室内其他工种平行作业，缩短总工期，节省用工，降低劳动强度，减少高空作业，施工速度快，费用低。但需搭设一定数量的拼装平台；且拼装容易造成轴线的积累偏差，一般要采取试拼装、套拼、散件拼装等措施来控制。

　　对于场地狭小或跨越其他结构、起重机无法进入网架安装区域时尤为适宜。

（三）高空滑移法

　　高空滑移法是将网架条状单元组合体在建筑物上空进行水平滑移对位总拼的一种施工方法。适用于网架支承结构为周边承重墙或柱上有浇钢筋混凝土圈梁等情况。可在地面或支架上进行扩大拼装条状单元，并将网架条状单元提升到预定高度后，利用安装在支架或圈梁上的专用滑行轨道，水平滑移对位拼装成整体网架。

（四）整体吊升法

　　整体吊升法是将网架结构在地上错位拼装成整体，然后用起重机吊升超过设计标高，空中移位后落位固定。此法无须搭设高的拼装架，高空作业少，易于保证接头焊接质量，但需要起重能力大的设备，吊装技术也复杂，应将已滑移好的部分网架进行挠度调整，然后再拼接。

　　本法准备工作简单，安装快速方便。四侧抬吊与两侧抬吊比较，前者移位较平稳，但操作较复杂；后者空中移位较方便，但平衡性较差一些，而两种吊法都需要多台起重设备，操作技术要求较严。适用于跨度 40m 左右、高度 2.5m 左右的中小型网架屋盖的吊装。

（五）升板机提升法

　　本法是指网架结构在地面上就位拼装成整体后，用安装在柱顶横梁上的升板机，将网架垂直提升到设计标高以上，安装支承托梁后，落位固定。本法无须大型吊装设备和机具，安装工艺简单，提升平稳，提升差异小，同步性好，劳动强度低，工效高且施工安全，但需较多提升机和临时支承短钢柱和钢梁，准备工作量大。适用于跨度50～70m、高度4m以上、重量较大的大、中型周边支承网架屋盖。

（六）桅杆提升法

本法是将网架在地面错位拼装，用多根独角桅杆将其整体提升到柱顶以上，然后进行空中旋转和移位，落下就位安装。桅杆可自行制造，起重量大，可达1000～2000kN，桅杆高可达50～60m，但所需设备数量大，准备工作和操作均较复杂，费工费时。适用于安装高、重、大（跨度80～110m）的大型网架屋盖安装。

（七）滑模提升法

本法在地面一定高度正位拼装网架，利用框架柱或墙的滑模装置将网架随滑模顶升到设计位置。

本法无须吊装设备，可利用网架作滑模操作平台，节省设备和脚手架费用，施工简便安全，但需整套滑模设备，且安装速度较慢。适用于安装跨度30～40m的中、小型网架屋盖。

（八）顶升施工法

本法利用支承结构和千斤顶将网架整体顶升到设计位置。本法设备简单，无须大型吊装设备，顶升支承结构可利用结构永久性支承柱，拼装网架无须搭设拼装支架，可节省大量机具和脚手架、支墩费用，降低施工成本；操作简便、安全，但顶升速度较慢，且对结构顶升的误差控制要求严格，以防失稳。适用于安装多支点支承的各种四角锥网架屋盖。

三、钢网架结构安装细节

（一）高空散装法安装细节

1. 支架设置

支架既是网架拼装成型的承力架，又是操作平台支架。所以，支架搭设位置必须对准网架下弦节点。支架一般用扣件和钢管搭设。它应具有整体稳定性，在荷载作用下有足够的刚度；应将支架本身的弹性压缩、接头变形、地基沉降等引起的总沉降值控制在5mm以下。因此，为了调整沉降值和卸荷方便，可在网架下弦节点与支架之间设置调整标高用的千斤顶。

拼装支架有全支架（满堂红脚手架）法、部分活动支架法和悬挑法三种。全支架法是搭设一个与网架大小基本相同的工作平台，网架在平台上拼装，拼装质量较易控制，但搭设脚手架的工作量较大。

拼装支架必须牢固，设计时应对单肢稳定、整体稳定进行验算，并估算沉降量。其中单肢稳定验算可按一般钢结构设计方法进行。

2. 拼装支架要求

（1）支架整体沉降量控制

支架的整体沉降量包括钢管接头的空隙压缩、钢管的弹性压缩、地基的深陷等。如果地基情况不良，要采取夯实加固等措施，并且要用木板铺地以分散支柱传来的集中荷载。高空散装法对支架的沉降要求较高（不得超过5mm），应给予足够的重视。大型网架施工必要时可进行试压，以取得所需的资料。

拼装支架不宜用竹或木制，因为这些材料容易变形并易燃，故当网架用焊接连接时禁用。

（2）支架的拆除

网架拼装成整体并检查合格后，即拆除支架，拆除时应从中央逐圈向外分批进行，每圈下降速度必须一致，应避免个别支点集中受力，造成拆除困难。对于大型网架，每次拆除的高度可根据自重挠度值分成若干批进行。

3. 拼装操作

高空散装法总的拼装顺序是从建筑物一端开始向另一端以两个三角形同时推进，待两个三角形相交后，则按人字形逐榀向前推进，最后在另一端的正中合拢。每榀块体的安装顺序：在开始两个三角形部分是由屋脊部分分别向两边拼装，两三角形相交后，则由交点开始同时向两边拼装。

当采取分件拼装时，一般采取分条进行，顺序为：支架抄平、放线→放置下弦节点垫板→按格依次组装下弦、腹杆、上弦支座（由中间向两端，一端向另一端扩展）→连接水平系杆→撤出下弦节点垫板→总拼精度校验→油漆。

每条网架组装完，经校验无误后，按总拼顺序进行下条网架的组装，直至全部完成。

（二）分条或分块法安装细节

1. 单元划分

（1）条状单元组合体的划分

条状单元组合体的划分是沿着屋盖长方向切割。对桁架结构是将一个节间或两个节间的两榀或三榀桁架组成条状单元体；对网架结构，则将一个或两个网格组装成条状单元体。切割组装后的网架条状单元体往往是单向受力的两端支承结构。这种安装方法适用于分割后的条状单元体，在自重作用下能形成一个稳定体系，其刚度与受力状态改变较小的正放类网架或刚度和受力状况未改变的桁架结构类似。网架分割后的条状单元体刚度要经过验算，必要时应采取相应的临时加固措施。通常条状单元的划分有以下几种形式：

①网架单元相互靠紧，把下弦双角钢分在两个单元上。此法可用于正放四角锥网架。

②网架单元相互靠紧，单元间上弦用剖分式安装节点连接。此法可用于斜放四角锥网架。

③单元之间空一节间，该节间在网架单元吊装后再在高空拼装。此法可用于两向正

交正放或斜放四角锥等网架。

分条（分块）单元自身应是几何不变体系，同时还应有足够的刚度，否则应加固。对于正放类网架而言，在分割成条（块）状单元后，自身在自重作用下能形成几何不变体系同时也有一定的刚度，一般无须加固。但对于斜放类网架，在分割成条（块）状单元后，由于上弦为菱形结构可变体系，因而必须加固后才能吊装，

（2）块状单元组合体划分

块状单元组合体的分块一般是在网架平面的两个方向均有切割，其大小视起重机的起重能力而定。切割后的块状单元体大多是两邻边或一边有支承，一角点或两角点增设临时顶撑予以支承。也有将边网格切除的块状单元体，在现场地面对准设计轴线组装，边网格留在垂直吊升后再拼装成整体网架。

2. 拼装操作

吊装有单机跨内吊装和双机跨外抬吊两种方法。

在跨中下部设可调立柱、钢顶撑，以调节网架跨中挠度。吊上后即可焊接半圆球节点和安设下弦杆件，待全部作业完成后，拧紧支座螺栓，拆除网架，下立柱，即告完成。

网架条状单元在吊装过程中的受力状态属平面结构体系，而网架结构是按空间结构设计的，因而条状单元在总拼前的挠度要比网架形成整体后该处的挠度大，故在总拼前必须在合拢处用支撑顶起，调整挠度与整体网架挠度符合。块状单元在地面制作后，应模拟高空支承条件，拆除全部地面支墩后观察施工挠度，必要时也应调整其挠度。

条（块）状单元尺寸必须准确，以保证高空总拼时节点吻合或减少积累误差，一般可采取预拼装或现场临时配杆等措施解决。

3. 高空滑移法安装细节

（1）高空滑移方式

单条滑移法。先将条状单元一条条地分别从一端滑到另一端就位安装，各条在高空进行连接。

逐条积累滑移法。先将条状单元滑移一段距离（能连接上第二单元的宽度即可），连接上第二条单元后，两条一起再滑移一段距离（宽度同上），再接第三条，三条又一起滑移一段距离，如此循环操作直至接上最后一条单元为止。

（2）滑移装置

①滑轨。滑移用的轨道有各种形式，对于中小型网架滑轨可用圆钢、扁铁、角钢及小型槽钢制作，对于大型网架可用钢轨、工字钢、槽钢等制作。滑轨可焊接或用螺栓固定在梁上。其安装水平度及接头要符合有关技术要求。网架在滑移完成后，支座即固定于底板上，以便于连接。

②导向轮。导向轮主要是作为安全保险装置之用，一般设在导轨内侧，在正常滑移时导向轮之间脱开，其间隙为 10～20mm，只有当同步差超过规定值或拼装误差在某处较大时二者才碰上。但是在滑移过程中，当左右两台卷扬机以不同时间启动或停止也会造成导向轮顶上滑轨的情况。

（3）拼装操作

滑移平台由钢管脚手架或升降调平支撑组成，起始点尽量利用已建结构物，如门厅、观众厅，高度应比网架下弦低40cm，以便在网架下弦节点与平台之间设置千斤顶，用以调整标高，平台上面铺安装模架，平台宽应略大于两个节间。

网架先在地面将杆件拼装成两球一杆和四球五杆的小拼构件，然后用悬臂式桅杆、塔式或履带式起重机，按组合拼接顺序吊到拼接平台上进行扩大拼装。先就位点焊，拼接网架下弦方格，再点焊立起横向跨度方向角腹杆。每节间单元网架部件点焊拼接顺序由跨中向两端对称进行，焊完后加固。牵引可用慢速卷扬机或绞磨进行，并设减速滑轮组。牵引点应分散设置，滑移速度应控制在1m/min以内，并要求做到两边同步滑移。当网架跨度大于50m，应在跨中增设一条平稳滑道或辅助支顶平台。

当拼装精度要求不高时，控制同步可在网架两侧的梁面上标出尺寸，牵引时同时报滑移距离；当同步要求较高时可采用自整角机同步指示装置，以便集中于指挥台随时观察牵引点移动情况，计数精度为1mm。

当网架单条滑移时，其施工挠度的情况与分条分块法完全相同；当逐条积累滑移时，网架的受力情况仍然是两端自由搁置的主体桁架。因而滑移时网架虽仅承受自重，但其挠度仍较形成整体后为大，因此在连接新的单元前，都应将已滑移好的部分网架进行挠度调整，然后再拼接。

4.整体吊装安装细节

（1）多机抬吊作业

多机抬吊施工布置起重机时需考虑各台起重机的工作性能和网架在空中移位的要求。起吊前要测出每台起重机的起吊速度，以便起吊时掌握；或每两台起重机的吊索用滑轮连通，这样，当起重机的起吊速度不一致时，可由连通滑轮的吊索自行调整。

多机抬吊一般用四台起重机联合作业，将地面错位拼装好的网架整体吊升到柱顶后，在空中进行移位，落下就位安装。一般有四侧抬吊和两侧抬吊两种方法（图5-2）。

若网架重量较轻，或四台起重机的起重量均能满足要求时，宜将四台起重机布置在网架的两侧，这样只要四台起重机将网架垂直吊升超过柱顶后，旋转一小角度，即可完成网架空中移位要求。

四侧抬吊用于防止起重机因升降速度不一而产生不均匀荷载，在每台起重机设两个吊点，每两台起重机的吊索互相用滑轮串通，使各吊点受力均匀，网架平稳上升。

当网架提升到比柱顶高30cm时，进行空中移位，起重机A一边落起重臂，一边升钩；起重机B一边升起重臂，一边落钩；C、D两台起重机则松开旋转刹车跟着旋转，待转到网架支座中心线对准柱子中心时，四台起重机同时落钩，并通过设在网架四角的拉索和倒链拉动网架进行对线，将网架落到柱顶就位。

两侧抬吊是用四台起重机将网架吊过柱顶同时向一个方向旋转一定距离，即可就位。

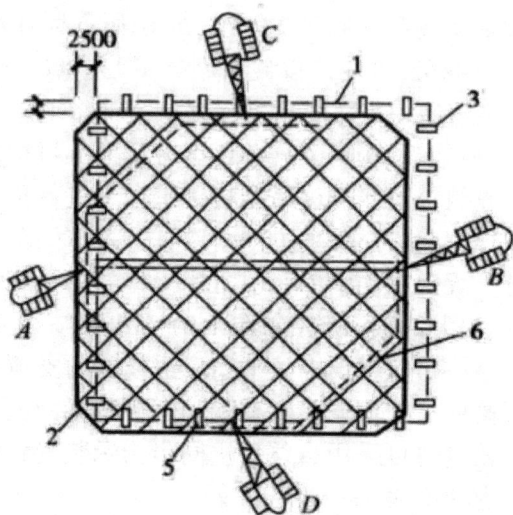

a）四侧抬吊

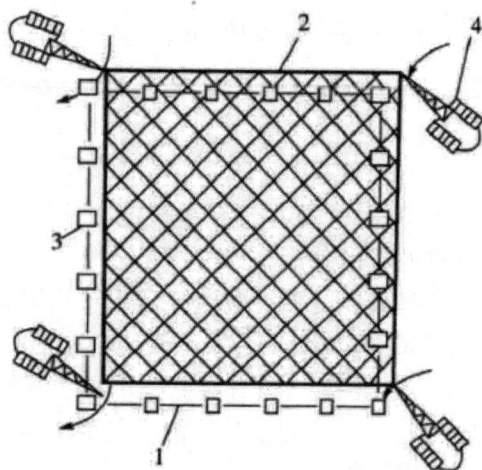

b）两侧抬吊

图5-2　四机抬吊钢网架

1—网架安装位置 2—网架接装位置 3—柱 4—履带式起重机 5—吊点 6—串通吊索

（2）单提网架法

单提网架法是多机抬吊的另一种形式。它是用多根独角桅杆，将地面错位拼装的网架吊升超过柱顶进行空中移位后落位固定。采用此法时，支承屋盖结构的柱与拔杆应在屋盖结构拼装前竖立。此法所需的设备多，劳动量大，但对于吊装高、重、大的屋盖结构，特别是大型刚架较为适宜。

（3）网架的空中移位

多机抬吊作业中，起重机变幅容易，网架空中移位并不困难，而用多根独角拔杆进行整体吊升网架方法的关键是网架吊升后的空中移位。由于拔杆变幅很困难，网架在空中的移位是利用拔杆两侧起重滑轮组中的水平力不等而推动网架移位的。

网架空中移位的方向与桅杆及其起重滑轮组布置有关。若桅杆对称布置，则桅杆的起重平面（起重滑轮组与桅杆所构成的平面）方向一致且平行于网架的一边，因此使网架产生运动的水平分力都平行于网架的一边，网架即产生单向的移位。同理，若桅杆均布于同一圆周上，且桅杆的起重平面垂直于网架半径，这时使网架产生运动的水平分力与桅杆起重平面相切，由于切向力的作用，网架即产生绕其圆心旋转的运动。

5. 升板机提升法安装细节

（1）提升设备布置

在结构柱上安装升板工程用的电动穿心式提升机，将地面正位拼装的网架直接整体提升到柱顶横梁就位。

提升点设在网架四边，每边 7 ～ 8 个。提升设备的组装是在柱顶加接短钢柱，上面安工字钢上横梁，每一吊点安放一台 300kN 电动穿心式提升机，提升机的螺杆下端连接多节长 1.8m 的吊杆，下面连接横吊梁，梁中间用钢销与网架支座钢球上的吊环相连接，在钢柱顶上的上横梁处，又用螺杆连接着一个下横梁，作为拆卸杆时的停歇装置。

（2）提升过程

当提升机每提升一节吊杆后（升速为 3cm/min），用 U 形卡板塞入下横梁上部和吊杆上端的支承法兰之间，卡住吊杆，卸去上节吊杆，将提升螺杆下降与下一节吊杆接好，再继续上升，如此循环往复，直到网架升到托梁上，然后把预先放在柱顶牛腿的托梁移至中间就位，再将网架下降于托梁上，即告完成。

6. 桅杆提升法安装细节

网架在地面错位拼装完成后，用多根独角桅杆将其整体提升到柱顶以上，然后进行空中旋转和移位，落下就位安装（图 5-3）。

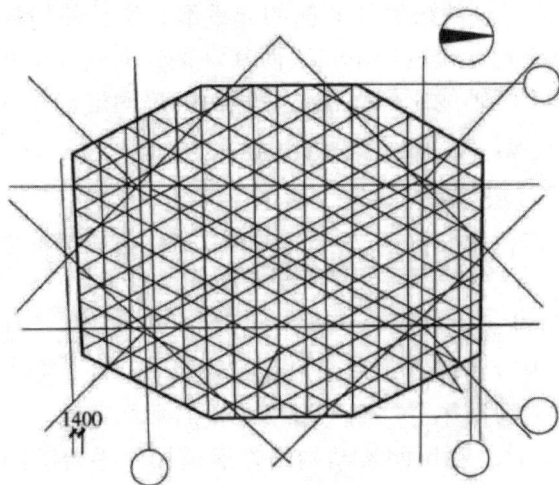

a）网架平面布置

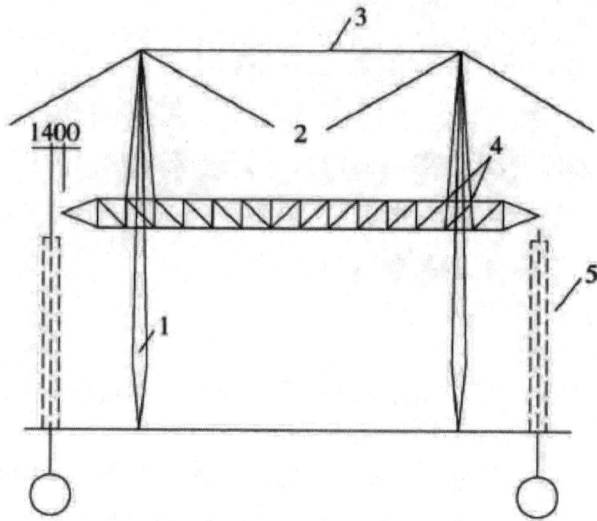

b）网架吊装

图 5-3　用四根独角桅杆抬吊网架

1—独角桅杆 2—吊索 3—缆风绳 4—吊点（每根桅杆 8 个）5—柱子

（1）提升准备柱和桅杆应在网架拼装前竖立。当安装长方形、八角形网架时，在网架接近支座处竖立四根钢制格构独角桅杆，每根桅杆的两侧各挂一副起重滑车组，每副滑车组下设两个吊点，并配一台卷筒直径、转速相同的电动卷扬机，使提升同步，每根桅杆设 6 根缆风绳与地面呈 30° ～ 40° 夹角。

（2）提升操作网架拼装时，逆时针转角 2°5'，使支座偏离柱 1.4m，即用多根桅杆将网架吊过柱顶后，需要向空中移位或旋转 4m。提升时，四根桅杆、八幅起重滑车组同时收紧提升网架，使其等速平稳上升，相邻两桅杆处的网架高差应不大于 100mm。当提升到柱顶以上 50cm 时，放松桅杆左侧的起重滑车组，使桅杆右侧的起重滑车组保持不动，则左侧滑车组松弛，拉力变小，因而其水平分力也变小；网架便向左移动，进行高空移位或旋转就位，经轴线、标高校正后，用电焊固定，桅杆利用网架悬吊，采用倒装法拆除。

7. 滑模提升法安装细节

先在地面一定高度正位拼装好网架后，利用框架柱或墙的滑模装置将网架随滑模顶升到设计位置。

（1）提升设备顶升前先将网架拼装在 1.2m 高的枕木垫上，使网架支座位于滑模升架所在柱（或墙）截面内，每柱安 4 根 ϕ28mm 钢筋支承杆，安设四台千斤顶，每根柱一条油路，直接由网架上的操作台控制，滑模装置同常规方法。

（2）提升操作滑升时，利用网架结构当作滑模操作平台随同滑升到柱顶就位，网架每提升一节，用水平仪、经纬仪检查一次水平度和垂直度控制同步正位上升，网架提升到柱顶后，将钢筋混凝土连系梁与柱头浇筑混凝土，以增强稳定性。

8. 顶升法安装细节

网架整体拼装完成后，用支承结构和千斤顶将网架整体顶升到设计位置。

（1）顶升准备

顶升用的支承结构一般多利用网架的永久性支承柱，以及在原支点处或其附近设置临时顶升支架。顶升千斤顶可采用普通液压千斤顶或螺栓千斤顶，要求各千斤顶的行程和起重速度一致。网架多采用伞形柱帽的方式，在地面按原位整体拼装。由四根角钢组成的支承柱（临时支架）从腹杆间隙中穿过，在柱上设置缀板作为搁置横梁、千斤顶和球支座用。上下临时缀板的间距根据千斤顶的尺寸、冲程、横梁尺寸等确定，应恰为千斤顶使用行程的整数倍，其标高偏差不得大于5mm，如用320kN普通液压千斤顶，缀板的间距为420mm，即顶一个循环的总高度为420mm，千斤顶分3次（150mm+150mm+120mm）顶升到该标高。

（2）顶升操作

顶升时，每一项循环工艺过程如图5-4所示。顶升应做到同步，各顶升点的升差不得大于相邻两个顶升用的支承结构间距的1/1000，且不大于30mm，在一个支承结构上设有两个或两个以上千斤顶时不大于10mm。当发现网架偏移过大，可采用在千斤顶垫斜垫或有意造成反向升差逐步纠正。同时顶升过程中网架支座中心对柱基轴线的水平偏移值不得大于柱截面短边尺寸的1/50及柱高的1/500，以免导致支承结构失稳。

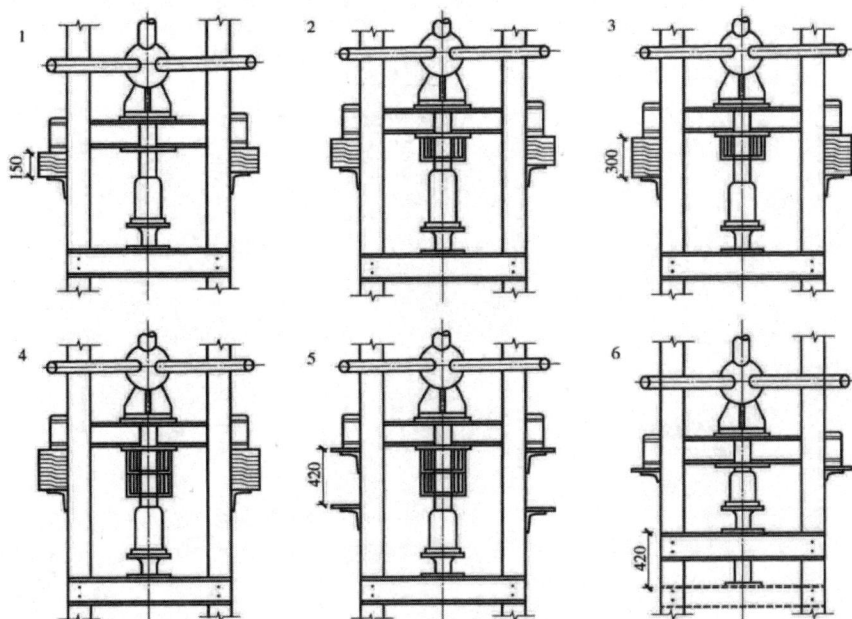

图5-4　顶升过程示意图

1—顶升150mm，两侧垫上方形垫块　2—回油，垫圆垫块　3—重复1过程　4—重复2过程　5—顶升130mm，安装两侧上缀板　6—回油，下缀板升一级

（3）升差控制

顶升施工中同步控制主要是为了减少网架的偏移，其次才是为了避免引起过大的附加杆力。而提升法施工时，升差虽然也会造成网架的偏移，但其危害程度要比顶升法小。

顶升时网架的偏移值当达到需要纠正时，可采用千斤顶垫斜垫或人为造成反向升差逐步纠正，切不可操之过急，以免发生安全质量事故。由于网架的偏移是一种随机过程，纠偏时柱的柔度、弹性变形又给纠偏以干扰，因而纠偏的方向及尺寸并不完全符合主观要求，不能精确地纠偏。故，顶升施工时应以预防网架偏移为主，顶升必须严格控制升差并设置导轨。

第六章 装配式建筑装饰施工技术

第一节 内装部品施工安装

一、装配式建筑装饰集成地面系统

集成地面系统是指在装配式建筑中运用可调节龙骨对地面进行支撑与安装的一种集成式地面系统，其中主要以中间层是否安装有地暖设备为最大区别点（图6-1～图6-3）。

图 6-1　木质地板集成地面系统

图 6-2　纤维地毯集成地面系统

图 6-3　地暖集成地面系统

　　装配式建筑装饰集成地面系统基层采用梯形或矩形截面金属搁栅（俗称龙骨），金属搁栅的间距一般为 400mm，中间可填一些轻质材料，以减低人行走时的空鼓声，并改善保温隔热效果。又分单层铺设和双层铺设两种方式。多层铺设是指为增强整体性，金属搁栅之上铺钉毛地板，最后在毛地板能上能下打接或粘接木地板。单层铺设是指木地板直接铺钉于地面金属搁栅上，而不设毛地板的构造做法（图 6-4 ~ 图 6-6）。

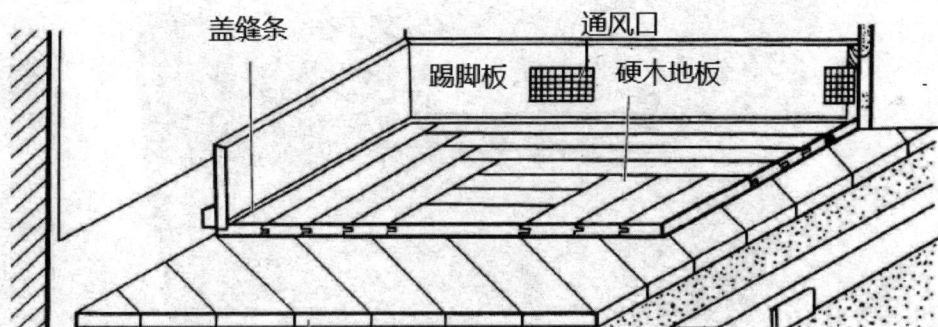

图 6-4　多层铺设方式

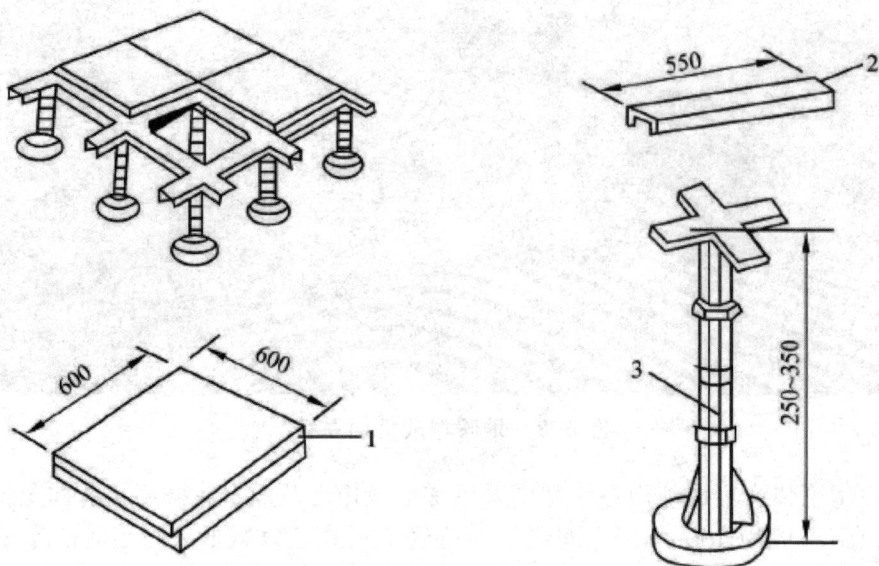

1—板面块；2—桁条；3—可调支架。

图 6-5　单层铺设方式

图 6-6　装配式建筑装饰集成地面系统铺设构造

（一）装配式建筑装饰集成地面系统施工工艺流程

基层清理→确定位置→构件预埋→龙骨安装→铺保温层→钉装毛地板→找平刨平→铺设面板→装踢脚线→表面维护。

（二）操作要点

1. 龙骨安装

施工中龙骨安装也称为打地陇（图 6-7、图 6-8）。金属栅栏（龙骨）常用

30mm×40mm ～ 40mm×50mm 木方，使用前应做防腐处理。龙骨的安装方法是在地面根据面板规格弹出龙骨布置线，沿龙骨每隔 800mm 用 ϕ16mm 冲击钻在楼面钻 40mm 深的孔，打入木塞，再用木螺钉或地板钉将金属龙骨固定。

图 6-7　单个集成地板模块

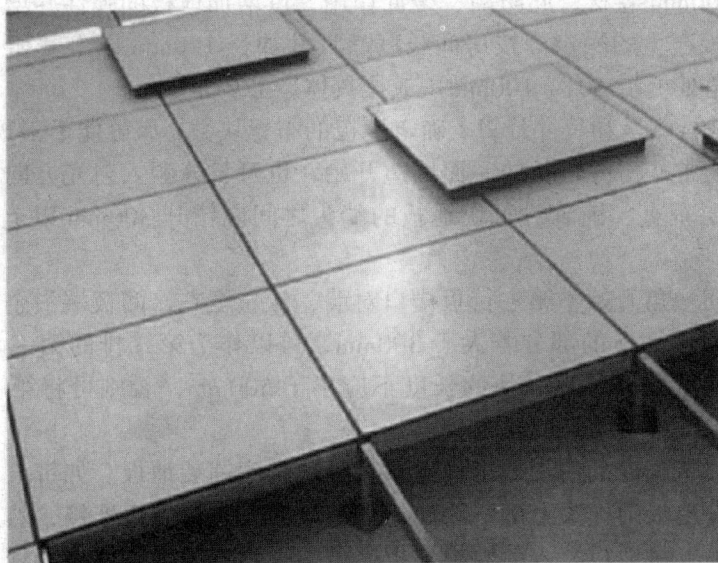

图 6-8　多个地垄安装

2. 钉装毛地板

双层木地板面层下层的基面板，即为毛地板，可用钝棱料铺设，现在常用 9 ～ 12mm 厚耐水胶合板或使用大芯板做毛地板。在铺设前，应清除已安装的金属龙骨间的刨花等杂物。铺设时，毛地板应与金属栅栏呈 30° 或 45° 并应使其髓心朝上，用钉斜向钉牢。毛地板与墙之间，应留有 10 ～ 15mm 缝隙，板间缝隙不应大于 3mm，接头应错开。每块毛地板应在每根金属龙骨上各钉 2 枚钉子固定，钉子的长度应为毛地板厚度尺寸的 2.5 倍。毛地板铺钉后，应刨平直后清扫干净，可铺设一层沥青纸或油毡，以利于防潮。

3. 铺设面板

在装配式建筑装饰的地面系统施工中，地面的面板铺设可以分为地板、地毯等很多种，但大致铺设方法都一样。

（1）木地板面板铺设

①工艺流程：基层清理→弹线找平→（安装金属栅栏—钉毛地板）→铺垫层→试铺预排→铺地板→安装踢脚板→表面维护。

②操作要点：

基层处理：基本同格栅木地板。由于采用浮铺式施工，复合地板基层平整度要求很高，要求平整度 3m 内误差不得大于 2mm。基层必须保持洁净、干燥。铺贴前，可刷一层掺防水剂的水泥浆进行基层防水。

弹线：同格栅木地板。

铺垫层：先在地面铺上一层 2mm 左右厚的高密度聚乙烯地垫，接缝处用胶带封住，不采用搭接；地热地面应先铺上一层厚度 0.5mm 以上聚乙烯薄膜，接缝处重叠 150mm 以上，并用胶带密封。

垫层宽 1000mm 卷材，起防潮、缓冲作用，可增加地板的弹性并增加地板稳定性和减少行走时地板产生的噪声。按房间长度净尺寸加长 120mm 以上裁切，四周边缘墙面与地相接的阴角处上折 60 ～ 100mm（或按具体产品要求）。

预铺：先进行测量和尺寸计算，确定地板的布置块数，尽可能不出现过窄的地板条。地板块铺设时通常从房间较长的一面墙边开始，也可长缝顺入射光方向沿墙铺放。板面层铺贴应与垫层垂直，铺装时每块地板的端头之间应错开 300mm 以上，错开 1/3 板长则更为美观。

预铺从房间一角开始，第一行板槽口对墙，从左至右，两板端头企口插接，直到第一排最后一块板。切下的部分若大于 300mm，可以作为第二排的第一块板铺放（其他排也是如此）。第一排最后一块的长度不应小于 500mm，否则可将第一排第一块板切去一部分，以保证最后的长度要求。

铺装地板：依据产品使用要求，按预排板块顺序铺装地板。如带胶安装，用胶粘剂（或免胶）涂抹地板的榫头上部，涂抹量必须足够，先将短边连接，然后略抬高些小心轻敲榫槽木垫板，将地板装入前面的地板榫槽内，用木锤敲击使接缝处紧密。胶水应从缝隙中挤出，一般要求将专用胶粘剂涂于槽与榫的朝上一面，挤出的胶水在 15min 后用刮刀去除。

安装踢脚板：复合木地板四边的墙根伸缩缝，用配套的踢脚板贴盖装饰。一般选用复合木踢脚板，其基材为防潮环保中密度纤维板，表面饰以豪华的油漆纸。目前复合木地板的款式丰富多彩，通常流行的踢脚板的尺寸有 60mm 的高腰型与 40mm 的低腰型。踢脚板除了用专用夹子安装以外，也可用无头（或有头）水泥钢钉或硅胶，均可钉粘在墙面上。安装时，应先按踢脚板高度弹水平线，清理地板与墙缝隙中杂物。接头尽量设在拐角处。

过桥及收口扣板的使用：当地面面积大于 100m² 或边长大于 10m 时，应使用过桥。在房间的门槛相连接处有高低不平之处时，也应使用过桥。不同的过桥可解决不同程度的高低不平以及和其他饰面的连接问题。

收口扣板条可利用坡度自上而下搭接不同高度的地面，解决收口，又富流线舒畅的美感。

清扫、擦洗：每铺完一间待胶干后扫净杂物，用湿布擦净。铺装好后 24h 内不得在地板上走动。

（2）地毯面板铺设

地毯主要是根据铺设部位、使用功能和装饰等级与造价等因素进行综合权衡选用。拼缝的地毯，如有花纹应对称完整，地毯面平整，无脏污、空鼓、死折、翘边。施工单位应按设计要求及现场实测，按设计要求的品种和铺设面积一次备足，放置于干燥房间，不得受潮或水浸。

①辅助材料和施工工具：辅助材料有垫层、胶粘剂（有聚醋酸乙烯胶粘剂和合成橡胶粘结剂两类，选用时要与地毯背衬材料配套确定胶粘剂品种）、接缝带、倒刺板条、金属收口条、门口压条、尼龙胀管、木螺钉、金属防滑条、金属压杆等。常用施工机具有搪刀（切边器）、张紧器（撑子）、扁铲、墩拐（用于压倒刺）、裁毯刀、电熨斗、裁刀、电铲、角尺、冲击钻、吸尘器等。

地毯施工前，室内装饰已完成并经验收合格。铺设地毯前，应做好房间、走道等四周的踢脚板。踢脚板下口均应离开地面 8mm，以便将地毯毛边掩入踢脚板下。大面积施工前，应先放样并做样板，经验收合格后方可施工。

②工艺流程：

卡条式（倒刺板）固定工艺流程：基层处理弹线定位→裁割地毯→固定踢脚板→安装倒刺板→铺设垫层→铺设地毯→固定地毯→收口→修理地毯面→清扫。

活动铺设工艺流程：基层处理→裁割地毯→接缝缝合→铺贴→收口清理。

③操作要点：

卡条式固定操作要点：

A.基层处理：地毯铺装对基层地面的要求较高，要求基层表面坚硬、平整、光洁、干燥。基层表面水平偏差应小于 4mm，含水率不大于 8%，且无空鼓或宽度大于 1mm 的裂缝。如有油污、蜡质等，需用丙酮或松节油擦净，并应用砂轮机打磨清除钉头和其他突出物。

B.弹线定位：应严格按图纸要求对不同部位进行弹线、分格。若图纸无明确要求，应对称找中弹线，以便定位铺设。

C.裁割地毯：在铺装前必须进行实地测量，检查墙角是否规方，准确记录各角角度，并确定铺设方向。根据计算的下料尺寸在地毯背面弹线，用手推剪刀进行裁割，然后卷成卷并编号运入对号房间。化纤地毯的裁割备料长度应比实需尺寸长出 20 ~ 50mm，宽度以裁去地毯边缘后的尺寸计算。

裁割地毯时应沿地毯经纱裁割，只割断纬纱，不割经纱。对于有背衬的地毯，应从正面分开绒毛，找出经纱、纬纱后裁割，应注意切口处要保持其绒毛的整齐。例如，系圈绒地毯，裁割时应是从环卷毛绒的中间剪断。

D. 固定踢脚板：铺设地毯前要安装好踢脚板。铺设地毯房间的踢脚板多采用木踢脚板，也有采用带有装饰层的成品踢脚线。可按设计要求的方式固定踢脚板，踢脚板下沿至地面间隙应比地毯厚度高 2 ~ 3mm，以便于地毯在此处掩边封口（采用其他材质的踢脚板时也在此位置安装）。

E. 安装倒刺钉板：固定地毯的倒刺板（木卡条）沿踢脚板边缘用水泥钢钉（或采用塑料胀管与螺钉）钉固于房间或大厅的四周墙角，间距 400mm 左右，并离开踢脚板 8 ~ 10mm，以地毯边刚好能卡入为宜。

F. 铺设垫层：对于加设垫层的地毯，垫层应按倒刺板间净距下料，要避免铺设后垫层过长或不能完全覆盖。裁割完毕应对位虚铺于底垫上，注意垫层拼缝应与地毯拼缝错开 150mm。

G. 铺设地毯：

a. 地毯拼缝：拼缝前要判断好地毯编织方向并用箭头在背面标明经线方向，以避免两边地毯绒毛排列方向不一致。拼缝方法主要有缝合接缝法和胶带接缝法两种。

缝合接缝法：纯毛地毯多用缝接。先用直针在毯背面隔一定距离缝几针作临时固定，然后再用大针满缝。背面缝合拼接后，于接缝处涂刷 50 ~ 60mm 宽的一道胶粘剂，粘贴玻璃纤维网带或牛皮纸。将地毯再次平放铺好，用弯针在接缝处做正面绒毛的缝合，以使之不显拼缝痕迹为标准。

麻布衬底化纤地毯多用粘结，即在麻布衬底上刮胶，再将地毯对缝粘平。

胶带接缝法：具体操作是在地毯接缝位置弹线，依线将宽 150mm 的胶带铺好，两侧地毯对缝压在胶带上，然后用电熨斗（加热至 130 ~ 180℃）使胶质熔化，自然冷却后便把地毯粘在胶带上，完成地毯的拼缝连接。

接缝后注意要先将接缝处不齐的绒毛修齐，并反复揉搓接缝处绒毛，至表面看不出接缝痕迹为止。

b. 地毯的张紧与固定：地毯铺设后务必拉紧、张平、固定，防止以后发生变形。

将裁好的地毯平铺在地上，先将地毯的一边用撑子撑平固定在相应的倒刺板条上，用扁铲将其毛边掩入踢脚板下的缝隙，再用地毯张紧器对地毯进行拉紧、张平。可由数人从不同方向同时操作，用力适度均匀，直至拉平张紧。

若小范围不平整可用小撑子通过膝盖配合将地毯撑平。然后将其余三个边均牢固稳妥地勾挂于周边倒刺板朝天钉钩上并压实，以免引起地毯松弛。再用搪刀将地毯边缘修剪整齐，用扁铲把地毯边缘塞入踢脚板和倒刺板之间的缝隙内。

对于走廊等处纵向较长的地毯铺设，应充分利用地毯撑子使地毯在纵横方向呈"V"

形张紧，然后再固定。

H. 收口清理：在门口和其他地面分界处，可按设计要求分别采用铝合金 L 形倒刺收口条、带刺圆角锑条或不带刺的铝合金压条（或其他金属装饰压条）进行地毯收口。收口方法是弹出线后用水泥钢钉（或采用塑料胀管与螺钉）固定铝压条，再将地毯边缘塞入铝压条口内轻敲压实。

固定后检查完，将地毯张紧后将多余的地毯边裁去，清理拉掉的纤维，用吸尘器将地毯全部清理一遍。用胶粘贴的地毯，24h 内不许随意踩踏。

I. 楼梯地毯铺设：

测量楼梯所用地毯的长度，在测得长度的基础上，再加上 450mm 的余量，以便挪动地毯，转移调换常受磨损的位置。如所选用的地毯是背后不加衬的无底垫地毯，则应在地毯下面使用楼梯垫料增加耐用性，并可吸收噪声。衬垫的深度必须能触及阶梯竖板，并可延伸至每阶踏步板外 5cm，以便包覆。

将衬垫材料用地板木条分别钉在楼梯阴角两边，两木条之间应留 1.5mm 的间隙。用预先切好的地毯角铁倒刺板钉在每级踢板与踏板所形成转角的衬垫上。由于整条角铁都有突起的爪钉，故能不露痕迹地将整条地毯抓住。

地毯首先要从楼梯的最高一级铺起，将始端翻起在顶级的踢板上钉住，然后用扁铲将地毯压在第一套角铁的抓钉上。把地毯拉紧包住梯阶，循踢板而下，在楼梯阴角处用扁铲将地毯压进阴角，并使地板木条上的爪钉紧紧抓住地毯，然后铺第二套固定角铁。这样连续下来直到最下一级，将多余的地毯朝内折转，钉于底级的踢板上。

所用地毯如果已有海绵衬底，那么可用地毯胶粘剂代替固定角钢。将胶粘剂涂抹在压板与踏板面上粘贴地毯，铺设前将地毯的绒毛理顺，找出绒毛最为光滑的方向，铺设时以绒毛的走向朝下为准。在梯级阴角处用扁铲敲打，地板木条上都有突起的爪钉，能将地毯紧紧抓住。在每阶踢、踏板转角处用不锈钢螺钉拧紧铝角防滑条。

楼梯地毯的最高一级是在楼梯面或楼层地面上，应固牢，并用金属收四条严密收口封边。如楼层面也铺设地毯，固定式铺贴的楼梯地毯应与楼层地毯拼缝对接。若楼层面无地毯铺设，楼梯地毯的上部始端应固定在踢面竖板的金属收口条内，收口条要牢固安装在楼梯踢面结构上。楼梯地毯的最下端，应将多余的地毯朝内格转钉固于底级的竖板上。

J. 踢脚线安装：

在木地板与墙的交接处，要用踢脚板压盖，踢脚板一般是在地板安装完成后进行。木踢脚板有提前加工好的成品，内侧开凹槽，为散发潮气，每隔 1m 钻 6mm 通风孔。也可用胶合板或大芯板裁成条状做踢脚板，面层钉饰面板，用线条压顶，上漆

K. 表面维护：

表面维护一般为地板打蜡，首先都应将它清洗干净，完全干燥后开始操作。至少要打三遍蜡，每打一遍，待干燥后，用非常细的砂纸打磨表面，擦干净，再打第二遍。每次都要用不带绒毛的布或打蜡器磨擦地板以使蜡油渗入木头。每打一遍蜡都要用软布轻擦抛光，以达到光亮的效果。

二、集成墙面系统安装

（一）涂装板集成墙面饰面安装

涂装板集成墙面，其饰面材料是经过工厂部品化加工生产，采用插口、卡扣和楔接式设计，集成化组合拼接的新型装配式墙面装饰材料。涂装板集成墙面具有保温、隔热、隔音、防火、超强硬度、防水、防潮、绿色环保、安装便利、易擦洗不变形、节约空间等特征。

新型涂装板集成墙面按材质不同分为几大类。

1. 竹木纤维集成墙面

竹木纤维集成墙面以竹粉、木粉、钙粉、PVC料等为原料通过高分子界面化学原理和塑料填充改性的特点，采用挤压工艺制造而成，整个生产全过程不含任何胶水成分，完全避免了材料中由于甲醛释放导致对人体的危害。竹木纤维集成墙面可以根据需要对产品的色彩、尺寸、形状进行控制，实现按需定制。板材采用中空结构，达到防水、防火、隔音、零甲醛的作用。

但是，竹木纤维是以PVC为主要成分，因此不能在有紫外线照射的地方安装，否则会容易老化，影响使用。

2. 铝合金集成墙面

铝合金集成墙面以铝合金为基材，与聚氨酯隔音发泡材料、防潮防蛀铝箔层压制而成。除了拥有多种风格款式达到空间的美化作用之外，与竹木纤维集成墙面一样具有绿色环保，隔热、保温、节能，防火、防水、防潮，隔音，耐寒耐热，电绝缘等功能性作用。铝合金的厚度一般都不会很厚，表面又是金属，稍有刮擦或者磕碰，痕迹比较明显。如果有不小心碰凹了，修复比较难，需要整块换掉，所以在施工和搬运家具的过程要特别小心。还有一个最大的问题是，影响家里wifi信号和手机信号，铝合金的材质对wifi信号有反射作用，使其穿透性大大减弱。

3. 生态石材集成墙面

生态石材集成墙面是采用天然大理石石粉加入食品级树脂材料共挤形成，平整度高，硬度高，柔韧性佳。生态石材是对大理石纹理的再创，既拥有天然石材的色泽与纹理，又比传统石材等建筑装饰材料每平方米质量轻2～3倍，有效减少房屋整体结构的负荷承载力，更加安全。

4. 高分子集成墙面

以高分子化合物为基础材料，加入增强纤维，应用高科技工艺高温脱模处理，具有高致密性及超强抗腐性、防变形、不褪色、不发霉等优越性能。高分子材料是由相对分子质量较高的化合物构成的材料，包括橡胶、塑料、纤维、涂料、胶粘剂和高分子基复合材料，其性能稳定、寿命长、成型工艺优越、设计适应性强，可以根据客户不同的需求定制不同的花色和款式。

涂装板集成墙面标准板材规格长为 3000mm 和 6000mm，宽为 150mm、285mm、450mm 等多个尺寸，板厚为 10mm，具体尺寸也可定制。涂装板集成墙面为钢锯切割，允许尺寸误差为正负 1.5mm。新型涂装板集成墙面材质虽然各不相同，但其施工安装构造大致相同，根据装饰墙面的平整程度以及墙面管线走线要求不同可采用有龙骨和无龙骨两种安装形式，根据板材的衔接方式不同又分为企口插接衔接和卡扣插接衔接。

构造做法：①弹线分格。②墙面固定防潮层、轻钢龙骨找平。③根据测量切割装饰面材。④安装集成饰面板。⑤用烤瓷玻璃胶将材料对接时产生的缝隙填补好，完成收尾工作。

集成墙面施工如下所述。

（1）施工准备

①材料准备。集成墙面饰面板、扣件、扣条、装饰线条、脚线、U 形轻钢龙骨、木龙骨、木工板、胶合剂、钢钉、枪钉、防火涂料等。饰面板的品种、规格和性能应符合建筑装饰设计要求。饰面板表面应平整洁净、色泽一致、无裂缝、缺损等缺陷。装饰线的品种、规格及外形应符合建筑装饰设计要求。检查产品合格证书、性能检测报告和进场验收记录。

②施工机具准备。红外线垂直仪、水平仪、美工刀、台式切割机（选用转速较高锯齿形锯片）、研磨机（锯齿形锯片）、直角尺、卷尺、三角锉刀、曲线锯、3P 气泵、气钉枪、水泥直钉枪、冲击钻、磨光机、木工刨、榔头。

③施工条件准备：

A.室内地面、天棚业已吊装完毕。

B.隐蔽在墙内（无龙骨）或墙上（有龙骨）的各种设备管线、开关、插座等设备底座提前安装到位，装嵌牢固，其表面应与罩面的装饰板底面齐平，经检验符合设计要求。

C.墙面平整度检测。用长直线尺对墙面水平垂直度检测，无龙骨安装允许最大的偏差 ≤ 5mm。用红外线垂直仪测量对墙面的阴阳角测垂直，最大偏差小于 ≤ 5mm。

（2）施工流程

墙面测量—弹线分格—固定龙骨—切割材料—安装饰面板—收口处理。

（3）操作要点

①集成墙面安装测量计算。根据设计方案测量材料用量，同一墙体内保证 2 片备料，背景墙需要大量拼接处多备 0.5m² 余料。由于背景墙使用尺寸不规整，核算过程中在保证美观度的同时，对长度也要进行适当调整，能尽量地保证在安装过程中省去不必要的损耗。

②弹线分格。A.根据集成墙面的花形确定龙骨的敷设方式，一般是以水平或垂直为主；采集建筑物外形尺寸，确定起步位置和板缝连接位置，分别弹出水平线和垂直线。B.将实际的建筑物的外形尺寸和集成墙面的长度确定龙骨位置后，在建筑墙面弹竖直线或水平线。C.墙面高度大于 3m，龙骨间距一般选择 400 ~ 500mm；当高度小于 3m 时，间距控制在 500 ~ 600mm；按照分格弹线的位置，安装龙骨，确保它们垂直于水平控制线。

③固定龙骨、防潮层。集成墙面龙骨一般选择 U 形或 C 形轻钢龙骨，由钢钉直接固定于墙面。龙骨固定方向由饰面板的拼接方向决定，饰面板竖向拼接，龙骨则横向固定，反之则竖向固定。有特殊要求或特殊造型根据需要使用木龙骨、木工板或者使用九厘板制作基底造型，木龙骨（规格 30mm × 40mm）无节疤、无开裂，干燥无变形，木契钢钉固定，喷涂防火涂料。如果墙面平整度较高，且各种设备管线、设备底座为隐蔽在墙内的，则可不需要龙骨饰面材料可直接用扣件固定于墙面。

④材料切割。装配式墙面饰面安装前需对装修的墙体做长宽测量后，根据装修图纸按指定长度切割。切割时可稍微大于实际长度 0.1 ～ 0.5mm 切割，以免实际装修时发生材料短缺。材料整体切割时应对电气开关、插座面板等定位开孔，切割时截面要求光滑平整，若截面毛刺过大则需将毛刺磨平。

⑤安装饰面板。集成墙面安装是以扣件或扣条固定于墙上，其安装的顺序为：先顶后墙，先板后线，自下而上，从外往里。

A. 先顶后墙是指先安装吊顶再安装墙面。有龙骨墙面在墙面安装时需先用金属扣条或扣件固定在轻钢龙骨上，以后每安装一块饰面材料，一边扣在前一根金属扣条上，另一边用金属扣条固定在龙骨上，依次进行，企口插接式面板安装第一块板材时，需在入槽位饰面射钉固定，射钉点应该选在视线盲区及装饰收编线条覆盖范围内，以隐蔽射钉点。安装时要注意整体的画面设计，根据预先设计好的图纸安装。无龙骨墙面在安装时需先分格弹线，再用卡扣固定在墙面上，以后每安装一块饰面材料，该面材一边扣在前一块集成墙面上，另一边用金属扣件固定在墙上。集成墙面板插接时，材料卡槽之间要求卡紧，不能留有缝隙，若有缝隙应采用橡胶锤轻轻敲击至拼缝最小状态，材料与材料对接处要求平整、严缝。

B. 先板后线是指先安装主要的板材，再安装线条，先大面积安装，再处理转角、收边等细节。如果遇到立柱，可采用背面开槽的方法将立柱包住。

C. 自下而上是指安装墙面时，需要先从墙底开始安装，逐渐往上增加，直到安装完整个墙面。

D. 从外往里是指从房间进门的墙面开始往里的顺序安装，这是因为安装到需要切割部分，从外往里安装更加的美观。

E. 配套线条安装。踢脚线、收口条、装饰线条以扣条固定。

装修结束后用烤瓷玻璃胶将材料对接时产生的缝隙填补好。装修中注重细节上的处理。

（二）实木集成墙面饰面安装

实木集成墙面又称木挂板，全称为木质成品装饰挂板，是在装修过程中制作涉及木制材料、木工、油漆的木制成品装饰构件，广泛应用于别墅、多层或高层公寓楼、办公楼及娱乐场所的墙面装饰、装修，有隔音、保温的作用，特殊材料、特殊工艺挂板的还具有一定的防火作用。

首先，它能够解决建筑工地直接对木板进行喷漆所造成的环境污染，实木集成墙面饰面板是直接利用成品，已经喷漆好的，可以直接使用安装，不需要直接喷涂，也不需要等待油漆气味的散发，所以相比其他的当场喷漆木板，具有环保安全的优点。其次，这种木板没有普通木板在喷漆时容易遇到的流挂现象，能够很好地避免现场喷涂时的各种可能出现的不良症状。因为油漆在对木板进行喷漆的时候，如果过厚，那么挂板的质感和平整度都会受到一定程度的影响，如果太薄，又会担心其产生流挂。而使用木挂板则不用担心以上所说的这些情况。

此外，由于使用的是成品，所以不用担心木工现场制作时的拼接效果如何，因为对称效果和平整度都已经得到了良好的控制和适当的调整。最令消费者感到贴心的是，使用木挂板的时候，建筑装饰设计师能够直接前往现场观看，根据建筑的装修风格设计挂板的颜色搭配、款式样子等，使得安装后的装饰效果跟预想的完全一致，避免装修遗憾的产生。与普通的油漆木板相比，这种挂板具有良好的防变形能力。

1. 实木集成墙面饰面板分类

（1）按材质分：实木装饰管板（基层为原木板）、多层装饰挂板（基层板为多层板）、奥松板装饰挂板（基层板为高密度板）、三聚氰胺装饰挂板（表面贴三聚氰胺）。

（2）按造型分：平面装饰挂板（装饰挂板表面平整）、异形装饰挂板（装饰挂板表面有凹凸，异形装饰挂板一般都是非标准挂板）。

（3）按尺寸分：标准装饰挂板、非标准装饰挂板（标准与非标准的区别就是看挂板制作时一块板材的利用率）。

（4）按功能分：防火装饰挂板（基层板为防火材质，如特殊的奥松板）、普通装饰挂板（一般家庭装饰用的挂板，基层为细木工板或实木）。

2. 构造做法

实木集成墙面的安装方法一般为胶钉结合固定和卡扣插接固定两种。

（1）墙体固定防潮层。

（2）固定木骨架或金属骨架。

（3）在骨架上钉面板（或钉垫层板再做饰面材料）。

（4）卡扣或胶钉结合固定各种饰面板。

现代企口成品木挂板施工，如遇墙面较为平顺，且无凹凸者，可直接在清水墙面设置防潮层，以金属扣件直接将扣板固定于墙面，无须龙骨。

3. 施工流程

弹线分格—拼装木龙骨架—墙体钻孔、塞木楔—墙面防潮—固定龙骨架—铺钉罩面板—收口处理。

（1）材料准备：木质饰面板、木装饰线、龙骨材料、胶合剂、铁钉、枪钉、防火涂料等。饰面板的品种、规格和性能应符合建筑装饰设计要求。木龙骨、木饰面板的燃烧性能等级应符合设计要求。饰面板表面应平整洁净、色泽一致、无裂缝、缺损等缺陷。木装饰线的品种、规格及外形应符合建筑装饰设计要求。检查产品合格证书、性能检测报告和进场验收记录。

（2）施工机具准备：冲击钻、气钉枪、锯子、刨子、凿子、平铲、水平尺、线坠、墨斗、平尺、锤子、角尺、花色刨、冲头、圆盘锯、机刨、刷子、美工刀、毛巾等。

（3）施工条件准备：隐蔽在墙内的各种设备管线、设备底座提前安装到位，装嵌牢固，其表面应与罩面的装饰板底面齐平，经检验符合设计要求。

室内木装修必须符合防火规范，其木结构墙身需进行防火处理，应在成品木龙骨或现场加工的木筋上以及所采用的木质墙板背面涂刷防火涂料（漆）不少于3道。目前常用的木构件防火涂料有膨胀型乳胶防火涂料、A60-1改性氨基膨胀防火涂料和YZL-858发泡型防火涂料等。

室内吊顶的龙骨架业已吊装完毕。

4. 操作要点

（1）弹线分格：依据设计图、轴线在墙上弹出木龙骨的分档、分格线。竖向木龙骨的间距，应与胶合板等块材的宽度相适应，板缝在竖向木龙骨上。饰面的端部必须设置龙骨。

（2）拼装木龙骨架：木墙身的结构通常使用25mm×30mm的方木，按分档加工出凹槽榫，在地面进行拼装，制成木龙骨架。在开凹槽榫之前应先将方木料拼放在一起，刷防腐涂料，待防腐涂料干后，再加工凹槽榫。

拼装木龙骨架的方格网规格通常是300mm×300mm或400mm×400mm（方木中心线距离）。

对于面积不大的木墙身，可一次拼成木骨架后，安装上墙。对于面积较大的木墙身，可分做几片拼装上墙。

木龙骨架做好后应涂刷3遍防火涂料（漆）。

（3）墙体钻孔、塞木楔：用φ16mm～φ20mm的冲击钻头，在墙面上弹线的交叉点位置钻孔，钻孔深度不小于60mm，钻好孔后，随即打入经过防腐处理的木楔。

（4）墙面防潮：在木龙骨与墙之间要干铺油毡防潮层，以防湿气进入而使木墙裙、木墙面变形。

（5）固定龙骨架：立起木龙骨靠在墙面上，用吊垂线或水准尺找垂直度，确保木墙身垂直。用水平直线法检查木龙骨架的平整度。待垂直度、平整度都达到后，即可用圆钉将其钉固在木楔上。钉圆钉时配合校正垂直度、平整度，在木龙骨架下凹的地方加垫木块，垫平整后再钉钉。木龙骨与板的接触面必须表面平整，钉木龙骨时背面要垫实，与墙的连接要牢固。

（6）铺钉罩面板：①用15mm枪钉将胶合板固定在木龙骨架上。②新型的木质企口板材护墙板，首先用金属挂件固定踢脚线，根据要求从下向上、从左至右进行企口拼接嵌装，依靠异形板卡或带槽口压条进行连接，避免了面板上的钉固工艺，饰面平整美观。

（7）收口处理：①罩面板的端部、连接处应做收口细部处理。②木板条和装饰线按分格布置钉成压条，称为：冒头、腰带、立条。③木护墙板顶部收口：可钉冒头处理或与顶棚连接用装饰线收口。钉冒头时应拉线找平，压顶木线规格尺寸要一致，木纹、颜色近似的钉在一起。压条接头应做暗榫，线条需一致，割角应严密。④实木护墙板不设腰带和立条时，应考虑并缝的处理方式。一般有 3 种方式：平缝、八字缝、装饰压线条压缝。⑤木踢脚线：踢脚线具有保护墙面、分隔墙面和地面的作用，使整个房间上、中、下层次分明。首先在墙面固定金属扣条，其次将涂有木工专用胶的实木踢脚线卡入扣条卡槽内，卡紧压实。⑥在木墙裙、木墙面的上、下部位应有 φ12mm 的通气孔；在木龙骨上也要留出竖向的通气孔，使内部水汽排出，避免木墙面受潮变形。

集成木挂板在工艺要求不高或墙面平整度较好的情况下，也可不做背板，可在光滑的清水墙面采用扣件插接固定的方式直接拼装面板。

（三）软包集成墙面安装

墙面软包作为墙面高档装饰面材有预制块安装法、压条法、平铺泡钉压角法等做法，装配式施工一般采用预制软包部品安装法。

1. 构造做法

在建筑基体表面进行软包时，其墙筋木龙骨一般采用 30mm×50mm ~ 50mm×50mm 断面尺寸的木方条，钉子预埋防腐木砖或钻孔打入木楔上。木砖或木楔的位置，亦即龙骨排布的间距尺寸，可在 400 ~ 600mm 单向或双向布置范围调整，按设计图纸的要求进行分格安装。龙骨应牢固地钉装于木砖或木楔上。

皮革和人造革（或其他软包面料）软包有吸声软包和非吸声软包两种做法，其饰面的固定方式可选择成卷铺装或分块固定等不同方式；此外，由设计选用确定。

2. 施工工艺

（1）施工准备

①材料准备：龙骨材料、底板材料、成品软包饰面板、饰面金属压条及木线、防潮材料、胶粘剂、铁钉、电化铝帽头钉等。

龙骨一般用白松烘干料，含水率不大于 12%，厚度应根据设计要求，不得有腐朽、节疤、劈裂、扭曲等疵病，并预先经防腐处理。软包墙面木框、龙骨、底板、面板等木材的树种、规格、等级、含水率和防腐处理必须符合设计图纸要求。

成品软包芯材、边框及面材的材质、颜色、图案、燃烧性能等级应符合设计要求及国家现行标准的有关规定，具有防火检测报告。普通布料需进行两次防火或处理，并检测合格。

芯材通常采用阻燃型泡沫塑料或矿渣棉，面材通常采用装饰织物、皮革或人造革。

胶粘剂的选用一般不同部位采用不同胶粘剂。

②施工机具准备：手电钻、冲击电钻、刮刀、裁织物布和皮革工作台、钢板尺（1m长）、卷尺、水平尺、方尺、托线板、线坠、铅笔、裁刀、刮板、毛刷、排笔、长卷尺、锤子等。

③施工条件准备：

A. 结构工程已完工，并通过验收。

B. 室内已弹好 +50cm 水平线和室内顶棚标高已确定。

C. 墙内的电器管线及设备底座等隐蔽物件已安装好，并通过检验。

D. 室内消防喷淋、空调冷冻水等系统已安装好，且通过打压试验合格。

E. 室内的抹灰工程已经完成。

（2）工艺流程

弹线、分格—钻孔、打木楔—墙面防潮—装钉木龙骨—铺钉木基层—铺装预制软包饰面板—线条压边。

（3）操作要点

装配式软包墙面的做法是采用预制板组装法，预制板组装是先预制软包拼装块，再拼装到墙上的。

预制板组装法施工：

①弹线、分格：依据软包面积、设计要求、铺钉的木基层胶合板尺寸，用吊垂线法、拉水平线及尺量的办法，借助 +50cm 水平线确定软包墙的厚度、高度及打眼位置。分格大小为 300 ~ 600mm 见方。

②钻孔、打木楔：孔眼位置在墙上弹线的交叉点，孔深 60mm，用 ϕ16mm ~ ϕ200mm 冲击钻头钻孔。木楔经防腐处理后，打入孔中，塞实塞牢。

③墙面防潮：在抹灰墙面涂刷冷底子油或在砌体墙面、混凝土墙面铺油毡或油纸做防潮层。涂刷冷底子油要满涂、刷匀，不漏涂；铺油毡、油纸，要满铺、铺平、不留缝。

④装钉木龙骨：将预制好的木龙骨架靠墙直立，用水准尺找平、找垂直，用钢钉钉在木楔上，边钉边找平，找垂直。凹陷较大处应用木楔垫平钉牢。

木龙骨大小一般选用（20 ~ 50）mm×（40 ~ 50）mm，龙骨方木采用凹槽榫工艺，制作成龙骨框架。做成的木龙骨架应刷涂防火漆。木龙骨架的大小，可根据实际情况加工成一片，或几片拼装到墙上。

⑤铺钉木基层：木龙骨架与胶合板接触的一面应平整，不平的刨光。用气钉枪将三夹板钉在木龙骨上。钉固时从板中向两边固定，接缝应在木龙骨上且钉头设入板内，使其牢固、平整。三夹板在铺钉前，应先在其板背涂刷防火涂料，涂满、涂匀。

⑥铺装预制软包饰面板：在木基层上按设计图画线，标明软包预制块及装饰木线（板）的位置。将软包预制块用塑料薄膜包好（成品保护用），镶钉在软包预制块的位置。用汽枪钉钉牢。每钉一颗钉用手抚一抚织物面料，使软包面既无凹陷、起皱现象，又无钉头挡手的感觉。连续铺钉的软包块，接缝要紧密，下凹的缝应宽窄均匀一致且顺直。塑料薄膜待工程交工时撕掉。

集成墙面安装验收：

A. 安装完毕后，对集成墙面进行验收，检查平板材料接缝是否整齐，收口是否完全，不影响美观。

B. 其次看材料固定是否牢固，贴墙处材料有没有空洞现象，颜色搭配是否合理等问题，若有不适合的，尽早修改。

三、轻质隔墙系统安装

隔墙与隔断都是具有一定功能或装饰作用的建筑配件，且都为非承重构件。隔墙与隔断的主要功能是分隔室内或室外空间。设置隔墙与隔断是装饰设计中经常运用的对环境空间重新分割和组合、引导与过渡的重要手段，在构造上要求隔墙和隔断要自重轻、厚度薄，且刚度要好。

隔墙、隔断的形式目前常见的有立筋式、板材式、砌块式以及配件式等，装配式轻质隔墙主要采用轻钢龙骨隔墙和大幅面板条式隔墙。

（一）轻钢龙骨隔墙

1. 构造做法

不同类型、不同规格的轻钢龙骨，可以组成不同的隔墙骨架构造。一般是用沿地、沿顶龙骨与沿墙、沿柱龙骨（用竖龙骨）构成隔墙边框，中间立若干竖向龙骨，它是主要承重龙骨。竖向龙骨两固定 C 形横撑龙骨用于加强结构和固定集成墙面饰面板；有些类型的轻钢龙骨，还要加通贯横撑龙骨和加强龙骨，竖向龙骨间距不大于 600mm；当隔墙高要增高，龙骨间距也应适当缩小。

轻质隔墙有限制高度，它是根据轻钢龙骨的断面、刚度和龙骨间距、墙体厚度、石膏板层数等方面的因素而定。

轻钢龙骨隔墙一般构造说明：

（1）沿地龙骨、沿顶龙骨、沿墙龙骨和沿柱龙骨，统称为边框龙骨。边框龙骨和主体结构的固定，一般采用射钉法，即按间距不大于 1m 打入射钉与主体结构固定，也可以采用电钻打孔打入膨胀螺栓或在主体结构上留预埋件的方法固定。竖龙骨用拉铆钉与沿地龙骨和沿顶龙骨固定，也可以采用自攻螺钉或点焊的方法连接。

（2）门框和竖向龙骨的连接，根据龙骨类型不同有多种做法，有采取加强龙骨与木门框连接的做法，也有用木门框两侧框向上延长，插入沿顶龙骨，然后固定于沿顶龙骨和竖龙骨上的，也可采用其他固定方法。

（3）圆曲面隔墙墙体的构造，应根据曲面要求将沿地龙骨、沿顶龙骨切锯成锯齿形，固定在顶面和地面上，然后按较小的间距（一般为 150mm）排立竖向龙骨。

（4）装配式轻钢龙骨隔墙，其 U 形横向龙骨既有链接面板的作用，又有加强结构的作用，所以一般不再单独设置贯通龙骨。横向龙骨与竖向龙骨由拉铆钉或自攻螺栓连接。

对于轻钢龙骨隔墙内装设的配电箱和开关盒的构造做法。

2. 施工工艺

（1）施工准备

①材料准备：

墙体龙骨：C 形龙骨、U 形龙骨，主件主要有 50、75、100、150 四种系列。龙骨及配置选用应符合设计要求，产品应有质量合格证。

紧固材料：射钉、膨胀螺丝、镀锌自攻螺丝及木螺丝，选用应符合设计要求。

填充材料：玻璃棉、矿棉板、岩棉板等。

罩面板：集成墙面饰面板。

②施工机具准备：板锯、电动剪、电动无齿锯、手电钻、射钉枪、直流电焊机、刮刀、线坠、靠尺等。

③施工条件准备：主体结构已验收，屋面已做完防水层，室内弹出 +50cm 标高线。主体结构为砖砌体时，应在隔墙交接处，每 1m 高预埋防腐木砖。大面积施工前，先做好样板墙，样板墙应得到质检合格证。

横龙骨其截面呈 U 形，在墙体轻钢骨架中主要用于沿顶、沿地龙骨，多与建筑的楼板底及地面结构相连接，相当于龙骨框架的上下轨槽，与 C 形竖龙骨配合使用。其钢板的厚度一般为 0.63mm，质量 0.63 ~ 1.12kg/m。

竖龙骨其截面呈 C 形，用作墙体骨架垂直方向的支承，其两端分别与沿顶、沿地横龙骨连接。其钢板的厚度一般为 0.63mm，质量 0.81 ~ 1.30kg/m。

加强龙骨又称盒子龙骨，其截面呈不对称 C 形，可单独作为竖龙骨使用，也可用两件相扣组合使用，以增加其刚度。其钢板厚度一般为 0.63mm，质量 0.62 ~ 0.87kg/m。

（2）工艺流程

弹线、分档—固定龙骨—安装竖向龙骨—安装通贯龙骨—电线及隔音等附墙设备安装—安装罩面板。

（3）操作要点

①墙位放线。根据设计要求，在楼（地）面上弹出隔墙的位置线，即隔墙的中心线和墙的两侧线，并引测到隔墙两端墙（或柱）面及顶棚（或梁）的下面，同时将门口位置、竖向龙骨位置在隔墙的上、下处分别标出，作为施工时的标准线，而后再进行骨架的组装。

②安装沿顶和沿地龙骨。在楼地面和顶棚下分别摆好横龙骨，注意在龙骨与地面、顶面接触处应铺填橡胶条或沥青泡沫塑料条，再按规定的间距用射钉或用电钻打孔塞入膨胀螺栓，将沿地龙骨和沿顶龙骨固定于楼（地）面和顶（梁）面。

射钉或电钻打孔按 0.6 ~ 1.0m 的间距布置，水平方向应不大于 0.8m，垂直方向不大于 1.0m。射钉射入基体的最佳深度：混凝土为 22 ~ 32mm，砖墙为 30 ~ 50mm。

③安装竖向龙骨。竖向龙骨两固定 C 形横撑龙骨用于加强结构和固定集成墙面饰面板；有些类型的轻钢龙骨，还要加通贯横撑龙骨和加强龙骨。

竖向龙骨的间距要依据设计宽度而定，间距不大于 600mm。当隔墙高要增高，龙骨间距也应适当缩小。将预先切截好长度的竖向龙骨推向沿顶，沿地龙骨之间，翼缘朝向罩面板方向。应注意竖龙骨的上下方向不能颠倒，现场切割时，只可从其上端切断。门窗洞口处应采用加强龙骨，如果门的尺寸大并且门扇较重时，应在门洞口处另加斜撑。

④安装通贯龙骨。在竖向龙骨两边水平安装 U 形通贯龙骨，间距 500mm 左右，每侧横向龙骨不应少于 5 排。龙骨开口面向竖向龙骨，背向罩面板，以拉铆钉或自攻螺丝

钉固定。空调、电视等安装位置采取面板后加固措施，壁挂橱柜挂片安装需打钉连接于面板后面横龙骨。

⑤安装墙内管线及其他设施。在隔墙轻钢龙骨主配件组装完毕，罩面板铺钉之前，要根据要求敷设墙内暗装管线、开关盒、配电箱及绝缘保温隔音材料等，同时固定有关的垫缝材料。

⑥固定罩面板。在轻钢龙骨上以金属扣条固定集成装饰面板，扣条用拉铆钉或自攻螺丝钉固定在 U 形横向龙骨上。集成墙面板插接时，材料卡槽之间要求卡紧，不能留有缝隙。若有缝隙应采用橡胶锤轻轻敲击至拼缝最小状态，材料与材料对接处要求平整、严缝。

（二）板条型隔墙

1. 板条隔墙种类及构造做法

（1）石膏空心条板

石膏空心条板的一般规格，长度为 2500 ~ 3000mm，宽度为 500 ~ 600mm，厚度为 60 ~ 90mm。石膏空心条板表面平整光滑，且具有质轻（表观密度 600 ~ 900kg/m³）、比强度高（抗折强度 2 ~ 3MPa）、隔热 [导热系数为 0.22W/（m·K）]、隔声（隔声指数 > 300dB）、防火（耐火极限 1 ~ 2.25h）、加工性好（可锯、刨、钻）、施工简便等优点。其品种按原材料分，有石膏粉煤灰硅酸盐空心条板、磷石膏空心条板和石膏空心条板，按防潮性能可分为普通石膏空心条板和防潮空心条板。

（2）石膏复合墙板

石膏复合墙板，一般是指用两层纸面石膏板或纤维石膏板和一定断面的石膏龙骨或木龙骨、轻钢龙骨，经粘结、干燥而制成的轻质复合板材

石膏复合墙板按其面板不同，可分为纸面石膏板与无纸面石膏复合板；按其隔音性能不同，可分为空心复合板与填心复合板；按其用途不同，可分为一般复合板与固定门框复合板。

纸面石膏复合板的一般规格为：长度 1500 ~ 3000mm，宽度 800 ~ 1200mm，厚度 50 ~ 200mm。无纸面石膏复合板的一般规格为：长度 3000mm，宽度 800 ~ 900mm，厚度 74 ~ 120mm。

（3）石棉水泥板面层复合板

用于隔墙的石棉水泥板种类很多，按其表面形状不同有：平板、波形板、条纹板、花纹板和各种异形板；除素色板外，还有彩色板和压出各种图案的装饰板。石棉水泥面板的复合板，有夹带芯材的夹层板、以波形石棉水泥板为芯材的空心板、带有骨架的空心板等。

石棉水泥板是以石棉纤维与水泥为主要原料，经抄坯、压制、养护而制成的薄型建筑装饰板材，具有防水、防潮、防腐、耐热、隔音、绝缘等性能，板面质地均匀，着色力强，并可进行锯割、钻钉加工，施工比较方便。它适用于现场装配板墙、复合板隔墙及非承重复合隔墙。

2. 施工工艺

（1）施工准备

①材料准备：相应的条板。1：2水泥砂浆或细石混凝土用于板下嵌缝。腻子：一般采用石膏腻子，用于板面嵌缝。

②施工机具准备：电动式台钻、锋钢锯和普通手锯、电动慢速钻配以扩孔、直孔钻。

③施工条件准备：屋面防水层及结构已验收，墙面弹出50 cm标高线。样板墙施工、验收合格。

（2）操作要点

①做好楼地面及放线。墙位放线应弹线清楚，位置准确。按放线位置将地面凿毛，清扫干净，洒水润湿。对于吸水性强的条板，应先在板顶及侧边浇水，然后在上面涂刷粘结剂，调整好条板的位置，用撬棍将板从下面撬起，使条板的顶面与梁或楼板的底面挤紧，再从撬起的缝隙两侧打入木模，并用细石混凝土浇缝。

②条板的安装及塞缝。

石膏空心条板隔墙：安装前在板的顶面和侧面刷803胶水泥砂浆，先推紧侧面，再顶牢顶面，板下两侧1/3处垫两组木楔并用靠尺检查。板缝一般采用不留明缝的做法，其具体做法是：在涂刷防潮涂料之前，先刷水湿润两遍，再抹石膏腻子，进行勾缝、填实、刮平。

石膏板复合墙板：在复合板安装时，在板的顶面、侧面和门窗口外侧面，应清除浮土后均匀涂刷胶粘剂成"八"状，安装时侧面要严密，上下要顶紧，接缝内胶粘剂要饱满（要凹进板面5 mm左右）。接缝宽度为35 mm，板底空隙不大于25 mm，板下所塞木模上下接触面应涂抹胶粘剂。为保证位置和美观，木模一般不撤除，但不得外露于墙面。

第二节　集成厨卫系统

装配式厨房在装配式建筑装饰中又称作集成整体橱柜，是将橱柜、抽油烟机、燃气灶具、消毒柜、洗碗机、冰箱、微波炉、电烤箱、水盆、各式抽屉拉篮、垃圾粉碎器等厨房用具和厨房电器进行系统搭配而成的一种新型厨房形式（图6-9、图6-10）。生产厂商以橱柜为基础，同时按照消费者的自身需求进行合理配置，生产出厨房整体产品，这种产品集储藏、清洗、烹饪、冷冻、上下供排水等功能为一体，尤其注重厨房整体的格调、布局、功能与档次。

整体墙面　整体地面　集成吊顶　整体橱柜　五金电器

装配式厨房

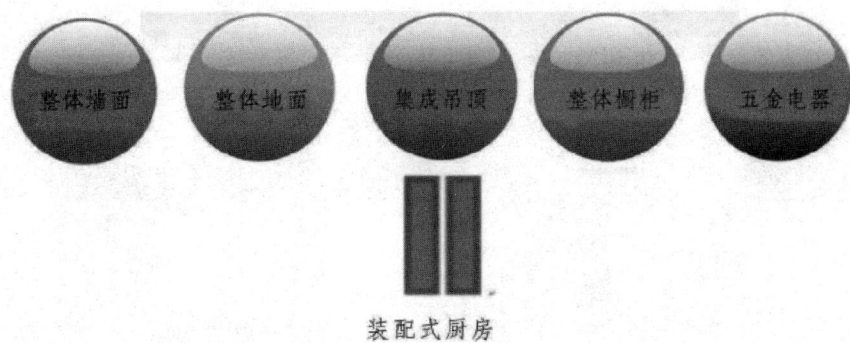

图 6-9　集成整体厨房系统 —— 中式风格

图 6-10　集成整体厨房系统 —— 现代风格

"整体"的含义是指整体配置，整体设计，整体施工装修。"系统搭配"是指将橱柜、厨具和各种厨用家电按其形状、尺寸及使用要求进行合理布局，实现厨房用具一体化。依照家庭成员的身高、色彩偏好、文化修养、烹饪习惯及厨房空间结构、照明并结合人体工程学、人体工效学、工程材料学和装饰艺术的原理进行设计，通过科学和艺术的结合来体现厨房的和谐统一。

一、集成橱柜安装施工

一般装修的开始就是敲墙和砌墙，而装配式建筑装饰下集成整体橱柜如在装修初期没有墙体上的改动，便可在敲墙前就进场实地测量，做到提前计划与设计。同时在测量时，业主需要与设计师在厨房功能和电器的使用情况等方面进行大致的交流，以便于设计出图。

初测后设计师会根据业主的要求结合实际的尺寸设计出橱柜的平面图及效果图，确认方案后，设计师在贴砖前会设计一份详细的水电图纸，并让水电工按照图纸进行施工。

在水电定位、瓷砖铺贴、煤气改动和吊顶安装结束完成后，就可以确认最终方案及挑选橱柜的颜色、拉手款式等。同时，需要提供油烟机、水槽等各类电器的详细尺寸，确定后厂家便开始进行生产，等待厂家进行现场安装。

（一）安装前准备工作

首先，检查和清理现场，安装技师通过图纸与现场情况进行比对，确认图纸与现场是否一致。其次，检查进水、下水、煤气管的位置是否正确，消毒柜、油烟机等电器的电源位置是否正确。再次，检查地砖、墙砖是否有缺陷，如有缺陷，应及时记录并与现场管理方确认。最后，将厨房中的杂物及与安装无关的物品清理出现场。

（二）打开包装

按照安装顺序将货物排列好，尽量现场开封包装。组装柜体时应注意轻拿轻放，避免刮伤厨房内的成品，同时避免损伤橱柜柜体。

注意：在拆开包装纸铺垫在厨房地面上，避免安装过程中散落的五金件划伤地面（图6-11）。

同时，测量厨房地面的高低水平情况，根据情况选择安装点。注意 L 形、U 形橱柜，为方便调节，应从转角处向两边延伸。因此，凡此两种形式的产品，应先拆开转角处的柜体开始组装。

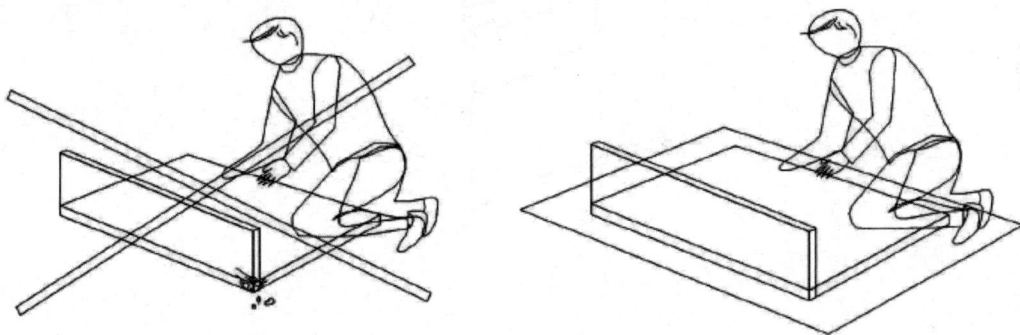

图 6-11　安装方式

（三）柜体的安装顺序

木销、偏心件、连接杆安装方法：先将木销插在侧板（或装有连接杆的板件）上，确认木销露出部分不得超过 10mm，再将安装好的木销侧板准确地与地板进行连接。

安装注意事项：注意孔位与孔位之间的偏差。木销与孔位的错位误差如在 2mm 以内，可用美工刀适当修正木销；如误差超过 2mm，不得强行安装，应将板件置于一旁，待后期检查后向现场管理人员汇报。

（四）背板的安装方法（图6-12）

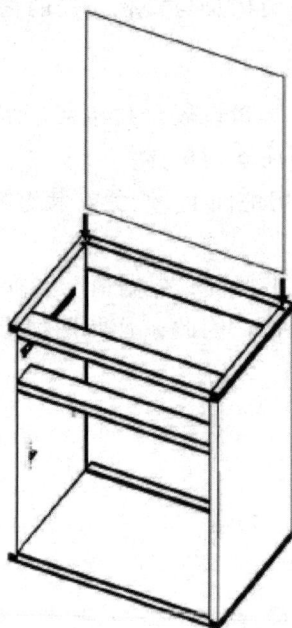

（a）

（b）

图6-12　背板的安装

用自攻螺丝钉固定背板（图6-13）。

图6-13　固定背板

（五）抽屉柜的安装

安装抽屉滑轨应做到后端略低于前端0.5～1mm，以保证抽屉关门时的回弹力更好；固定导轨的螺钉帽不得高于导轨侧板。

（六）地脚的安装

橱柜底柜均为侧包底（消毒柜除外），地脚的底座呈鸡蛋圆形，为减轻侧板的压力，地脚底座尖头部分必须伸出在地板外侧，板外侧内。

注意事项：橱柜最外侧不靠墙时，为保证地脚安装顺序，鸡蛋形底座的尖头端向内。800～1000mm的柜体应在底板的中心增加1个地脚；1m以上的柜体，应在底板中心的前后端各增加1个地脚，左、中、右地脚应在同一条直线上。

（七）柜体开缺

因厨房内有包柱、管道，需要进行柜体开缺时，需精确测量开缺尺寸，用曲线锯平稳地将柜体进行改造，锯完后的板件裸露部分必须用锡箔纸或者橡胶带封边。

（八）水盆柜组装及注意事项

到现场时应首先注意下水管的位置，如距墙体的距离超过150mm，则需用53mm的钻头在水盆柜底板上开下水管孔。开孔时注意测量准确，使下水管孔对准下水道口，开孔后须将裸露的板材边缘用锡箔纸或者橡胶带封边。

注意事项：水盆柜、灶台柜、转角柜、抽屉柜等柜体的组装方式基本相同。

（九）摆放、连接柜体

不同形状柜体的摆放顺序，L形柜体从转角处向两边延伸；U形柜体选定一个转角，再向两边延伸。柜子摆放完毕后，测试厨房内的地面水平，找出最低点和最高点。从厨房地面最高端开始，调整柜体地脚，调至最低端，保持柜体在一个水平面上，或从转角处向两端调。

确认柜体水平后，用螺钉连接柜体。5mm 的钻头在侧板上打出连接孔，用自攻螺钉将柜体连接。连接时，尽量保证两侧板完全重合，如存在公差，则需保证顶端和前端在同一平面上。

注意事项：螺钉尽量安装于隐蔽处，以保持美观，且保证柜体与柜体间连接牢固；连接螺钉共 4 颗，其中 2 颗应隐藏于柜体内门铰的固定螺钉之间，另 2 颗放在柜体深处。

（十）吊柜安装

安装吊柜前，用搁板测试墙夹角情况，注意墙夹角小于 90° 时的安装方法。吊柜的组装方法。

吊码安装时需要注意方向（不能左右放错），同时应注意敲击力度，避免损伤吊码。

安装先确定高度，应完全按照样板房标准和图纸标注高度安装。在确定好高度后，根据高度确定挂片安装。如吊柜靠墙，应在距墙 34mm 处钻孔（预留出侧板的厚度）。钻孔前，向客户确认电源线、水管的走向，避免误伤线路。确定钻孔位置之后，在水平线上画出打孔位置。钻孔时，先轻后重，避免将瓷砖损坏。

在挂上吊柜前，确认是否有灯，无灯可直接安装；有灯的，则先确定灯源情况和安装位置，并根据情况开孔，预留电源线。

柜内灯：柜内灯大多安装在吊柜顶板上，此时需确认灯的数量，单个灯则安装在柜内正中。

柜外灯：柜外灯大多安装在吊柜底板上，此时需要确认灯的数量，单个灯则安装在底板正中。

安装吊柜应从上往下挂，拧紧吊码，打水平，确保吊柜与墙体靠紧、挂牢。其中，吊码中的上螺钉是上下调节，下螺钉是前后紧固。

注意事项：对单独的吊柜（仅一个吊柜时），吊柜安装完毕后应在柜体与墙面接触部位打硅胶，使柜体与墙面紧贴。

（十一）门板安装

橱柜门板应单独包装，应注意轻拿轻放，避免划伤，并且门板应逐一取出，取出一块安装完毕后再按同一顺序安装下一块门板，不得全部同时取出。如有损伤，在仔细检查后，将损伤门板置于一旁，待柜体全部安装完毕后向现场安装负责人汇报。为保证门板不受意外损伤，施工顺序是：开包、取出门板、仔细检查有无损伤、安装、调试。

门板安装应首先将两块门板水平放置（上下整齐），用专用门铰将两块门板连接在一起，并在地柜下端另立三个支撑点（可用备用地脚），其次将连接好的门板置放在支撑点上，确认门板安装位置，最后将门板与柜体用角铁连接。

注意事项：将门板上牢在柜体上，注意门铰座子孔位置是否正确，如有不对，应自行改动；门板安装完毕后，门板应与柜体底板在同一平面上，如预留的孔位有误差，应重新钻孔，确保门板与底板齐平，保证成品安装后的视觉效果；转角固定门的安装方法。

　　门板安装完毕后，须对门铰进行调节，保证门板间隙缝均匀，上下水平。门铰有4只调节螺钉，靠内的螺钉可以前后调节门板，即调整门板与柜体的间隙；靠外的螺钉可调节门板的左右位置，如门板之间的缝隙需调整，可调节此螺钉。

（十二）收口板安装

　　收口板的尺寸大多不准确，需技师现场裁切。柜体安装完毕后，安装技师应准确测量出收口尺寸，然后根据需要用曲线锯裁切。曲线锯裁切应锯口平整，弯曲度不超过1.5mm。

（十三）消毒柜安装

　　应保证通电及正常使用，如为嵌入式消毒柜，应保证与消毒柜间连接牢固，如未挂式消毒柜，应保证挂接牢固、水平。

（十四）配件安装

1. 双饰面板拉手

　　平开门：吊柜最下端拉手孔距门板外沿的水平和垂直距离均为50cm；地柜最上端拉手孔距地柜门板顶端垂直距离为50cm、侧面水平距离为50cm；抽屉拉手孔距门板最上端的距离为50mm，水平位置居中。

　　吊柜上翻门：拉手孔距门板下端边沿垂直距离为50mm，水平位置居中。

2. 铣形门板拉手

　　铣形门板的边框均为平板，钻拉手孔应以铣形后平面边框的中水平（垂直）方面的中心线作为基准，拉手孔必须做到横平竖直。

　　吊柜拉手孔：居中的，两拉手孔的中心应位于下端平面中心线的正中；居左（居右）的，最下端的拉手孔位于横、竖两平面中心线的交叉点；对开门的，拉手最左（右）端点位置应位于距底线、侧面50mm平行线的交叉点。

3. 特殊拉手

　　包括G形拉手、迪奥拉手、暗藏式拉手等。G形拉手、迪奥拉手、050-160（明尼玛）已由工厂在生产过程中完成，暗藏式拉手的槽位已确定，可直接钻孔安装。

4. 地脚线

　　应保证地脚板与柜体卡牢，配地脚之前，应将柜体底部清洁干净；特别注意木地脚线转角处的拼接。

5. 放置搁板

　　放置搁板可采用搁板卡和搁板钉两种方式。搁板放置如配有搁板的柜体，将搁板放入柜体内。

　　注意：柜体安装完毕后，凡有抽屉滑轨之处，用纸板（或薄膜）遮盖滑轨，避免台面开孔的粉尘落进轨道中，影响抽拉效果。

（十五）台面安装

安装前检查自己所要安装的台板是否全部送到现场，检查台面是否有损坏；若有损坏，在没有把握处理好的情况下，及时通知厂部。并对照图纸，检查台板色号和所带胶水粉料是否与图纸上相同。同时，检查台板的宽度、长度、角度是否和实际尺寸相符合，用包装纸将地面铺好，准备安装。然后检查柜体水平，水平后安装垫板，否则先调平柜体，最后放置台面完成安装。

（十六）台面垫板安装

台面铺垫系统包括垫板和垫条两部分。

修正垫板时，尽量保证垫板向墙体靠拢；垫板铺装必须按柜体走向进行，避免在柜体中间接垫板，垫板拼接处应保证在侧板上（如柜体超过600mm，应绝对避免垫板在中间拼接），柜体转角处尤其应注意（转角柜一般较长，为保证柜体均匀承重，绝对不得在转角柜中间出现垫板拼接的情况）；在转角出现垫板架空的情况时，如架空距离超过150mm，须在墙体上增加支撑。

垫条通常是塑钢扣件垫条，每单片垫条最长为3m，宽度90mm，垫条两侧各有卡口15mm；拼接垫条方式为：自垫板外沿开始安装，一长一短顺序安装，共四长三短，安装完毕的垫条整体宽度为540mm（包括两端卡口各150mm），短垫条须安装在长垫条的两端，安装完毕后的垫条系统应是整体的、缓冲散热铺垫系统；如柜体整体长度超过3m，垫条可以拼接，但中间过渡的短垫条应卡住接缝处，保证受力均匀；有转角柜时，垫条与垫板的走向相反，凡垫板拼接处，垫条不应在相同位置拼接；垫条安装完毕后，如出现多余的垫条小块，应将余下的小块全部安装在空处。

（十七）清理现场

全部安装完成后，安装技师会做好现场卫生后离开。

二、集成厨具安装施工

厨具按照使用场合来分，可分为商用厨具和家用厨具。商用厨具适用于酒店、饭店等大型厨房设备，家用厨具一般用于家庭。按照用途来分，可分为以下五大类。

（一）集成厨房用具

1. 储藏用具

这里面又分为两种：一种是用于储存食物的用具，如电冰箱、冷藏柜；另外一种是用于储放餐具、炊具、器皿的，如底柜、吊柜、角柜、多功能装饰柜等。

2. 洗涤用具

包括：冷热水的供应系统、排水设备、洗物盆、洗物柜等。洗涤后在厨房操作中会产生垃圾，所以垃圾箱或卫生桶也是必不可少的。现代人注重卫生健康，消毒柜、食品垃圾粉碎器等设备也是不可或缺的。

3. 调理用具

主要包括调理的台面，整理、切菜、配料、调制的工具和器皿。随着科技的进步，家庭厨房用食品切削机具、榨压汁机具、调制机具等也不断走进厨房中为人所用。

4. 烹调用具

炒菜煮饭怎能少呢？烹调用具主要有炉具、灶具和烹调时的相关工具与器皿。随着厨房革命的进程，电饭锅、高频电磁灶、微波炉、微波烤箱等也开始大量进入家庭。

5. 进餐用具

进餐用具主要包括餐厅中的家具和进餐时的刀叉、筷子和器皿等。

（二）集成厨具安装方法

1. 嵌入式燃气灶安装

嵌入式是将橱柜台面做成凹字形，正好可嵌入燃气灶，灶柜与橱柜台面成一平面。嵌入式燃气灶从面板材质上分可分为不锈钢、搪瓷、玻璃以及不沾油四种。嵌入式灶具美观、节省空间、易清洗，使厨房显得更加和谐和完整，更方便了与其他厨具的配套设计，营造了完美的厨房环境，因此，受到了广大消费者的喜爱，是目前家庭装修新房时常用的燃气灶具。

嵌入式灶的结构可分为：火盖座、大火盖、承液盘、风门、小火盖、辅助锅架、大锅架、下壳、炉头、风门调节螺钉、喷嘴、热电偶、点火针、点火器、电磁阀、电池盒、进气管接头。

嵌入式燃气灶的安装步骤：

第一步：安装燃气管。在安装燃气管前我们需要先将灶具放进事先开好孔的灶台。

第二步：清理干净灶具进气口，再将胶管接头套入灶具接头处并超过标准线，并用管夹或管箍夹紧胶管。

第三步：查看电池盒是否有电池，如没有请购买电池并安装。安装完毕后开始打开旋钮，测试是否有火，查看火焰颜色是否为淡蓝色；如果火焰颜色偏黄或者偏红，说明还需要再对燃气灶进行调试。

2. 集成式燃气灶安装

（1）电源预留：集成灶的电源不能留在集成灶的后面，因为插座加插头的厚度可能会使集成灶突出门板之外，影响安装效果，而使用户不满。通常是留在旁边的柜子后面或者将插座装到旁边柜子的侧板上。集成灶后面的墙上也不能预留插座，因为集成灶的玻璃盖板掀起后会遮蔽插座，导致插座无法使用。

（2）气源相关设计：集成灶的进气管可以调整左右，但是位置都位于侧面的下方靠墙的角上。设计时应着重考虑集成灶的进气和散气设计，以及需要维修气管的拆卸方便性。在进气方面，气表处应确保有开关阀门，且方便开关对集成灶的进气控制。在散气方面，可在其附近的裙板上安装通风孔。因为集成灶是直接放于地面，如果发生燃气泄流，可及时发散。

（3）排烟管相关设计：集成灶的排烟管位于侧面下部靠墙的位置，集成灶的排烟管直径较大，设计时应着重考虑其排烟管与橱柜的结合问题以及维修拆卸问题。

总的来说，整体厨房将厨房用具和厨房电器进行系统搭配而成的一个有机的整体形式，实行整体配置、整体设计、整体施工装修，从而实现厨房在功能、科学和艺术三方面的完整统一。在注重整体搭配的时代，整体厨房凭借其整体化、健康化、安全化、舒适化、美观化、个性六大优势成为今后发展的必然趋势。

（三）集成整体卫浴系统

所谓装配式建筑装饰集成整体卫浴系统，就是包括了顶、底、墙及所有卫浴设施的整体浴室处理方案。区别于传统浴室，整体浴室是工厂化一次性成型，小巧、精致，功能俱全，节省卫生间面积，而且免用浴霸，非常干净，有利于清洁卫生。整体浴室的概念源自日本。整体浴室也叫作整体卫浴、整体卫生间、系统卫浴。

整体卫浴是由工厂预制的一体化防水底盘、墙板、顶板（天花板）构成的整体框架，在现场积木式拼装，配上各种功能洁具形成的独立卫生单元，具有标准化生产、快速安装、防漏水等多种优点，可在最小的空间达到最佳的整体效果。同时，整体卫浴产品的设计生产，要统筹考虑防水、给水、排水、光环境、通风、安全、收纳以及热气环境等方面，在工厂生产、配套整合、成套包装，运抵施工现场后进行组装完成。它由人体工学、建筑、工业、模具、材料等各学科资深专家共同研发，合理布置浴室空间，精心从事款型、颜色设计，将卫生间的实用性、功能性、美观性发挥到极致。

随着现代人们生活水平的提高以及对身心享受的追求，对沐浴的要求也进一步提高，现代沐浴的方式正朝着整体化、智能化的方向发展，整体浴室的优势愈加凸显。21世纪，在制造、使用过程中更加注重尽量减少二氧化碳的产生，使整体浴室又向前迈进了一步，更具时尚外观、更易清洁、更卫生、节能环保成为整体浴室未来的发展趋势。

1. 集成整体卫浴优势

（1）省事省时

安装卫生间如买空调电视一般，买回之后即可使用。传统的施工方法大概需要8天，而装配式整体卫浴只需要2.5天（表6-1）。

表 6-1 整体卫浴与传统卫浴对比

项目	传统卫浴安装		整体卫浴安装	
劳动力	14 人		8 人	
工期 / 天	水电改造	1.5	预装	0.5
	墙面水泥砂浆找补	0.5	管线铺设	0.4
	墙砖铺贴	1	调试	0.25
	地面防水	0.5	墙板、顶板安装固定	0.5
	闭水试验	1	洁具、灯具、五金安装	0.6
	地面砖镶贴	0.5	调试	0.25
	地砖养护	1.5		
	吊顶安装	0.5		
	洁具、灯具、五金安装等	1		
	合计	8		2.5
工期较传统模式缩短 64.3%				

（2）结构合理

首先，整体卫浴间在结构设计上追求最有效地利用空间，即使家中的卫生间不足 $2m^2$ 也有相应的整体卫生间可供选择。并且给水、排水系统、电路系统均一体化集成，无须再单独施工，后续维护省事省心。

同时，整体卫浴的布局可根据空间的大小进行合理的布置，不需要进行回填施工，线管的布控不用穿楼板，在同一楼面上就可进行排水，且不受楼上冲水噪声的干扰。但传统的下层排水会因为管道布局的限制，无法根据使用需求、喜好重新安排，并且传统浴室的排水需要超越楼板，一旦漏水，可能引发邻里纠纷。

其次，整体卫浴间的浴缸与底板一次模压成型，无拼接缝隙，从而根本解决了普通卫生间地面易渗漏水这一曾困扰许多家庭的问题。

（3）材质优良

整体卫浴间的底板、墙板、天花板、浴缸等大都采用 SMC 复合材料制成，SMC 是飞机和宇宙飞船专用的材料，具有材质紧密、表面光洁、隔热保温、防老化及使用寿命长等优良特性。比起传统卫浴的墙体容易吸潮，表面毛糙不易清洁，整体卫浴的优势相当明显。

相较于传统浴室，墙壁、瓷砖均为高导热材质，浴室内热量容易被建筑所吸收，而整体浴室的 SMC 材料具有隔热保温性能，并与墙体间设有保温缓冲层，避免热量被建筑所吸收。

2. 集成盥洗用具安装

安装注意事项及保养：

（1）组装时请不要将柜子镜子和地面接触，应垫上软质物，以免碰伤。

（2）组装过程中，注意防止螺丝刀等金属物刮伤板材表面。

（3）应把水管接好，检查是否滴漏水。

（4）保持浴室空气流通，柜身干爽，延长使用寿命。

（5）清洁柜子时，柜子的清洁剂用中性试剂，如：牙膏擦污，软布擦拭。

（6）需备有家具用的液体蜡，方便擦洗，清洁时用软布，切忌用金属丝、百洁布、强性化学品擦洗。

（7）防止硬物碰撞、擦伤。

3. 集成卫生洁具安装

（1）坐便器的施工安装

①给水管安装角阀高度一般距地面至角阀中心为 250mm。如安装连体坐便器，应根据坐便器进水口离地高度而定，但不小于 100mm。给水管角阀中心一般在污水管中心左侧 150mm 或根据坐便器实际尺寸定位。

②低水箱坐便器水箱应用镀锌开脚螺栓或用镀锌金属膨胀螺栓固定。

③带水箱及连体坐便器水箱后背部离墙应不大于 20mm。

④坐便器安装应用不小于 6mm 镀锌膨胀螺栓固定，坐便器与螺母间应用软性垫片固定，污水管应露出地面 10mm。

⑤坐便器安装时应先在底部排水口周围涂满油灰，然后将坐便器排出口对准污水管口慢慢地往下压挤密实填平整，再将垫片螺母拧紧，清除被挤出油灰，在底座周边用油灰填嵌密实后立即用回丝或抹布揩擦清洁。

⑥冲水箱内溢水管高度应低于扳手孔 30～40mm，以防进水阀门损坏时水从扳手孔溢出。

（2）浴盆的安装要点

①在安装裙板浴盆时，其裙板底部应紧贴地面，楼板在排水处应预留 250～300mm 洞孔，便于排水安装，在浴盆排水端部墙体设置检修孔。

②浴盆排水与排水管连接应牢固密实，且便于拆卸，连接处不得敞口。

③各种浴盆冷、热水龙头或混合龙头其高度应高出浴盆上平面 150mm，安装时应不损坏镀铬层，镀铬罩与墙面应紧贴。

④固定式淋浴器、软管淋浴器其高度可按有关标准或按用户需求安装。

⑤浴盆安装上平面必须用水平尺校验平整，不得侧斜。浴盆上口侧边与墙面结合处应用密封膏填嵌密实。

（3）卫生洁具安装注意事项

①安装卫生洁具时，宜采用预埋支架或用膨胀螺栓进行固定。陶瓷件与支架接触处平稳粘贴，必要时加软垫。用膨胀螺栓固定时，螺栓加软垫，且不得用力过猛紧固螺栓。

②管道或附件与洁具的陶瓷连接处，应垫以胶皮、油灰等垫料或填料。大便器、小便器排水出口用油灰填充，不得使用砂浆。固定脸盆等排水接头时，应通过旋紧螺母来实现，不得强行旋转落水口。

4.整体卫浴安装注意事项

（1）首先要清楚整体卫浴尺寸的预埋孔位应在卫生间未装修前就先设计好，以免后续安装时带来太多的麻烦。

（2）如果已安装好供水系统和瓷砖的最好定做淋浴房，否则需要重新返工，这样损失就太大了。

（3）为了安全起见布线漏电保护开关装置等应该在沐浴房安装前考虑好，以免返工。

（4）沐浴房的样式依卫生间布局而定，常见的有转角形和一字形。

（5）整体卫浴淋浴房必须与建筑结构牢固连接，不能晃动。

（6）整体卫浴安装后的外观需整洁明亮，拉门和移门相互平行或垂直，左右对称、移门要开闭流畅，无缝隙、不渗水，淋浴房和底盆间用硅胶密封。

第三节　细部工程施工安装

一、楼梯、电梯装饰

（一）楼梯装饰

楼梯，是建筑物中作为楼层间交通用的必不可少的构件。它由梯段、平台和栏杆扶手三部分组成。

1.预制成品楼梯装饰

（1）梯段

梯段的台面、竖直棱面常用的装饰材料有石材、陶瓷、马赛克、石板、镜面、微晶玻璃装饰板等。根据不同的材料搭配，可以达到理想的装饰效果。

石材梯段虽然触感生硬且较滑，通常一定要加设防滑条，但易于保养，防潮耐磨，所以多被采用在别墅、酒店、办公楼等装修中。陶瓷梯段防潮耐磨，颜色纹理选择面广、安装方便，价格经济，被广泛运用在办公楼、学校、住宅楼等楼梯中。马赛克是极富装饰性的建筑装饰材料，但因为价格偏高，不容易清洁及护理，所以一般只作为装饰点缀之用，运用于娱乐休闲场所、餐厅、别墅楼梯等。

镜面玻璃装饰效果极强，主要用于特殊装饰中，在娱乐场所、餐厅、酒店楼梯中运用较多。

（2）平台

平台在使用装饰材料时，往往根据梯段的材质进行搭配，可以是同材质搭配，也可以不同材质搭配。常用的装饰材料有天然石材、人造石材、实木板、瓷砖、马赛克等。

（3）栏杆扶手

钢筋混凝土楼梯的栏杆扶手根据其梯段、台面的要求常搭配的栏杆扶手材料有：不锈钢、铸铁、玻璃、铝合金、实木及组合型等。

2. 钢楼梯

钢楼梯是工业时代的产物，以前在工厂厂房广泛应用。近几十年来，随着许多高技派风格建筑的出现（其审美特点是大量运用工业金属材料，暴露建筑结构构件），在一般建筑中应用钢楼梯也越来越普遍。

钢楼梯形式多种多样，但多以其舒展的线条同周围环境空间获得一种形体上的韵律对比。

钢楼梯的特点：一是占地小；二是造型美；三是实用性强；四是色彩亮。其结构多采用铸钢管件、无缝钢管、扁钢等钢材骨架。

钢楼梯常用的样式：弧形楼梯、螺旋楼梯、圆形楼梯、直线楼梯。由于楼梯的异型造型，故结构多采用钢材作为支撑，用木板或预制混凝土板作为楼梯梯板，或采用全钢结构楼梯。

（1）钢木楼梯

钢木结合楼梯，结合了木楼梯和金属楼梯的优点，具有木楼梯的舒适感，避免了木楼梯容易发出声响的缺点。钢木楼梯常用于室内，踏步板采用实木板，常用的实木有红松、梨木、橡木等。结构支撑采用钢材，栏杆多采用钢木结合。

（2）全钢楼梯

金属楼梯结构轻便，造型美观，施工方便，需维护保养得当。全钢结构的楼梯常用于室外或工业厂房。

3. 实木楼梯

实木楼梯制作方便，款式多样，但耐久性稍差，走动时容易发出声响。

实木是比较理想的楼梯材质，无论从纹理造型，还是做工雕饰方面都更具艺术感。一般来说，实木楼梯价格较高，平时的保养也应更为注意，在使用的过程中做到防潮、防火和防撞击，妥善的保养可以在很大程度上延长楼梯的使用寿命。

实木楼梯分类：全木楼梯、半木楼梯。

全木楼梯：木梯步、木栏杆、木扶手。

半木楼梯：即木梯步、铁花栏杆、木扶手。

常用实木楼梯木料种类：橡木、榉木、紫檀、花梨木、水曲柳、柞木等木材。

（二）电梯装饰

1. 电梯地面

人们对环境要求的日益提高，公共场所的电梯的装饰也越来越被人们所重视，电梯的装饰部分主要体现在轿厢内部和电梯门套、门头。轿厢内部常用的墙面装饰材料有不锈钢板、钛金板，常用地面装饰材料有石材拼花、强化木地板、塑胶地板、地毯。电梯门套、门头常用的装饰材料有石材、不锈钢、饰面板和镜面。

2. 电梯轿厢内面

轿厢内部装饰常用石材、不锈钢、玻璃镜面等装饰。

3. 顶部装饰

电梯顶部装饰常用树脂、金属、玻璃等装饰。

二、门窗系统

门窗系统（又称为系统门窗或系统窗），是指组成一樘完整的门窗各个子系统的所有材料（包括型材、玻璃、五金、密封胶、胶条、辅助配件及配套纱窗），均经过严格的品牌技术标准整合和多次实践的标准化产品，利用专用的加工设备和安装工具，并按照标准的工艺加工和安装的门窗。对于"系统窗"和"普通窗"的区别，可以通过电脑的"品牌机"和"组（拼）装机"做比喻，目前在项目招标中经常提到的"高档断桥铝合金窗"，即使各项材料均使用一些品牌产品，但门窗整体缺乏统一的技术设计整合，构成门窗的各个子系统的材料之间配置不合理，兼容性不好，很难保证整窗的优异性能，更无法达到甲方项目最优的性能价格比要求。门窗系统不仅依赖于材料本身，还需要综合的技术支持和全面的售后服务来确保其性能和使用效果。一站式服务的门窗才能真正成为系统门窗。目前市场上的门窗系统品牌相对具有完整体系的还比较少。

建筑室内常用门窗材料有木、钢、铝合金、塑料、玻璃等。

（一）门

1. 实木门

实木门是由实木直接制作而成，特点是无复合材料，比较环保，但是价格昂贵，高档宾馆普遍采用的就是实木门。按照面材有胡桃木、樱桃木、沙比利、红木、枫木、柚木、黑檀、花梨、紫薇、斑马、橡木、楸木、水曲柳、铁桃木等几十种实木门，由于实木门具有天然、独一无二的纹理，一直受到消费者喜爱。

实木门的主要特点：

（1）天然性：原木门具有能够满足人们享受自然的特性。在科学技术高度发展的今天，人工合成的材料越来越多，天然材料却日益短缺。但由于人们环保意识和自我保护意识的增强，对天然材料的追求已成为一种时尚，这就使原木门的天然性，成为人们十分重视的一种特性。

（2）华贵性：原木门往往取材于珍贵树种而且具有加工工艺精雕细琢的特性。由于人们消费水平的不断提高，用以制作原木门的木材不再是普通的木材，一般都是一些具有很多优良特性的珍贵树种，如山毛榉、水曲柳等，这就使原木门单从材质上讲就具有很好的质感和观感。同时，材料的成本较高，无形中又促进了人们在制作过程中的精细程度提高，从而进一步提高了其观赏性。

但是，由于原木门材料成本高，材料的利用率又受到木材天然缺陷的极大制约，在木材综合利用技术高度发展的今天，从某种意义上讲制作原木门是一种较大的资源浪费。因而原木门的普及应用受到很大影响。

2. 实木复合门

实木复合门就是门套为实木，中间为密度板，不过现在有的实木复合门的门套也是密度板制成的。实木复合门的表面处理有两种方式：一种是在密度板上贴上木皮后，喷漆；另一种是贴木纹纸，木纹纸就是在一种特殊的纸表面印上木头的纹理，然后上漆。

实木复合门的优点是：①材型不受限制。②因为是贴木纹纸或木皮，所以颜色也不受限制。③价格便宜。

档次高的实木复合门的板好，木皮珍贵，门套为实木，档次低的一般是由密度板制成。

3. 竹木门

竹木门就是先将竹子风干脱水，磨成竹粉，再加胶压成竹木板，最后制成竹木门。因为竹子的稳定性高，所以竹木门比密度板强。

但是它也有缺点：一是由两块竹木板制成，中间是空的；二是竹子比较脆，韧性不够，易坏；三是只有南方产竹子，所以只有南方才能生产竹木门，因此供货周期长。

4. 钢木门

钢木门就是在密度板门的表面包上一层很薄的钢面，然后再钢面上贴上蜂窝纸。门框与门扇完美结合，安装简便、省时、省工、省料、省钱，属经济实惠产品。

5. 高分子门

高分子门和钢木门相似，就是把钢板换成了高分子板，高分子板的厚度在 2mm 左右。

高分子板里面包的是密度板，所以高分子门表面防水，内部不防水；因为包在外面的高分子板只有 2mm，如果里面的密度板受潮变形，外面也会变形。

6. 木塑门

木塑门分为纯 PVC 发泡门和木粉 PVC 发泡门两种。采用木材超细粉粒与高分子树脂混合，通过模塑化工艺制造而成，兼有木材和塑料的优良特性，生产的制品达到了真正仿木的效果。使用的原料和生产过程没有使用胶水粘合，不会产生甲醛、苯、氨、三氯乙烯等有害物质，是替代传统木材的绿色环保新型材料。在操作方面，木塑与原木一样，可钉、可钻、可刨、可粘，表面光滑细腻，无须砂光和油漆。同时，木塑的油漆附着性好，消费者可以根据个人喜好上漆。作为一种新型的木材替代材料，木塑可广泛应用于建筑装饰和户外建材等领域，如边角线、刨花板条、门窗线、木塑地板、花圃栅栏、踢脚板、天花线、百叶窗、楼梯扶手、装饰墙板品、户外亭台等，绝大多数的室内外装饰建材均可用木塑来制造。特别值得指出的是，木塑具有防水防火功能，从而可用于厨房、盥洗室等的装饰，而这是原木所不能及的。

木塑制品现已引起国际上的广泛重视，被誉为绿色环保新型材料，将具有广阔的发展前景。

7. 生态套装门系统

装配式生态门窗系统对用于建筑物外墙的套装门和窗要求极为严格。门扇由铝型材与板材构成，通过嵌入结构内嵌其中，并采用集成装饰纹理饰面，使套装门具有防水、防火、耐刮擦、抗磕碰、抗变形的特征；门窗、窗套采用镀锌钢板冷轧，并在表面用集成装饰纹理饰面，使窗套防晒、耐水、耐潮、耐老化；无甲醛，生态环保，大大提高装配率。

（二）窗

1. 钢门窗

钢门窗料型分为实腹式和空腹式两大类别。

意大利 Secco 公司在原有镀锌板组角窗基础上发展起来的一种新型空腹钢窗。我国目前的产品系列除国外引进的 46 系列彩板平开窗及 70 系列推拉窗外，又先后开发出适合我国国情的 30、35 系列平开窗及 80 系列推拉窗。该门窗内外框采用插接件（各种芯板）用螺丝组装成框，以连续工业化生产方式完成了所有零件、附件和玻璃的切割与密材条的装配，是以一个完整的建筑构件形式提供给建筑工地。这种门窗耐蚀性好，节能效果明显，装饰性强，隔音性好，其推拉系列填补了钢门窗的一项空白，很快便成为我国中高档建筑较适宜的产品。

2. 铝合金门窗

铝合金门窗是表面处理过的铝材经下料、打孔、铣槽、攻丝等加工，制作成门窗框料的构件，然后与连接件、密封件、开闭五金件一起组合装配成门窗。

门窗安装时，将门、窗框在抹灰前立于门窗洞处，与墙内预埋件对正，然后用木楔将三边固定。经检验确定门、窗框水平、垂直、无翘曲后，用连接件将铝合金框固定在墙（柱、梁）上，连接件固定可采用焊接、膨胀螺栓或射钉等方法。

其铝材颜色由古铜色，白色逐渐向彩色发展。对铝材的表面处理，除氧化、电泳涂漆外，增加了树脂喷涂、油漆喷涂和氟碳喷涂。为了表面更光滑，还采用了化学磨光和喷沙磨光工艺。

为了减少铝型材的热传导，有些企业已开始生产隔热断桥铝型材。

铝合金门窗的优势在世界上已有几十年历史，它的独特性能已被世人公认，体轻、耐蚀、强度高、刚度高、无毒、耐高温、防火性能好、使用寿命长，可满足各种复杂断面的多种功能，是一般材料很难替代的。

据不完全统计，目前在我国建筑铝制品行业中约六大类 30 多个系列上千种规格，其中：门窗系列主要有 38、40、42、46、50、52、54、55、60、64、65、70、73、80、90、100；幕墙系列有 60、100、120、125、130、140、150、155。型材颜色有银白、古铜、金黄、枣红等色系。

3. 塑料门窗

塑料门窗是以聚氯乙烯、改性聚氯乙烯或其他树脂为主要原料，轻质碳酸钙为填料，添加适量助剂和改性剂，经挤压机挤成各种截面的空腹门窗异型材，再根据不同的品种规格选用不同截面异型材料组装而成。塑料的变形大、刚度差，一般在型材内腔加入钢或铝等，以增加抗弯能力，即所谓的塑钢门窗，较之全塑门窗刚度更好，质量更轻。

塑料门窗线条清晰、挺拔，造型美观，表面光洁细腻，不但具有良好的装饰性，而且有良好的隔热性和密封性。其气密性为木窗的 3 倍，铝窗的 1.5 倍；热损耗为金属窗的 1/1000；隔声效果比铝窗高 30dB 以上。同时，塑料本身具有耐腐蚀等功能，不用涂涂料，可节约施工时间及费用。因此，在国外发展很快，在建筑上得到大量应用。

塑钢门窗是继木、钢、铝合金之后的第四代门窗，保温、耐火、防水、防腐、隔音等性能是木窗、钢窗、铝合金门窗无法比拟的，其价格适中，外观豪华，款式多样，密封性好，防火阻燃，不易变形，强度好，安装方便，工艺讲究，是新一代门窗材料，具有广阔的前景。

4. 玻璃钢门窗

玻璃钢门窗被业内人士称为第五代门窗，它有质量轻、高强度、防腐、保温、绝缘、隔音等诸多性能上的优势，正在逐渐被人们所认识。

玻璃钢型材是以玻璃纤维及其制品为增强材料，以不饱和聚酯树脂为基体的玻璃纤维增强复合材料，用它制成的门窗与其他材料相比，既有钢窗、铝窗的坚固性，又有塑钢门窗的保温、节能、隔音性能，同时还具有高温不膨胀、低温不收缩、质量轻、强度高、无须钢衬加固等优点。

5. 彩钢窗

彩钢门窗是节能型门窗，是传统钢门窗的换代产品，是符合行业技术政策的新型门窗产品。它与传统的钢门窗相较有许多质的变革：由于采用镀锌基板和耐蚀树脂涂层，彻底克服了普通钢窗的腐蚀问题，耐久性达到 25 年；由于采用冷弯成型咬口封闭工艺，实现了组合装配深加工艺，摆脱了普通钢窗的传统的焊接工艺，实现了工艺技术的突破；门窗结构采用全周边密封构造，彻底克服了普通钢窗的密封问题，气密性、水密性和抗风强度等基本物理性能达到了建筑门窗的先进水平；窗型可以根据使用功能变化，颜色可以根据设计选择，装饰效果好；彩钢门窗产品品种多、经济适用，能满足住宅工程配套需要；特别是抗风强度与其他门窗相比，有更大的优势。

第七章 装配式建筑项目管理

第一节 装配式建筑项目管理方法创新

一、装配式建筑项目管理方法的创新

(一)建筑产业现代化模式

建筑产业现代化是一种以标准化设计、工厂化生产、装配化施工、一体化装修、信息化管理的建筑工业化生产方式为核心的新模式。它对推动建筑产业转型升级，保证工程质量安全，实现节能减排、降耗、环保和可持续发展有重要意义，是建筑转变方式、调整结构、科技创新的重要举措，是实现建筑业协同发展、绿色发展的重要举措，是建立在传统预制构件生产工业化、结构设计模数化、现场施工装配化基础上进行的产业革命。建筑产业现代化促使传统建筑业向可持续发展、绿色施工、以人为本、全过程项目管理和精细化管理发展，建筑业承包方式也会有革命性变化。

(二)发展绿色建筑

建筑工程要向具有更低生命周期成本、节约资源、有利于环境保护方面发展。建筑业要用新的、环保的、清洁的绿色施工管理及技术，以及更高效的管理来取代或革新传统的施工方式。这具体体现在：施工企业将可持续发展作为发展战略；在设计管理方面，

开发商和设计单位将设计建造绿色建筑产品，充分考虑建筑物全生命周期成本。在工程项目中推广应用装配式建筑，能够很好地体现绿色建筑理念。

（三）材料管理

在建筑物建造前就考虑大量使用工业或城市固态废物，尽量少用自然资源和能源，生产出无毒害、无污染、无放射性的绿色建筑材料并应用到建筑物上。对于装配式建筑工程来说，施工单位在组织施工时，运用科学管理和技术进步，在确保安全和质量的前提下，最大限度地保护环境，进而实现节约能源、节约土地、节约水和节约材料的目标。

（四）以人为本

从产品角度而言，装配式建筑注重为建筑物使用者提供更舒适、更健康、更安全、更绿色的场所。建筑物全生命周期中，尽力控制和减少对自然环境的破坏，最大限度地实现节水、节地、节材、节能。从施工项目管理角度而言，人是工程管理中最基本的要素，应围绕和激发施工管理人员和操作人员的积极性、主动性、创造性开展管理活动，实现每个员工都对建筑物认真负责、精益求精的目标。

（五）全新价值观

将安全、健康、公平和廉洁的理念运用到建筑工程项目管理的实践中。工程管理者对施工过程中施工现场的安全、公平和廉洁进行管理，并经过系统工程集成到具体工程管理流程中。在安全管理方面，通过建立施工现场安全管理体系、健康文明体系，实现施工全过程安全、文明、健康、发展。

（六）项目管理方法变革

生产效率的提高始终是建筑工程项目管理关注的焦点。提高生产效率对于建筑企业而言，可以提供更有价格优势的产品，生产的产品能更好地满足市场要求。事实上，通过采用装配式建筑，推广应用相应新的项目管理方法和施工模式，建筑工程项目的劳动生产效率也会有所提高，社会效益和经济效益将会逐步显现。

1. 工程项目全过程管理

装配式建筑的工程项目管理模式不同于传统建筑的项目管理模式，正在逐步地由单一的专业性项目管理向综合各阶段管理的全过程项目管理模式发展，充分体现了全过程项目管理的概念。装配式建筑工程摈弃了原有工程项目的策划、设计、施工、运营有不同单位各自不同的建设管理系统的缺陷，转而采用一种更具整合性的方法，以平行模式而非序列模式来实施建设工程项目的活动,整合所有相关专业部门积极参与到项目策划、设计、施工和运营的整个过程，强调工程系统集成与工程整体优化，形象地显示了全过程项目管理的优势。

2. 精益建造理念

精益制造对制造企业产生了革命性的影响。现在精益建造也开始在建筑业中得到应用，特别是在装配式建筑工程中。部分预制构件和部品由相关专业生产企业制作，专业生产企业在场区内通过专业设备、专业模具、经过培训的专业操作工人加工预制构件和部品，并运输到施工现场。施工现场经过有组织的科学安装，可以最大限度地满足建设方或业主的需求，改进工程质量，减少浪费，保证项目完成预定的目标并实现所有劳动力工程的持续改进。

精益建造对提高生产效率是显而易见的，它为避免大量库存造成的浪费，可以按所需及时供料；它强调施工中的持续改进和零缺陷，不断提高施工效率，从而实现建筑企业利润最大化。

精益建造更强调对建筑产品的全生命周期进行动态的控制，更好地保证项目完成预定的目标。

（七）工程承包模式改变

传统的建筑工程承包模式是设计—招标—施工，是我国建筑工程最主要的承包方式。然而，现代化的施工企业将触角伸向建筑工程的前期，并向后延伸，目的是体现自己的技术能力和管理水平，更重要的是，这样做不仅能提高建筑工程承包的利润，还可以更有效地提高效率。例如，工程总承包模式和施工总承包模式已成为大型建筑工程项目中广为采用的模式。对于工程项目的实践者，设计—建造一体模式和设计—采购—施工三位一体模式已经不是什么新鲜事物，在国外它们都经历了很长时间的发展历程，在大型工程中使用得比较成熟。然而，值得注意的是，这些承包模式有两种发展趋势：一是这些通常应用于大型建筑工程项目的承包模式，特别适用于装配式建筑，并逐渐开始应用于一般的建筑工程项目中；二是承包模式不断地根据项目管理的发展，繁衍出新的模式。这些发展趋势说明了我国建筑工程项目管理逐渐走向成熟。

二、建筑信息模型 BIM 在装配式建筑项目管理中的应用

建筑信息模型 BIM 建立有三个理念：数据库替代绘图、分布式模型、工具＋流程＝BIM 价值。对于装配式建筑施工管理而言，应该是基于同一个 BIM 平台，集成规划、设计、生产与运输、现场装配、装饰和管线施工、运营管理，使规划、设计信息、预制构件或部品生产信息、运输情况、现场施工情况、实际工程进度、实际工程质量、现场安全状态，甚至工程交付使用后的运营管理都可以实现随时查询。其具体表现在建筑信息模型 BIM 建立、虚拟施工、基于网络的项目管理三个方面。

（一）建立建筑信息模型 BIM

BIM 在预制构件或部品生产管理中的应用包括：根据施工单位安装预制构件顺序安排生产加工计划，根据深化设计图纸进行钢筋自动下料成型、钢模具订货加工、预制构件或部品生产和存放，根据设计模型进行出厂前检验、预制构件或部品运输和验收。

（二）虚拟施工

虚拟施工是信息化技术在施工阶段的运用。在虚拟状态中建模，使模拟、分析设计和施工过程实现数字化、可视化，采用虚拟现实和结构仿真技术，对施工活动中的人、

财、物、信息进行数字化模拟，优化装配式建筑设计和优化装配式建筑施工安装，提前发现设计或施工安装中存在的问题，及时找到解决方法。如在装配式混凝土结构中，预制构件或部品堆放地点的选择，现场安装使用的塔式起重机或履带起重机、汽车式起重机的选择，预制构件安装就位过程模拟，装饰装修部分的模拟应用，结构及装饰装修质量验收，各个专业管线是否有碰撞等内容，甚至施工部分进度的控制与调整、预期施工成本和利润状况均可以预先分析判断，为施工企业科学管理提供高效的平台。

（三）基于网络的项目管理

基于网络的项目管理就是通过互联网和企业内部的网络应用，使同一施工企业内部和诸多具体项目部能互相沟通协作，使企业内部能进行项目部人员管理、作业人员系统管理、预制构件物资科学调配，减少管理成本，提高工作效率；同时，政府行业主管部门、业主、设计、监理等单位也可以对同一工程的许多具体问题通过网络平台进行密切沟通协作；对于涉及的具体项目，各方人员有效管理协调，大大减少了相关各方面的管理成本，实现了无纸化办公，有效地提高了工作效率。

三、物联网在装配式建筑施工项目管理中的应用

物联网指的是将各种信息传感设备，如射频识别（RFID）装置、红外感应器、全球定位系统、激光扫描器等与互联网结合起来而形成的一个巨大的网络。其目的是让所有的物品都与网络连接在一起，系统可以自动地、实时地对物体进行识别、定位、追踪、监控并触发相应事件。

物联网可以贯穿装配式建筑施工项目管理的全过程，实际操作中从深化设计就已经将每个构件唯一的"身份证"——ID识别码编制出来，为预制构件生产、运输存放、装配施工等一系列环节的实施提供关键技术基础，保证各类信息跨阶段无损传递、高效使用，实现精细化管理，实现可追溯性。

（一）预制构件生产组织管理

预制构件RFID编码体系的设计，在构件的生产制造阶段，需要对构件置入RFID标签，标签内包含有构件单元的各种信息，以便于在运输、储存、施工吊装的过程中对构件进行管理。由于装配式混凝土结构所需构件数量巨大，要想准确识别每一个构件，就必须给每个构件赋予唯一的编码。所建立的编码体系不仅能唯一区别单一构件，而且能从编码中直接读取构件的位置信息。因而施工人员不仅能自动采集施工进度信息，还能根据RFID编码直接得出预制构件的位置信息，确保每一个构件安装的位置正确。

（二）预制构件运输组织管理

在构件生产阶段为每一个预制构件加入RFID电子标签，将构件码放入库存管理系统中，根据施工顺序，将某一阶段所需的构件提出、装车，这时需要用读写器一一扫描，记录下出库的构件及其装车信息。运输车辆上装有GPS系统，可以实时定位监控车辆所到达的位置。到达施工现场以后，扫码记录，根据施工顺序卸车码放入库中。

（三）预制构件装配施工组织管理

在装配式混凝土结构的装配施工阶段，BIM 与 RFID 结合可以发挥较大作用的有两个方面：一是构件储存管理，二是工程的进度控制。两者的结合可以对构件的储存管理和施工进度控制实现实时监控。在此阶段以 RFID 技术为主，追踪监控构件吊装的实际进程，并以无线网络及时传递信息，同时配合 BIM，可以有效地对构件进行追踪控制。RFID 与 BIM 相结合的优点在于信息准确丰富，传递速度快，减少人工录入信息可能造成的错误，使用 RFID 标签最大的优点就在于其无接触式的信息读取方式，在构件进场检查时，甚至无须人工介入，直接设置固定的 RFID 阅读器，只要运输车辆速度满足条件，即可采集数据。

（1）工程进度控制组织管理。在进度控制方面，BIM 与 RFID 的结合应用可以有效地收集施工过程进度数据，利用相关进度软件，对数据进行整理和分析，并可以对施工过程应用 4D 技术进行可视化的模拟。然后将实际进度数据分析结果和原进度计划相比较，得出进度偏差量。最后进入进度调整系统，采取调整措施加快实际进度，确保总工期不受影响。在施工现场，可利用手持或固定的 RFID 阅读器收集标签上的构件信息，管理人员可以及时获取构件的存储和吊装情况的信息，通过无线感应网络及时传递进度信息，并与进度计划进行比对，可以很好地掌握工程的实际进度情况。

（2）预制构件吊装施工组织管理。在装配式混凝土结构的施工过程中通过 RFID 和 BIM 将设计、构件生产、建造施工各阶段紧密地联系起来，不但解决了信息创建、管理、传递的问题，而且 BIM 模型、三维图纸、装配模拟、采购、制造、运输、存放、安装的全程跟踪等手段，为工业化建造方法的普及也奠定了坚实的基础，对于实现建筑工业化有极大的推动作用。

（3）利用手持平板电脑及 RFID 芯片开发施工管理系统，可指导施工人员吊装定位，实现构件参数属性查询、施工质量指标提示等，将竣工信息上传到数据库，做到施工质量记录可追溯。

第二节　装配式混凝土结构项目管理

一、装配式混凝土结构项目管理特点

（一）装配式混凝土结构与传统现浇结构的不同点

装配式混凝土结构作为由工厂生产的预制构件和部品在现场装配而成的建筑，与传统现浇建筑比较有很多不同。

（1）建筑预制构件转化为工业化方式生产。装配式混凝土结构建筑与传统现浇框架或剪力墙结构不同之处就是建筑生产方式发生了根本性变化，由过去的以现场手工、现场作业为主，向工业化、专业化、信息化生产方式转变。相当数量的建筑承重或非承重的预制构件和部品，由施工现场现浇转为工厂化方式提前生产、专业工厂制造和施工现场建造相结合的新型建造方式，全面提升了建筑工程的质量效率和经济效益。

（2）深化建筑设计。深化建筑设计区别于传统设计深度的要求，具体体现在：①预制构件深化图纸设计水平和完整性很高。②构件设计与制作工艺结合程度深度融合。③预制构件的设计精心考虑了与运输、吊装及施工装配的无缝对接，实现了各环节之间的深度融合，从而优化了整个建筑流程的连贯性和效率。

（3）建设生产流程发生改变。建筑生产方式的改变带来建筑的建设生产流程的调整，由传统现浇混凝土结构环节转为预制构件工厂生产，增加了预制构件的运输与存放流程，最后由施工现场吊装就位，整体连接后浇筑形成整体结构。

（二）装配式混凝土建筑项目招投标及合同特点

1. 项目招投标特点

装配式建筑招投标特点同传统现浇混凝土建筑招投标有较大差异。从当前市场状况分析：如果拟建工程项目预制率不高，仅仅是水平构件使用预制构件，项目招标时预制构件生产运输及安装可以作为整体工程项目投标的一部分；如果拟建工程项目预制率很高，水平构件和竖向构件及其他构件均使用预制构件，此时项目招投标时可以对预制构件生产、运输及安装分别单独进行招投标。无论是作为整体工程项目招投标的一部分还是单独进行招投标，装配式混凝土建筑项目招投标的基本要求是不会有较大改变的。

2. 设置投标前置条件

由于当前行业内的法律、法规对装配式建筑招投标的诸多要求不够具体明确，在项目及构件采购前设置前置条件，采取间接的方式设立市场准入条件是必要的，如地方建设主管部门应建立地方预制构件和部品生产使用推荐目录，以引导预制构件生产企业提高质量管理水平，使预制构件生产管理标准化、模数化，保障构件行业健康发展。

3. 招投标环节关键节点

根据工程建设项目开发建设的规律，项目获批前以及招投标环节是确立相应主体的关键节点。在该节点设置质量管理要求，可促使预制构件和部品构件"生产使用推荐目录"能落实到具体工程，保证有相应预拌混凝土生产资质的企业中标生产，引导有实力企业提供高质量产品。

4. 预制混凝土构件或部品招标前置条件

预制混凝土构件生产企业的企业资质、生产条件、质量保证措施、财务状况、企业的质量管理体系都会对构件的质量产生影响，因此建设单位或施工单位对投标的构件生产企业设置上述条件、提出要求。

（1）投标人须具备《中华人民共和国政府采购法》规定的条件。

（2）投标人须注册于中华人民共和国境内，取得营业执照；由于住房和城乡建设部已经取消预制构件生产资质要求，因此，投标人（预制构件生产企业）应当具备预拌混凝土专业企业资质，且企业质量保证体系应满足地方规定条件。

（3）生产的预制构件应有质量合格证，产品应符合国家、地方或经备案的企业标准：①企业通过 ISO9000 系列国际质量管理体系认证。②在以往的投标中没有违法、违规、违纪、违约行为。③近三年来已签署合同额若干万元及以上的预制构件供应工程不低于若干个，并且能提供施工合同及相关证明材料。

5. 投标文件的技术标特点

投标文件的技术标中应有施工组织设计，还要有生产预制构件专项方案、预制构件运输的专项方案、施工安装专项方案。生产预制构件专项方案中应介绍生产机械、模具、钢筋及混凝土制备情况，预制构件的养护方式及堆放情况，道路场外运输情况及施工现场运输方案；施工安装专项方案中应充分考虑预制构件安装的单个构件质量、形状及就位位置，选择吊装施工机械型号及数量，考虑预制构件安装同后浇混凝土之间的穿插及协调工序、竖向构件或水平构件的支撑系统的选择及使用要求，施工工期应充分考虑预制构件或部品的生产周期和现场运输及安装周期的特点。

6. 投标文件的商务标特点

工程造价方面，由于装配式建筑工程竣工项目偏少，装配式建筑造价各地尚有明显差异，现行清单计价规范及计价定额没有专门对装配式建筑进行分部分项划分、特征的描述、工程量计算规则的具体规定等内容，生产预制构件的人工费、材料费、机械费、运输费如何计取和摊销有待于更多的工程总结。当前市场上生产预制构件一般是以预制构件每立方米作为计价单位，其中的材料费内含有混凝土、钢筋、模板及支架、保温板、连接件、水电暖通及弱电系统的预留管、盒等，安装机械费及安全措施费也应充分考虑装配式建筑的特点合理计取。

（三）装配式混凝土结构施工图拆分及深化设计特点

装配式建筑设计阶段是工程项目的起点，对于项目投资和整体工期及质量起到决定性作用。它比传统建筑设计增加了深化设计环节和预制构件的拆分设计环节，目前多由构件生产企业完成或由设计单位完成深化设计图纸。

装配式建筑设计的特点是设计阶段既要充分考虑到建筑、结构、给水排水、供暖、通风空调、强电、弱电等专业前期在施工图纸上高度融合，又要考虑部分预制构件或装饰部品提前在专业生产工厂内生产加工及运输的需求。在预制构件生产成品中就应当提前考虑包含水电暖通、弱电等专业系统的需求，仔细考虑施工现场预制构件吊装安装、固定连接位置和构造要求，以及同后浇混凝土的结合面平顺过渡的问题。因此，施工组织管理应提前介入施工图设计及深化设计和构件拆分设计，使得设计差错尽可能少，生产的预制构件规格尽可能少，预制构件质量与运输和吊装机械相匹配，施工安装效率高，模板和支撑系统便捷，建造工期适当缩短，建造成本可控并同传统现浇结构相当。

（四）装配式混凝土结构现场平面布置特点

（1）由于预制构件型号繁多，预制构件堆场在施工现场占有较大的面积，项目部应合理有序地留出足够的预制构件堆放场地，合理有序地对预制构件进行分类堆放，这对于减少使用施工现场面积、加强预制构件成品保护、缩短工程作业进度、保证预制构件装配作业工作效率、构建文明施工现场，具有重要的意义。

（2）预制构件堆场布置原则。施工现场预制构件堆放场地平整度及场地地基承载力应满足强度和变形要求。

（3）混凝土预制构件堆放。①预制墙板宜通过专用插放架或靠放架，采用竖放的方式。②预制梁、预制柱、预制楼板、预制阳台板、预制楼梯均宜采用多层平放的方式。③预制构件应标识清晰，按规格型号、出厂日期、使用部位、吊装顺序分类存放，方便吊运。

（五）装配式混凝土结构运输机械及吊装机械特点

由于预制构件往往较重较长，无法使用传统的运输机械及吊装机械，一般工程采用专用运输车辆运输预制构件，现场工程往往根据预制构件质量和所处位置确定起重吊装机械，如塔式起重机、履带式起重机、汽车式起重机，也可以根据具体工程情况特制专用机械。部分传统现浇结构使用的钢筋、模板、主次楞、脚手架等材料也要根据高效共用原则，使用同类吊装机械运输就位，只有综合考虑机械使用率，才能降低机械费用。

（六）装配式混凝土结构施工进度安排及部署特点

装配式混凝土结构进度安排同传统现浇结构不同，应充分考虑生产厂家的预制构件及其他材料的生产能力，应对所需预制构件及其他部品提前60d以上同生产厂家沟通并订立合同，分批加工采购，应充分预测预制构件及其他部品运抵现场的时间，编制施工进度计划，科学控制施工进度，合理安排计划，合理使用材料、机械、劳动力等，动态控制施工成本费用。

每楼层施工进度应使预制构件安装和现浇混凝土科学合理地有序穿插进行。单位工程预制率不够高时，可采用流水施工；预制率较高时，以预制构件吊装安装工序为主安排施工计划，使相应专业操作班组之间实现最大限度的搭接施工。

（七）装配式混凝土结构技术管理及质量管理特点

（1）装配式混凝土结构施工图纸会审同传统现浇结构不同。其施工图纸会审重点应在预制构件生产前，通过深化或拆分构件图纸环节，审查是否在同一张施工图中展现结构、建筑、水、暖、通风、强电、弱电及施工需要的各种预留预埋等。预制构件安装专项施工方案编制应根据具体工程，针对性地介绍解决预制构件安装难点的技术措施，制定预制构件之间或同传统现浇结构节点之间可靠连接的有效方法；预制构件安装专项技术交底重点是预制构件吊装安装要求，钢套筒灌浆或金属波纹管套筒灌浆、浆锚搭接、钢筋冷挤压接头、钢筋焊接接头要求是重点关注部位。

（2）质量管理方面：应根据现行质量统一验评标准中主控项目和一般项目要求，结合产业化工程特点设置具体管理内容；应有施工单位、监理单位对生产企业进行驻场监造预制构件或部品生产过程，施工现场也应充分考虑到竖向构件安装时的构件位置、构件垂直度、水平构件的净高、位置；后浇构件中钢筋、模板、混凝土诸分项的质量及同相邻预制构件的结合程度，预制构件中水电暖通线管、盒、洞的位置及同现浇混凝土部分中线管、盒、洞的关联关系；技术资料整理应该体现装配式混凝土的特点，设置相应的标准表格。

（八）装配式混凝土结构工程成本控制特点

装配式建筑造价构成与现浇结构有明显差异，其工艺与传统现浇工艺有本质的区别。建造过程不同，建筑性能和品质也会不一样，二者的"成本"并没有可比性，只能在同等造价条件下提高建筑各种性能，或者在同等建筑性能条件下降低造价。从全局和整体思考，为了绿色环保低碳和提高建筑品质，适当增加造价也是能接受的，并且随着建筑产业化技术的不断进步，工程项目不断增多，预制构件规格进一步统一，成本会逐渐下降。

二、装配式混凝土结构施工进度管理

施工方是工程实施的一个重要参与方，许许多多的工程项目，特别是大型重点建设项目，工期要求十分紧迫，施工方的工程进度压力非常大。数百天的连续施工，一天两班制施工，甚至24h连续施工时有发生。但是，不是正常有序地施工，盲目赶工难免会导致施工质量问题和施工安全问题的出现，并且会引起施工成本的增加。施工进度控制不仅关系到施工进度目标能否实现，还直接关系到工程的质量和成本。在工程施工实践中，必须树立和坚持一个最基本的工程管理原则，即在确保工程安全和质量的前提下，控制工程的进度。

为了有效地控制施工进度，尽可能摆脱因进度压力而造成工程组织和管理的被动，施工方有关管理人员应深化理解：①如何科学合理地确定整个建设工程项目的进度目标。②影响整个建设工程项目进度目标实现的主要因素。③如何正确处理工程进度与工程安全和质量的关系。④施工方在整个建设工程项目进度目标实现中的地位和作用。⑤影响施工进度目标实现的主要因素。⑥施工进度控制的基本理论、方法、措施和手段等。

（一）施工进度控制的任务

业主方进度控制的任务是控制整个项目实施阶段的进度，包括控制设计准备阶段的工作进度、设计工作进度、施工进度、物资采购工作进度以及项目动用前准备阶段的工作进度。

设计方进度控制的任务是依据设计任务委托合同对设计工作进度的要求控制设计工作进度，这是设计方履行合同的义务。另外，设计方应尽可能使设计工作的进度与招标、施工和物资采购等工作进度相协调。在国际上，设计进度计划主要是确定各设计阶段的设计图纸（包括有关的说明）的出图计划，在出图计划中标明每张图纸的出图日期。

施工方进度控制的任务是依据施工任务委托合同对施工进度的要求控制施工工作进度，这是施工方履行合同的义务。在进度计划编制方面，施工方应视项目的特点和施工进度控制的需要，编制深度不同的控制性和直接指导项目施工的进度计划，以及按不同计划周期编制计划，如年度、季度、月度计划等。

供货方进度控制的任务是依据供货合同对供货的要求控制供货工作进度，这是供货方履行合同的义务。供货进度计划应包括供货的所有环节，如采购、加工制造、运输等。

正如前述，施工方进度控制的任务是依据施工任务委托合同对施工进度的要求控制施工工作进度，这是施工方进行合同的义务。

施工方进度控制的主要工作环节包括：

1. 编制施工进度计划及相关的资源需求计划

施工方应视项目的特点和施工进度控制的需要，编制深度不同的控制性和直接指导项目施工的进度计划，以及不同计划周期的计划等。为确保施工进度计划能得以实施，施工方还应编制劳动力需求计划、物资需求计划以及资金需求计划等。

2. 组织施工进度计划的实施

施工进度计划的实施指的是按进度计划的要求组织人力、物力和财力进行施工。在进度计划实施过程中，应进行下列工作：①跟踪检查，收集实际进度数据。②将实际进度数据与进度计划进行对比。③分析计划执行的情况。④对产生的偏差，采取措施予以纠正或调整计划。⑤检查措施的落实情况。⑥进度计划的变更必须与有关单位和部门及时沟通。

3. 施工进度计划的检查与调整

（1）施工进度计划的检查应按统计周期的规定定期进行，并应根据需要进行不定期的检查。施工进度计划检查的内容包括：①检查工程量的完成情况。②检查工作时间的执行情况。③检查资源使用及与进度保证的情况。④前一次进度计划检查提出问题的整改情况。

（2）施工进度计划检查后应按下列内容编制进度报告：①进度计划实施情况的综合描述。②实际工程进度与计划进度的比较。③进度计划在实施过程中存在的问题及其原因分析。④进度执行情况对工程质量、安全和施工成本的影响情况。⑤将采取的措施。⑥进度的预测。

（3）施工进度计划的调整应包括下列内容：①工程量的调整。②工作（工序）起止时间的调整。③工作关系的调整。④资源提供条件的调整。⑤必要目标的调整。

（二）施工进度计划的类型

施工方所编制的与施工进度有关的计划包括施工企业的施工生产计划和建设工程项目施工进度计划。

施工企业的施工生产计划，属于企业计划的范畴。它以整个施工企业为系统，根据施工任务量、企业经营的需求和资源利用的可能性等合理安排计划周期内的施工生产活动，如年度生产计划、季度生产计划、月度生产计划等。

建设工程项目施工进度计划，属于工程项目管理的范畴。它以每个建设工程项目的施工为系统，依据企业的施工生产计划的总体安排和履行施工合同的要求，以及施工的条件[包括设计资料提供的条件、施工现场的条件、施工的组织条件、施工的技术条件和资源（主要指人力、物力和财力）条件等]和资源利用的可能性，合理安排一个项目施工的进度。例如：①整个项目施工总进度方案、施工总进度规划、施工总进度计划（这些进度计划的名称尚不统一，应视项目的特点、条件和需要而定，大型建设项目进度计划的层次多一些，而小型项目只需编制施工总进度计划）。②子项目施工进度计划和单体工程施工进度计划。③项目施工的年度施工计划、项目施工的季度施工计划、项目施工的月度施工计划等。

施工企业的施工生产计划与建设工程项目施工进度计划虽属两个不同系统的计划，但是，两者是紧密相关的。前者针对整个企业，而后者则针对一个具体工程项目，计划的编制有一个自下而上和自上而下的往复多次的协调过程。

建设工程项目施工进度计划若从计划的功能区分，可分为控制性施工进度计划、指导性施工进度计划和实施性施工进度计划。具体组织施工的进度计划是实施性施工进度计划，必须非常具体。控制性进度计划和指导性进度计划的界限并不十分清晰，前者更宏观一些。大型和特大型建设工程项目需要编制控制性施工进度计划、指导性施工进度计划和实施性施工进度计划，而小型建设工程项目仅编制两个层次的计划即可。

（三）施工进度控制措施

由于施工进度控制是一个不断进行的动态控制，鉴于预制构件的生产计划由外部分包企业执行，存在进场时间波动的可能性，故实时监控进度与计划之间的偏差，并深入分析其成因。因此，要随时分析产生偏差的原因，预制构件同后浇混凝土合理穿插工序，衔接合理，随时采取相应措施，及时调整优化原计划，使实际进度同计划进度相吻合。

2. 施工进度控制方法

（1）行政方法

专项施工员会同项目部经理利用行政命令，进行指导、协调、考核，利用激励手段，督促预制构件生产单位按期完成构件加工任务，并及时送到施工现场，督促预制构件施工安装进度按照预定计划科学有效地实施。

（2）经济手段

项目经理及专项施工员利用分包合同或其他经济责任状，对预制构件生产单位和施工现场作业班组或劳务队人员进行控制约束，采取提前奖励拖后处罚的方法，确保预制构件专项施工安装进度按时完成。

（3）管理方法

在施工安装中通过采用施工人员多年自行总结的适用性操作办法，确保既定专项预制构件施工安装进度计划目标能够实现。

（4）组织措施

项目经理及专项施工员通过科学组织、合理安排，联系预制构件生产单位按每楼层将所需构件及时按期运送到施工现场；安装构件时将施工项目分解成若干细节，如地下室及楼层现浇层完工时间、每一楼层预制构件或部品安装完工时间；落实到作业班组或劳务队，以达到预定施工进度计划要求。

（5）技术措施

采用新工艺、新技术和新材料、新设备及适用的操作办法，如预制叠合楼板采用钢独立支撑或盘扣式脚手架系统，剪力墙或框架柱采用钢斜支撑，加快预制构件施工安装进度。选用合理的吊装机械或开发适合具体工程使用的专用吊装机械及机具，后浇混凝土部分采用定型钢模板、塑料模板或铝模板及支撑系统，加快后浇混凝土施工进度，缩短施工持续时间。

（6）经济合同措施

同预制构件生产企业密切沟通，使预制构件按照标准层施工计划尽量根据每一标准层所用的数量规格分批进场，减小或消除现场构件二次周转次数，从而降低安装机械费和人工费用；安装作业阶段应同作业班组或劳务分包方订立具体的专项承包合同，确保预制构件施工进度按时完成，按期完成进行经济奖励，安装工期拖后对作业班组或劳务分包方进行经济处罚。

（7）资金保障措施

专项施工员会同项目部经理确保专项工程进度的资金落实，留足采购预制构件及相关材料的专项资金，按时发放作业班组或分包方工资，对施工操作人员采用必要的奖惩手段，保证施工工期按时完成。

（四）施工进度计划实施和调整

1. 细化施工作业计划

专项施工员应编制日、周（旬）施工作业计划，将预制构件安装及辅助工序细化。后浇混凝土中支模、绑扎钢筋、浇筑混凝土及预留预埋管、盒、洞等施工工序也应细化和优化。

2. 签发施工任务书

专项施工员应签发施工任务书，将每项具体任务向作业班组或劳务队卜达。

3. 施工过程记录

专项施工员应跟踪每日施工过程，做好每日施工工作记录，特别是单位工程第一次安装预制构件时，由于机械和操作人员熟练程度较差，配合不够默契，往往可能比预定使用的时间大幅延长，因此要提前对操作人员进行培训，使之熟练，逐步缩短预制构件安装占用的时间。

4. 采用科学化手段

采用科学化手段如横道图法、S形曲线图法等方法，通过调查、整理、对比等步骤对施工计划进行检查。

5. 施工协调调度

专项施工员应做好施工协调调度工作，随时掌握计划实施情况，协调预制构件安装施工同主体结构现浇或后浇施工、内外装饰施工、门窗安装施工和水电空调采暖施工等各专业施工的关系，排除各种困难，加强薄弱环节管理。

6. 施工进度计划调整

（1）计划调整。施工进度计划在执行过程中会出现波动性、多变性和不均衡性，因此，当实际进度与计划进度存在差异时，就必须对计划进行调整，确保目标按计划实现。

（2）分析计划偏差原因。分析预制构件安装施工过程中某一分项时间偏差对后续工作的影响，分析网络计划实际进度与计划进度存在的差异，如剪力墙上层钢套筒或金属波纹管套入下层预留的钢筋困难，两块相邻预制剪力墙板水平钢筋密集影响板就位等，因此采取改变工程某些工序的逻辑关系或缩短某些工序的持续时间的方法，使实际工程进度同计划进度相吻合。

（3）具体措施。组织措施：增加预制构件安装施工工作面，增加工程施工时间，增加劳动力数量，增加工程施工机械和专用工具等。

技术措施：改进工程施工工艺和施工方法，缩短工程施工工艺技术间歇时间，在熟练掌握预制构件吊装安装工序后改进预制构件安装工艺，改进钢套筒或金属波纹管套筒灌浆工艺等。

经济措施：对工程施工人员采用"小包干"和奖惩手段，对于加快的进度所造成的经济损失给予补偿。

其他措施：加强作业班组或劳务队思想工作，改善施工人员生活条件、劳动条件等，提高操作工人工作的积极性。

三、装配式混凝土结构人力资源管理

施工总包企业常常将预制构件分包给具有混凝土生产资质的专业厂家生产，而现场预制构件安装及连接可作为单项工程发包给有资质的劳务分包单位管理。装配式混凝土结构承包方式的推广将会使施工企业逐步融入专业化承包方向上来，给全产业链的组织管理带来冲击。

（一）劳务承包方式

1. 劳务承包方式种类

装配式混凝土结构工程劳务分包是指，施工单位将其承包的工程劳务作业发包给劳务分包单位完成，装配式混凝土结构工程劳务分包单位一般采取劳务直管方式。劳务直管方式是指将劳务人员或劳务骨干作为施工企业的固定员工参与建筑施工的管理模式。由于现场劳务管理由企业施工员工完成，对劳务队伍管理较规范。具体采取下列三种方式：

①施工企业内部独立的劳务公司。劳务公司就是企业内部劳务作业层从企业内部管理分离出来成立的独立核算单位。劳务公司管理独立于本企业，经营上自负盈亏，并向本企业上缴一定管理费用。其管理层由参与组建的各方确定，以本企业内部劳务市场需求为主，也可参与企业外部的劳务市场竞争；作业员工以企业内部原有的劳务人员组成，适当吸纳社会上有意参股的施工队伍共同筹资组建，劳务公司内部具体权益分配主要由各方投资份额决定。

②企业内部成建制的劳务队伍。企业内部成立相对固定的施工队伍，劳务人员与企业签订长期的合同，享受各种培训、保险等福利待遇。劳务队伍在企业内部根据工程需求在各个工地流动，也可将该劳务队伍外包到其他相关工程中，保证作业员工稳定收入，也可引入外部劳务队伍参与企业内部竞争。

③稳定技术骨干加临时工形式。这种形式就是以企业内部劳务作业层为主，招募社会零散劳务人员或小型施工队伍，与企业内部职工同等管理，现场管理由企业施工员担任。此类形式下企业固定员工少，社会零散劳务人员用时急招，不用时遣散，故劳务风险较小，骨干长期保留，便于控制和管理。

上述三种形式各有特点，因此应坚持长期对劳务分包人员进行专业培训考核，确保劳务人员劳动积极性和技术水平，使用相对稳定，劳务成本可控。

2. 具体分项工程劳务分包管理

装配式混凝土工程中现场吊装安装工序、钢套筒灌浆或金属波纹管灌浆工序可以采用以上三种劳务分包管理形式，其他传统施工工序，如钢筋绑扎专业、模板支设专业、混凝土浇筑专业及轻质墙板安装专业也可采用以上三种劳务分包管理形式，做到专业化操作、标准化管理，进度和工程质量均有保证。

（二）项目部管理人员及作业层人员组织

1. 施工现场机构组成

项目经理负责制的建立是使各责任人明确各自的职责和职权范围，使有关人员按照其职责、权限及时有效地采取纠正和预防措施，以至达到消除、防止、杜绝产品生产过程和质量体系不合格的现象，使质量保证措施全部得到控制。根据工程的特点，工程项目管理组织机构由三个层次组成：指挥决策层、项目管理层、施工作业层。

（1）指挥决策层

指挥决策层由企业总工程师和经营、质量、安全、生产、物资、设备等部门领导组成，是建筑企业运用系统的观点、理论和方法对施工项目进行的计划、组织、监督、控制、协调等全过程、全方位的管理。

（2）项目管理层

根据工程性质和规模，装配式混凝土结构实行项目法施工，成立项目经理部，项目经理部领导由项目经理、技术负责人组成，下设施工、质量、安全、资料、预算合同、财务、材料、设备、计量、试验等部门，确保工程各项目标的实现。

（3）施工作业层

施工作业层根据工程进度和规模，由相关专业班组长及各相关专业作业人员组成。

2.施工现场作业层

①根据住房和城乡建设部人事司《关于调整住房城乡建设行业技能人员职业培训合格证职业、工种代码的通知》（建人劳函〔2016〕18 号）通知要求，传统混凝土结构工程主要有测量工、模板工、钢筋工、混凝土工、砌筑工、架子工、抹灰工及管工、电工、通风工、电焊工、弱电工。

②装配式结构除了上述工种以外，还需要机械设备安装工、起重工、安装钳工、起重信号工、建筑起重机械安装拆卸工、室内成套设施安装工，根据装配式建筑特点还需要移动式起重机司机、塔式起重机司机及特有的钢套筒灌浆或金属波纹管灌浆工等。

（三）劳动力资源管理

装配式混凝土工程行业也同建筑施工一样，作业人员现状不容乐观。目前，我国建筑行业人员情况分析如下：

1.从业人员的年龄

从建筑施工企业作业人员年龄结构分布来看，20 ～ 25 岁这个年龄段占了一半以上。这个年龄段的从业人员由于刚刚步入社会，相关的社会经验还明显不足是大部分从业人员的特征。但是由于这部分人所处的年代和社会环境决定了这个年龄段的从业人员自身对工作的热情度、勤奋度较高，心态较好，更为重要的是这部分人群在接受新鲜事物方面有较强的学习能力。装配整体式混凝土结构技术的发展和推进需要不断地学习和积累，这部分人在这方面具有相对较大的优势，经过正确的培训和引导，这部分从业人员必将成为我国发展建筑产业化技术的中坚力量。

2.从业人员的学历

从业人员的学历相对较低，接受过高等教育的从业人员所占比例较小一直是困扰装配式混凝土结构发展的关键问题，同时也是施工及生产预制构件企业发展的瓶颈问题。在目前的产业从业人员的学历分布中，中专和高中及以下学历的人员占了大多数。近年来，随着大学的扩招和相关专业招生数量的逐渐增加，产业从业人员新陈代谢的速度还是相对较快的，也正在积极地向学历高层次推进。

3.施工现场劳力资源管理

施工现场项目部应根据装配式混凝土结构工程的特点和施工进度计划要求，编制劳力资源需求的使用计划，经项目经理批准后执行。

应对项目劳力资源进行劳力动态平衡与成本管理，实现装配整体式混凝土结构工程劳力资源的精干高效管理，对于使用作业班组或专项劳务队人员应制定有针对性的管理措施。

4．作业班组或劳务队管理

①按照深化的设计图纸向作业班组或劳务队进行设计交底，按照专项施工方案向作业班组或劳务队进行施工总体安排交底，按照质量验收规范和专项操作规程向作业班组或劳务队进行施工工序和质量交底，按照国家和地方的安全制度规定、安全管理规范和安全检查标准向作业班组或劳务队进行安全施工交底。

②组织作业班组或劳务队施工人员科学合理地完成施工任务

③在施工中随时检查每道工序的施工质量，发现不符合验收标准的工序应及时纠正。

④在施工中加强每位操作人员之间的协调，加强每道工序之间的协调管理，随时消除工序衔接不良问题，避免人员窝工。

⑤随时检查施工人员是否按照规定安全生产，消灭影响安全的隐患。

⑥对专项施工所用的材料应加强管理，特别是坐浆料、灌浆料的使用应控制好，努力降低材料消耗，对于竖向独立钢支撑和斜向钢支撑应仔细使用、轻拿轻放，保证周转使用次数足够长久。

⑦加强作业班组或劳务队经济核算，有条件的分项应实行分项工程一次包死，制定奖励与处罚相结合的经济政策。

⑧按时发放工人工资和必要的福利和劳保用品。

（四）分析人工的消耗量

根据装配整体式混凝土结构特点，分析已建成的工程项目人工的消耗数量，对今后一段时间推广该项工作非常有意义。由于预制装配式混凝土结构体系减少了大量的湿作业，现场钢筋制作、模板及支架搭设、混凝土浇筑和模板及支架拆除的工作量大多转移到了产业化工厂。因此，现场钢筋工、木工、混凝土工的数量大幅度减少。同时，由于预制构件表面平整可以实现直接刮腻子、刷涂料。因此，施工现场减少了抹灰工的使用量。但由于预制墙板存在构件之间连接及接缝处理的问题，因此，施工现场增加了套筒灌浆、墙缝处理等的用工，同时增加了预制构件吊装和拼装用工。由于施工方法的不同，施工现场只需要搭设外墙防护钢架网，减少了搭设外墙钢管脚手架及密目网的用工。

四、装配式混凝土结构材料管理

（一）预制构件及材料采购管理

装配式混凝土工程预制构件及材料采购分为预制构件及部品采购和其他材料采购。

1．预制构件及其他材料采购准备

预制构件及其他材料采购是保证材料供应的基础，和现场施工安装密切相关，首先要了解装配式混凝土结构工程深化设计要求、施工安装进度等情况。因此，项目部应提前编制预制构件及其他材料采购供应计划，切实掌握工程所需预制构件及其他材料的品种、规格、数量和使用时间，项目部内部施工生产、技术、材料、造价、计划、财务等部门应密切配合，做好预制构件及其他材料采购工作，应同预制构件及其他材料的生产厂家或经销单位、运输单位密切联系、密切协作，为现场施工安装做好物质准备。

2. 预制构件及其他材料市场经济信息收集

拟建装配式建筑的项目部应会同材料员及时了解预制构件及其他材料市场商情，掌握预制构件及其他材料供应商、货源、价格等信息。对预制构件及其他材料市场经济信息、供需动态等进行搜集、整理、分析。预制构件及其他材料市场信息经过整理后，进行比较分析和综合研究，制订出预制构件及其他材料经济合理的采购策略和方案。

3. 预制构件及其他材料市场采购

预制构件及其他材料订货，主要做好以下工作：

①订货前，供需双方均需具体落实预制构件及其他材料资源和需用总量。供需双方就供货的品种、规格、质量、供货时间、供货方式等具体事宜进行具体协商，并解决有关问题，统一意见后，由供需双方签订预制构件及其他材料供货合同。

②选择供货单位的标准为：质量应符合设计要求、价格低、费用省、交货及时、可以提供技术支持、售后服务好等。

③选择供货单位的方法有多种方式，可采用直观判断法、采购成本比较法、综合评分法、材料采购招标法等来选择确定性价比最高的供货单位。

（二）预制构件及部品采购合同内容

预制构件及部品采购合同内容包含：①合同标的物情况。②合同标的物数量。③合同标的物包装。④合同标的物交付及运输方式。⑤合同标的物验收。⑥合同标的物交货期限。⑦合同标的物价格。⑧合同标的物结算。⑨合同标的履行合同时违约责任。

（三）预制构件及其他材料现场组织管理

（1）预制构件及其他材料供应计划。分项工程开工前，应向项目部材料负责人提供需要的材料供应计划，计划上明确提出所需材料的品种、规格、数量和进场时间。

（2）预制构件及其他材料进场验收。当所需预制构件及其他材料进场时，专业施工员会同材料负责人和技术负责人共同对其进行验收。验收包括材料品种、型号、质量、数量等，并办理验收手续，报监理工程师核验。

（3）预制构件及其他材料储存和保管。进场的材料应及时入库，建立台账，定期盘点。

（4）材料领发。凡是有预算定额或工程量清单的材料均应凭限额领料单领取材料，装配式构件安装分项工程施工完成后，剩余材料应及时退回。

（5）预制构件及其他材料使用过程管理。在施工过程中，专业施工员和材料员应对作业班组和劳务队工人使用材料进行动态监督，指导施工操作人员正确合理使用材料，发现浪费现象及时纠正。

（6）预制构件及其他材料ABC分类管理。ABC分类管理法又称ABC分析法、重点管理法，主要是分析对施工生产起关键作用的占用资金多的少数品种、起重要作用的占用资金较多的品种和起一般作用的占用资金少的多数品种的规律。在管理中要抓好关键，照顾重要，兼顾一般。

ABC 分类管理的基本方法是：统计预制构件、部品及其他工程消耗的材料在一定时期内的品种项数和各品种相应的金额，登入分析卡；将分析卡排列的顺序编成按金额大小的消耗金额序列表，按金额大小分档次；根据序列表中的材料，计算各种材料金额所占总品种总金额的百分比。

处理好重点材料和一般材料的关系，把主要精力放在 A 类材料上，抓住主要矛盾，兼顾 B 类材料，不忘 C 类材料。因为缺任何一种材料都会给正常施工生产造成损失，而且这两类材料品种多、用途广泛，如果放松管理必然造成浪费。重点与一般也是相对的。另外，因建筑施工中的结构形式不同、施工阶段不同等因素，具体工程中预制装配率不同，所以材料管理的重点也会相应变化。

（四）预制构件及材料运输

（1）预制构件运输的要求。预制构件中墙板等构件的长度、宽度均远远大于厚度，正立放置自身稳定性差，因此运输车辆应设置侧向护栏。

（2）构件码放要求。预制构件一般采用专用运输车运输；采用改装车运输时应采取相应的加固措施。预制构件在运输过程中，运输的振动荷载、垫木不规范、预制构件堆放层数过多等也可能使预制构件在运输过程中结构受损、破坏。同时，也有可能由于运输的不规范导致保温材料、饰面材料、预埋部件等被破坏。

（3）构件出厂强度要求。构件出厂运输时动力系数宜取 1.5，混凝土强度实测值不应低于 30MPa；预应力构件当无设计要求时，出厂时混凝土强度不应低于混凝土强度设计值的 75%。

（4）运输过程安全控制。预制混凝土构件运输宜选用低平板车，并采用专用托架，构件与托架绑扎牢固。预制混凝土梁、叠合板和阳台板宜采用平放运输；外墙板、内墙板宜采用竖直立放运输；立放由于自身稳定性差、重心高，路途颠簸时易倾覆，故立放使用靠放架运输比较安全。

柱、梁可采用平放运输，预制混凝土梁、柱构件运输时，平放不宜超过 2 层。专用托架、车厢板和预制混凝土构件间应放入柔性材料，构件应用钢丝绳或夹具与靠放架绑扎，构件边角或与锁链接触部位的混凝土应采用柔性垫衬材料保护。

（5）装运工具要求。装车前应先检查钢丝绳、吊钩吊具、墙板靠放架等各种工具是否完好、齐全。确保挂钩没有变形、钢丝绳没有断股开裂现象，确定无误后方可装车。吊装时按照要求，根据构件规格型号采用相应的吊具进行吊装，不能有错挂漏挂现象。

（6）运输组织要求。进行装车时应按照施工图纸及施工计划的要求组织装车，注意将同一楼层的构件放在同一辆车上。为节省时间，不可随意装车，以免到现场卸车费时费力。装车时注意避免磕碰构件等不安全的事发生。

（7）车辆运输要求。

①运输路线要求。选择运输路线时，超宽、超高、超长构件可能无法运输，应综合

考虑路线上桥梁、隧道、涵洞限高和路宽等制约因素。运输前应提前选定至少两条运输路线，以备不可预见情况发生。

②构件车辆要求。为保证预制构件不受破坏，应该严格控制构件运输过程。运输时除应遵守交通法规外，运输车辆的车速一般不应超过60km/h。转弯时车速应低于40km/h。构件运输到现场后，应按照型号、构件所在部位、施工吊装顺序分类存放，存放场地应为吊车工作范围内的平坦场地。

③施工现场内部运输。考虑场区内施工道路硬化措施，设置双行道路或单行循环道路，道路两端应有不少于12m×12m范围的掉头车场，道路转弯半径不小于15m。

第三节　钢结构与轻钢结构施工项目管理

高层和大跨度建筑越来越受欢迎。而钢结构由于强度高、自身质量轻、施工周期短等优点，成为高层、大跨度的优选结构形式。目前，世界上最高、最大的结构采用的都是钢结构。轻钢结构建筑已被广泛应用于仓库、厂房、展览馆、体育馆等低层建筑，轻钢结构一般在工厂进行加工制作，在现场拼装完成，自身质量轻，建设周期短。

施工方是工程实施的重要参与方，不仅要先行了解工程规模、特点、技术要求和建设期限，调查并且分析工程所在地的自然环境以及技术条件，在此基础上再编制该工程的钢结构和轻钢结构施工组织设计，更需要选定优秀的施工方案，安排合理施工顺序，采用先进技术，充分利用机械设备，做好人力、物力和财力的综合平衡，努力提高劳动效率，组织现场文明施工，以求在确保工程质量的前提下，缩短工期，节约材料，降低成本，满足使用功能要求，以获得较好的投资效益和社会效益。

一、构件及材料管理

（一）钢材

钢材是钢结构和轻钢结构的主要材料，其质量控制要抓住钢材订货的技术指标和钢材的复验两个环节。

钢材的技术性能包括力学性能和工艺性能。力学性能要满足结构的功能，包括强度、Z向性能、疲劳等；工艺性能要满足加工的要求，包括冲击韧性、热处理、可焊性等。我们须根据钢材的技术指标来组织订货。

钢材的复验是指钢材到了加工厂，在加工之前进行复验。

（二）焊材

焊接材料包括焊条、焊丝、焊机等，其质量控制要点如下：

（1）焊材生产厂的选择：焊材生产厂的选择按ISO9001系列供方规定《分供方评

定程序》选择并根据质量情况确定。

（2）焊材的选择：依据设计图纸提供的构件材料由主管工程师选择相匹配的焊材，并对首批采用的焊材按国家标准进行复验及工艺性评定。合格后将复验报告及评定结果报项目监理批准后使用。

（3）焊材的管理。①焊材入厂时必须有齐全的质量证件及完整的包装。②按国家标准进行理化复验及工艺性评定。复验及工艺评定由具有相应资格的人员进行，复验范围为首次采用的首批焊材及合同规定的复验范围；当对焊材质量有异议时也需进行复验。③焊材入库：复验结果与国家标准、制造厂的质量证件相符合后才可按《物资管理程序》入库。④焊材保管及出库：焊材库的设置要按规范配备齐全通风干燥等设施并设驻库检查及保管员，焊材出库要严格履行出库程序。

（三）钢构件现场管理

现场钢构件的堆放以不使构件受到损伤和尽量避免二次搬运为原则，具体堆放视现实场地的大小和作业现场条件而定。为了便于安装，构件的摆放应选择平整路面，应靠近安装位置，并在起重机吊臂范围之内，保证起重机垂直运输。

搬运和减少损伤，构件与地面之间要用木方垫起来且有一定坡度以利于排水，且每批材料之间加木方的原则是通用的。构件堆放要保证有良好的通风条件，在阴雨天要用彩条布覆盖以避免遭雨淋，以免被上面的积水造成微型的腐蚀，失去其应有的结构强度及外型效果。

二、吊装机具管理

在钢结构和轻钢结构吊装中，吊装机具主要有塔式起重机、白棕绳、钢丝绳等。

白棕绳是用于起吊轻型构件和作用受力不大的缆风、溜绳等。白棕绳由植物纤维搓成线，线绕成股，再股拧成绳。钢丝绳是吊装中的主要绳索，具有强度高、韧性好、耐磨性好等优点，在磨损后外部产生许多毛刺，容易检查，便于预防事故，可用于各种起重机中。

白棕绳和钢丝绳的种类、直径和根数应考虑钢构件的质量、钢构件与钢丝绳的摩擦力、风荷载等进行选择。破断拉力是指在试验中把绳拉断所需要的力。允许拉力是指绳索在实际工作中允许承受的力。

如钢构件总质量约为40t，则允许拉力为400kN，4股吊装，则每根钢丝绳允许拉力[P]为100kN，根据吊点的要求和考虑安全性，将采用4根直径为36mm的钢丝绳。计算如下：

钢丝绳的破断拉力：

$$P_{破}=0.5d^2$$

（7-1）

式中：d 为钢丝绳的直径（mm）。

单根钢丝绳容许应力：$[P]=P_破/K$

式中：K 为安全系数，机械设备可取 6。

则钢丝绳的直径 $d = \sqrt{100 \times 6 / 0.5}\text{mm} = 34.64\text{mm}$ 。

4 根直径为 36mm 的钢丝绳满足要求。

钢丝绳是钢结构和轻钢结构吊装过程中重要的工具。精确地计算构件质量，合理选择相应的钢丝绳是钢结构和轻钢结构吊装顺利进行的可靠保障。

塔式起重机的选型和布置在钢结构吊装中是非常重要的，应注意以下几点：

（1）必须覆盖所有的施工作业区，尽可能不出现盲区，并且应满足不同阶段的使用。同时要考虑构件运进施工现场以后的卸车路线、卸车点、堆放场地、起吊场地的吊装覆盖范围。一方面要考虑塔式起重机的臂长，另一方面还要考虑塔式起重机的起重性能。

（2）根据构件分段的要求，确定所选塔式起重机的起重性能。构件的分段和起重机的起重性能是相互关联的矛盾体，构件的分段一方面要考虑塔式起重机的起重性能，另一方面还要考虑构件工厂加工分段的合理性，同时尽量减少在施工现场的焊接工作量，满足结构要求等，而塔式起重机的起重性能则要依据构件的质量和起吊半径来确定。最终必须确保在构件的分段和塔式起重机性能之间达到一种最优的平衡。

（3）根据工程特点，确定塔式起重机的固定方式。对于高层建筑结构，塔式起重机多采用爬升式，即塔式起重机附着在高层建筑的核心筒内部，随着建筑的升高而不断升高。附着式在多层建筑和低层建筑中应用较多，附着在建筑物的外部。

（4）在施工现场使用的塔式起重机一般较多，必须考虑各塔式起重机之间的协同作业。一方面是安全的要求，各塔式起重机之间的工作范围常常有重合的地方，绝不能发生碰撞，否则造成的后果是灾难性的，应通过对塔吊臂的限位措施来实现。另一方面需要各塔式起重机之间协同作业，共同完成起吊作业，如抬吊。

（5）应提前考虑塔式起重机的拆除方案。特别是在高层建筑的施工中，工程中一般采用小塔拆大塔，再安一台更小的塔来拆小塔，直到最小的吊具可以通过电梯拆卸下来。工程中会对每个工程项目的具体情况制订塔式起重机的拆除方案。塔式起重机的安装和拆除属于特种作业，必须有相应资质的单位才能够承担塔式起重机的安装和拆除作业。塔式起重机安装好后，必须请技术监督部门审查备案批准后，方可投入使用。

（6）确定塔式起重机的维护方案。维护塔式起重机是钢结构和轻钢结构安装过程中的头等大事，因塔式起重机的使用贯穿整个安装过程，是安装工作的生命线。在工程实际中，塔式起重机的使用总会发生各类故障，甚至发生断裂、倾覆的事故。在安装工程开始时，就应编制塔式起重机的维护方案，并在施工过程中严格加以实施，确保塔式起重机在整个安装过程中正常使用。

三、施工进度管理

项目的工期往往是项目管理者最为关注的问题之一，合理的工期目标不仅对进度控制非常重要，对造价控制也有很大的意义。确定合理的工期目标是一个比较困难的工作，对于钢结构和轻钢结构来说，可以以吨为单位进行类比工期估算，参考类似工程的经验数据，根据钢结构吨数的不同，再考虑一个难度及复杂程度的比例系数，就可以对钢结构和轻钢结构的工期进行估算。

施工进度控制是指在既定的工期内，编制出最优的施工进度计划，在执行该计划的施工中，经常检查施工实际进度计划，并与计划进度进行比较，若出现偏差，分析产生的原因和对工期的影响程度，找出必要的调整措施，修改原计划，直到满足进度计划为止。施工进度控制主要包括以下内容：

事前进度控制：确定钢结构工程施工进度控制的工作内容和特点，控制方法及具体措施，进度目标实现的风险分析，提出尚待解决的问题；根据合同工期、施工进度目标及工程分期投产要求，对施工准备工作及各项施工任务作出时间安排，确定各单位工程、工种工程和全工地性工程的施工衔接关系；利用流水施工原理，科学组织分段流水施工，实现立体和平面的流水作业，同时应用网络计划技术，编制局部的实施性网络计划，根据关键线路的工作，实现施工的连续性和均衡性；以工程项目施工总进度计划为基础编制年度工程计划，确定钢结构工程的形象进度和所需资源（包括人力、物力、材料、设备及资金等）的供应计划。

事中进度控制：建立钢结构工程施工进度控制的实施系统；及时对施工进度进行检查、做好记录，随时掌握进度实施动态；对收集的进度数据进行整理和统计，并与计划进度相比较，从中发现是否出现进度偏差并进行工程进度预测，提出可行的修改措施；重新调整进度计划及相关计划并付诸实施；加强现场的施工管理和调度，及时预防和处理施工中发生的技术问题、质量事故和安全事故，减少这些问题对进度的影响。

事后进度控制：及时组织工程验收，处理工程索赔，工程进度资料整理、归类、编目和建档等。

工程进度管理是现场管理的一个重要方面，我国实现的是监理制，承包商具体负责工程进度的实施，而监理代表业主对工程的进度进行管理。

（一）进度计划编制

进度计划的制订非常烦琐，施工进度计划可分为三级：一级计划为总控制进度计划，由总承包单位编制项目的总控制进度计划，并报监理和业主审批认可。二级计划为阶段性的工作计划或分部工程计划，由总承包单位和专业分包公司来编制。三级进度计划为周计划，由施工单位编制。钢结构和轻钢结构的进度计划属于二级进度计划。

进度计划的编制常采用的有横道图和网络计划技术。在大型工程的项目管理中，网络计划技术因能表达工序之间的逻辑关系、不需要手工绘制等优点而应用较多。

进度计划的编制难点主要是对工作进行分解及排序和各项工作的时间估算。要做好工作分解结构及排序，首先要有比较完善的施工方案，其次要对施工过程和施工技术要有比较深入的了解，对各项工作的逻辑关系非常清楚，最后通过大量细致的工作才能把分解工作做好。

估算各项工作的持续时间，不仅要充分了解人工、机械和材料的配置情况和成本，同时还需要了解各项工作的劳动生产率。钢结构的焊接若采用手工电弧焊，每个工人单位时间的焊接工作量是多少，若采用半自动埋弧焊，其单位时间的焊接工作量是多少，加工完成一根柱的时间大概是多少，一根梁是多少等，这些基础数据需要在工作中长期积累而来，从而准确计算工期。但在实际工程中，是根据工期要求配置人工、机械和材料，同时要兼顾成本和技术的可行性。有些工作并无经验数据可行，需要实际的工程摸索确定工作持续时间。

工作的分解结构和各项工作的持续时间解决以后，就可以采用网络计划技术求解关键路径，通过关键路径的调整来适应工期进度的要求，尽量做到时间和进度的平衡。

（二）现场进度控制

1. 建立进度计划的管理体系

相关单位比如业主、设计、监理、施工各级承包单位，须设立明确的进度管理架构，设置专职计划员。计划员要具备一定生产安排经验，了解图纸、施工组织设计、方案等技术文件，能对施工进度动向提前做出预测。

进度计划管理体系的贯彻途径有：

（1）完善例会制度

每周召开至少一次有各单位负责人参加的生产调度例会；各施工单位每周召开至少一次本单位的生产调度例会；必要时召开有关进度问题的专题会议。

（2）监理沟通渠道

各单位生产负责人工作时间必须在岗，如临时外出须通知其他相关人员，并做出相应安排；除睡觉时间外必须能随时取得联系。

2. 工程进度的动态调控

在进度管理体系建立的基础上，必须树立动态调控的概念。虽然在编制计划的过程中，分析了影响工程进度的各种因素，但在实施的过程中，实际的工程进度要复杂得多。进度管理的过程就是一个不断解决新问题，不断重新调配和组织资源，不断调整计划的动态过程。动态调整往往围绕一些既定的节点工期进行。工程进度的控制是一个持续性的动态调整过程，贯彻整个工程的始终，同时工程进度的管理实质上也是资源调配的过程。

第八章 装配式建筑项目施工质量及安全管理

第一节 施工质量控制

一、装配式建筑施工质量的概念和特点

（一）装配式建筑施工质量的概念

建筑工程质量的概念较为抽象，它应能满足用户居住需要、符合国家标准，也应能满足出资方所要求的设计文件及合同的规定。

装配式建筑施工质量除了满足建筑工程质量的要求以外，还格外强调装配式构件的生产质量，毕竟装配式建筑的功能实体是在项目的施工阶段形成的，且整体项目的质量高度依赖构件质量。总体而言，装配式建筑的施工质量是以项目决策，以及策划阶段、设计阶段、施工策划和准备阶段中已完成的相关工作质量为基础，在施工阶段以业主为核心，勘察单位、设计单位、施工单位、建设单位、劳务公司、材料（设备）供应单位等共同参与，各方有效协同，将土地、资金、技术、劳动力、材料、设备、能源及信息等生产要素进行合理配置而形成的。

（二）装配式建筑工程施工质量的特点

装配式建筑只有将 PC 构件、机电设备、现浇钢筋混凝土等拼装成整体后，才能发挥建筑功能，因此装配式建筑的施工质量有如下特点。

（1）建筑主体以预制 PC 构件拼装为主，质量可靠性高。PC 构件的生产都是在预制生产车间完成，以平面化作业代替了立体化作业，将传统的先后作业顺序改变为平行作业，互不影响，且施工质量更能够可靠控制，尺寸偏差可以控制在毫米级。

（2）预制 PC 构件能一次集成多项功能（如防水、保温、结构等一体化生产完成），节约安装时间，减少施工现场的质量控制点，同时，PC 构件在室内生产，受环境因素影响降低，如可以忽略混凝土结冻的质量影响、混凝土高温开裂的影响等。

（3）多工序可以并行作业。装配式建筑所有 PC 构件能够在厂房一次性生产完成，且不受先后限制，墙、板、楼梯等可以平行作业，在质量管控上互不制约和影响，能够独立完成作业。与传统的必须遵从操作面的施工工序相比，装配式建筑施工难度降低，质量影响因素减少，生产效率提高，能在一定程度上缩短工程建设周期。

（4）测量放线及预埋件要求更高。PC 构件一旦制作完成，尺寸就不能变更。若楼层标高控制不好，叠合楼板就会安装不平整，甚至不能安装，造成质量问题。预埋件超过既定限度，也会造成 PC 构件无法安装，需重新植入或者开孔，影响结构主体的整体性，同时增加成本、影响工期。

基于以上特点，在对装配式建筑施工项目进行质量管理时，应当重视对构件的质量检验和对隐蔽工程的质量检验，同时应当合理安排生产周期，确保能够在保证施工质量的前提下，充分发挥装配式建筑施工的优点，缩短工期，节省开支。

二、施工质量控制的原则和基本方法

（一）施工质量控制的原则

（1）坚持质量第一。建筑工程质量是建筑工程完工价值的完美呈现，老百姓最关心的就是工程项目的质量。在建筑工程项目施工时，必须树立"百年大计，质量第一"的理念。

（2）坚持预防为主。预防为主是指在建筑工程施工前进行前期的预判，找出影响建筑工程施工质量的各种因素，在质量问题发生之前来防止未来施工中出现问题。过去通过对已完成项目的质量检查可以确定项目是否合格，现在倡导严格控制和积极预防相结合，以及以预防为导向的方法来确保整个工程项目的质量能够达到预期目标。

（3）坚持质量标准。对于工程项目而言，必须坚持一定的质量标准，有衡量才有目标。质量标准是评估一个工程结束后的总体质量的标准，工程各个阶段的数据是施工质量控制的基石，一定要严格检查每个阶段的测量数据，达到质量标准才准予通过，定时、定期核查数据，确保每个阶段的工程施工质量都达到预期的质量标准。

（4）坚持全面控制。①坚持全过程的质量控制，全过程是指工程质量的生产过程、形成过程和实现过程，为保证和提高工程项目质量，质量控制不应局限于施工实施过程，而必须贯穿整个过程，无论是勘察、设计，还是使用、维护，有必要控制影响工程施工质量的各方面因素。②坚持全员的质量控制，工程项目质量集中体现了项目各部门和各环节所涉及的质量，工程质量的提高受项目经理和施工普通员工的影响较大。建筑工程施工质量控制必须充分调动所有项目人员的积极性和创造性，让每个人都关心施工质量，每个人都做好施工质量控制。

（二）施工质量控制的基本方法

施工质量控制的基本方法主要包括统计调查表法、分层法、排列图法、因果分析图法、散布图法、直方图法、控制图法等，接下来介绍几种常用的施工质量控制方法。

1. 统计调查表法

统计调查表法又叫统计分析法。统计调查表法是先收集施工中涉及的各种质量数据，再对质量数据进行整理和分析的一种方法。该方法具有便于整理、实用有效、简便灵活的特点。统计调查表法一般可以结合分层法来使用，两种方法的结合可以更加有效地找到问题的根源，以提供更好的改进措施。

2. 分层法

分层法又称作分类法，该方法是对调查数据的不同特征进行整理、归类的一种方法。分层法可以使调查数据更加清晰明了、通俗易懂。一般用到的分层标准有施工时间、施工人员、施工设备、材料来源等。该方法可以使数据之间的差距变得更加一目了然，减少层内数据的差异性。此外，层间分析和层内分析可以为更快找到质量问题的根源提供有效方法。

3. 排列图法

排列图法主要是通过对施工质量问题进行采集、整理，对其原因进行分类和罗列的方法。该方法可以推断出工程质量问题的原因，对影响工程质量的各种因素以图表的方法进行归类和汇总，以便更好地预防施工中的质量问题。

4. 因果分析图法

因果分析图法主要是对施工中涉及的潜在问题的成因进行整理并进行汇总，预防施工中的质量问题，并有数据作为依据。在进行工程施工质量控制的过程中，该方法被广泛应用于安全工程领域。

5. 散布图法

散布图法是把成本数据及业务量数据在坐标图上进行标注，将最为接近的坐标数据连成线，为工程项目的单位变动成本和固定成本的推算提供基本的数据支撑。散布图法的应用可以更加方便地获得两个变量之间的联系，更加容易了解各因素对施工整体的影响程度。

三、装配式建筑施工质量控制要点

（一）预制构件进场检验

预制构件进场时应全数检查外观质量，不得有严重缺陷，且不应有一般缺陷。预制构件应全数检查，预制构件有粗糙面时，与粗糙面相关的尺寸允许偏差可适当放松。预制构件进场检查合格后应在构件上进行合格标识。

（二）吊装精度控制与校核

吊装质量的控制重点在于施工测量的精度控制。为达到构件整体拼装的严密性，避免因误差累积而使后续构件无法正常吊装就位等，吊装前须对所有吊装控制线进行认真复检，构件安装就位后须由项目部质检员会同监理工程师验收构件的安装精度。安装精度经验收签字通过后方可进行下道工序的施工。

轴线、柱、墙定位边线及 200mm 或 300mm 控制线、结构 1m 线、建筑 1m 线、支撑定位点在放线完成后应及时进行标识。现场吊装完成后，应及时根据工程具体要求进行检查，标识完整，实测上墙。

（三）墙板吊装施工

吊装前对外墙分割线进行统筹分割，尽量将现浇结构的施工误差进行平差，防止预制构件因误差累积而无法进行吊装。吊装应依次铺开，不宜间隔吊装。吊装前，在楼面板上根据定位轴线放出预制墙体定位边线及 200mm 控制线，检查竖向连接钢筋，偏位钢筋用钢套管进行矫正。

吊装就位后，应用靠尺核准墙体垂直度，调整并固定斜向支撑，最后才可摘钩。

（四）套筒灌浆施工

拌制专用灌浆料时应进行浆料流动性检测，留置试块，然后才可以灌浆。一个阶段的灌浆作业结束后，应立即清洗灌浆泵。灌浆泵内残留的灌浆料如已超过 30min（从自制浆加水开始计算），不得继续使用，应废弃。

在预制墙板灌浆施工之前对操作人员进行培训，通过培训增强操作人员对灌浆质量重要性的意识，让其明确该操作行为一次性、不可逆的特点，从思想上重视其所从事的灌浆操作；另外，通过工作人员灌浆作业的模拟操作培训，规范灌浆作业操作流程，熟练掌握灌浆操作要领及控制要点。

现场存放灌浆料时，需要搭设专门的灌浆料储存仓库，要求该仓库防雨、通风。仓库内搭设放置灌浆料的存放架（离地一定高度），使灌浆料处于干燥、阴凉处。预制墙板与现浇结构结合部分表面应清理干净，不得有油污、浮灰、粘贴物、木屑等杂物，构件周边应封堵严密，不漏浆。

（五）叠合板吊装施工

预制叠合板根据吊装计划按编号依次叠放。吊装顺序尽量依次铺开，不宜间隔吊装。

板底支撑间距不得大于 2m，每根支撑之间高差不得大于 2mm、标高差不得大于 3mm，悬挑板外端比内端支撑尽量调高 2mm。

在预制板吊装结束后，就可以分段进行管线预埋的施工，在满足设计管道流程的基础上，结合叠合板规格合理地规划线盒位置、管线走向，使其合理化，线盒需根据管网综合布置图预埋在预制板中，叠合层仅有 8cm，叠合层中杜绝多层管线交错，最多允许两根线管交叉在一起。

叠合层混凝土浇捣结束后，应适时对上表面进行抹面、收光作业，作业分粗刮平、细抹面、精收光三个阶段。混凝土应及时洒水养护，使混凝土处于湿润状态，洒水频率不得低于 4 次 /d，养护时间不得少于 7d。

（六）楼梯施工质量控制要点

预制楼梯段安装时要校对标高，安装预制段时除了校对标高，还应校对预制段斜向长度，以免预制楼梯段支座处因接触不实或搭接长度不够而导致支承不良。

安装时应严格按设计要求安装楼梯与墙体连接件，安装后及时对楼梯孔洞处进行灌浆封堵。

安装休息板时应注意标高及水平位置线的准确性，避免因抄平放线不准而导致休息板面与踏步板面接槎不齐。

四、装配式建筑施工质量控制措施

（一）施工前质量管理与控制

1. 项目质量控制内容

建立规范化的质量管理体系是保证质量水平的一个有效工具，按照 ISO 质量管理体系文件规范操作，可以有效地保证工程质量稳定、持续并不断提高，其主要内容有评审合同管理、材料采购管理、设计图纸管理、产品标识与质量追溯性管理、不合格品的控制管理、试验检验管理、工序质量控制管理、纠正和预防措施管理、质量追溯的控制管理等多种管理制度，在施工过程中，由项目经理部统筹公司质量管理部、合同部、材料部、劳务合同部、技术研发部、各施工班组同时管理，共同监管。

2. 施工人员的管理与控制

在项目质量控制中，过程控制是关键。项目质量控制的核心是人的质量管理。项目质量管理是强调全员、各阶段的质量管理，通过各种专项培训和技能教育，提高作业人员素质，提高项目单项工作质量，从而保证整体项目的质量，因此，科学、有序地组织人员提高技能是保证工程质量的重点之一。

①结合工程实际，组建一个以项目经理为首的项目管理部。项目部下设的各个部门应加强沟通，认真履行义务，责任到人，明确每个人的责权利关系；设置质量管理小组，密切监控各自责任范围内的质量因素，与此同时，推进质量管理体系在建筑行业的建立、发展、稳定，推动法治建设在建设工程中的实施，培养工程建设人员的质量意识、安全意识、环保意识和专业水平能力，不断学习，通过对搭接工艺、现浇工艺及相关知识的及时更新和经验总结，结合现场施工组织措施、技术管理措施、工程款调控措施，对工程质量管理方法不断摸索，逐步完善建筑工程质量管理体系，提高项目部、建筑企业乃至整个行业的质量管理意识。

②紧抓专业技术培训工作。针对目前装配式建筑施工经验不足的问题，为了最大限

度地利用人才，坚持"走出去，请进来"的培训模式，根据市场已有的先进成功案例，组织专业技术人员进行实践考察和交流学习，学习新技术、新方法、新技能、新工艺。邀请第三方质量监督机构和政府有关部门质量监督人员对装配式工程中关键施工工艺、施工难度、质量控制节点、质量问题处理方法进行实际的技术操作。企业增加对相关技术管理人员的培训力度，对 PC 构件吊装专项方案及整个吊装过程进行严密监控和管理；积极与其他装配式建筑公司合作，针对技术难度大的施工工艺，在引进技术的同时，为提高现场管理人员技术水平，增加培训实操考试，对相关引进技术做到引进、吸收再创新，在施工过程中建立自有的、完善的预制装配式建筑施工技术体系。

③做好项目前期预控工作。项目开工前，由技术人员编写符合规范的技术书，召集项目技术管理人员共同开展施工技术交底会；在项目施工班组人员进场之前，由项目经理或项目技术负责人组织，由技术管理人员、质检员、班组工长等参加，针对施工工艺、操作规程、质量规范标准、施工问题预防措施、现场安全文明施工等全方面、分步骤、分流程进行技术交底；在工程重要工序施工前，实施样板引路制度，提前制作施工样板，由项目技术负责人及时组织施工班组观摩学习，现场讲评，起到示范和引领的作用。在施工过程中，质量员等技术人员对重要施工工序进行跟踪检查，若发现异常情况，应及时分析问题成因，并制订相应处理措施。同时，为保证整个施工期间起重吊装作业的安全性和稳定性，加强对起重吊装公司的筛选，施工期间所有的特种作业技术人员必须持有效证件上岗，上岗前必须进行专项技术安全交底。

3. 预制构件的管理与控制

预制构件加工尺寸精度和预制构件制作过程的质量监控是重点控制对象。

①深化预制构件设计。装配式建筑需要高质量、高精度的构配件，因此，预制构配件的生产加工精度要高于施工现场装配的精度，便于现场进行高质量、高效率的精准施工。提高构配件的设计精度的同时，应严格把控高精度的生产模具及生产材料的质量。以精细的深化设计为基础，在构配件的加工制作工艺、节点细部精度、自动化程度等方面，形成构件拆解设计图纸后，交给构件生产单位设计构件模具，进行加工、试配，确定构件的各个分部分项工程的施工顺序是否符合规范，最终生产出符合合同文件和性能要求的预制构件。

②优化运输管控过程。在预制构件运输过程中，应严格进行质量管控，在堆放支架的基础上，填塞柔性垫块，垫块上下对齐，防止构件变形开裂。同时，对于项目现场的构件堆放，应制订构件进场的质量监控措施和构件编号追溯机制，加强构件管理力度，对每个构件进行跟踪管理，对于进场的构件及时编号并造册管理，堆放区域根据施工进度计划进行划分，使各构件的堆放区域与吊装计划相匹配。

③优化构件检测验收过程。构件在构件厂生产完毕后，运到施工现场，应先进行外观质量检查和尺寸检查，同时检验相关数据文件和检验合格报告文件，对于模具、外墙面砖、制作材料等成品，进行逐块检查。在质检工作中，质检员根据现行构件检测标准及经验进行质量评定，对存在质量问题的构件进行编号记录登记，并将质量问题及时反

馈给企业质量管控部门。构件外观质量控制要点见表 8-1，预制构件质量检查标准见表 8-2。

表 8-1　构件外观质量控制要点

名称	现象	严重缺陷	一般缺陷
露筋	构件内筋未被混凝土包裹而外露	主筋有外露	其他钢筋有少量露筋
蜂窝	混凝土表面缺少水泥砂浆面形成石子外露	主筋部位和搁置点位置有蜂窝	其他部位有少量蜂窝
孔洞	混凝土中孔穴深度和长度均超过了保护层厚度	构件主要受力部位有孔洞	外观无孔洞
疏松	混凝土中局部不密实	构件主要受力部位有疏松	其他部位有少量疏松
裂缝	缝隙从混凝土表面延伸至混凝土内部	构件主要受力部位有影响结构性能或使用功能的裂缝	其他部位有少量不影响结构性能或使用功能的裂缝
连接部位缺陷	构件连接处混凝土缺陷及连接钢筋、连接件松动、灌浆套筒未保护	连接部位有影响结构传力性能的缺陷	连接部位有基本不影响结构传力性能的缺陷
外形缺陷	内表面缺棱掉角、棱角不直、翘曲不平等；外表面面砖黏结不牢、位置偏差、面砖嵌缝没有做到横平竖直，面砖表面翘曲不平等	清水混凝土构件有影响使用功能或装饰效果的外形缺陷	其他混凝土构件有不影响使用功能的外形缺陷
外表缺陷	构件内表面麻面、掉皮、起砂、沾污等，外表面面砖污染、预埋门窗损坏	具有重要装饰效果的清水混凝土构件、门窗框有外表缺陷	其他混凝土构件有不影响使用功能的外表缺陷，门窗框不宜有外表缺陷

表 8-2　预制构件质量检查标准

项次	检测项目			允许偏差 /mm	检验方法
1	规格尺寸	长度	< 12 m	± 5	用尺量两端及中间部位，取其中偏差绝对值较大者
			≥ 12 m 且 < 18 m	± 10	
			≥ 18 m	± 20	
2		宽度		± 5	用尺量两端及中间部位，取其中偏差绝对值较大者
3		厚度		± 3	用尺量板四角和四边中部共 8 处，取其中偏差绝对值最大者
4	外形	对角线差		6	在构件表面，用尺量测两对角线的长度，取其绝对值的差值
5		表面平整度	上表面	4	用 2m 靠尺安放在构件表面，用楔形塞尺量测靠尺与表面之间的最大缝隙
			下表面	3	
6		楼板侧向弯曲		L/750 且 ≤ 20	拉线，钢尺量最大弯曲处
7		扭翘		L/750	四对角拉两条线，量测两线交点之间的距离，其值的 2 倍为扭翘值
8	预埋部件	预埋钢板	中心线位置偏差	5	用尺量测纵横两个方向的中心线位置，取其中较大值
			平面高差	-5，0	用尺紧靠在预埋件上，用楔形塞尺量测预埋件平面与混凝土面的最大缝隙
9		预埋螺栓	中心线位置偏移	2	用尺量测纵横两个方向的中心线位置，取其中较大者
			外露长度	-5，10	用尺量
10		预埋线盒、电盒	在构件平面的水平向中心位置偏差	10	用尺量
			与构件表面混凝土高差	-5，0	用尺量

11	预留孔	中心线位置偏移	5	用尺量测纵横两个方向的中心线位置，取其中较大值
		孔尺寸	±5	用尺量测纵横两个方向的中心线位置，取其中较大值
12	预留洞	中心线位置偏移	5	用尺量测纵横两个方向的中心线位置，取其中较大值
		洞口尺寸、深度	±5	用尺量测纵横两个方向的中心线位置，取其中较大值
13	预留插筋	中心线位置偏移	3	用尺量测纵横两个方向的中心线位置，取其中较大值
		外露长度	±5	用尺量
14	吊环	中心线位置偏移	10	用尺量测纵横两个方向的中心线位置，取其中较大值
		留出高度	−10，0	用尺量
15		桁架钢筋高度	0，5	用尺量

注：L 为模具与混凝土接触面中最长边的尺寸。

④预制构件在吊装、安装过程中的质量管控。构件在吊装过程中，应做好成品保护，管理人员应严格控制起吊速度，避免构件发生碰撞造成棱角残缺现象。构件在吊运和安装过程中，必须配备司索信号工，对混凝土构件移动、吊升、停止、安装的全过程进行指挥，信号不明时，不得吊运和安装。吊装尺寸允许偏差和检验方法见表 8-3，构件安装允许偏差见表 8-4。

表 8-3　吊装尺寸允许偏差和检验方法

项目	允许偏差 /mm	检验方法
轴线位置（楼板）	5	钢尺检查
楼板标高	5	水准仪或拉线、钢尺检查
相邻两板表面高低差	2	2m 靠尺和塞尺检查

表 8-4　构件安装允许偏差

检查项目	允许偏差 /mm
各层现浇结构顶面标高	±5
各层顶面标高	±5
同一轴线相邻楼板高度	±3
楼板水平缝宽度	±5
楼层处外露钢筋位置偏移	±2
楼层处外露钢筋长度偏移	-2

（二）施工过程质量管理与控制

1. 施工工艺管理措施

先进、合理的施工工艺是工程质量的重要保证。工程实体质量是在施工过程中逐渐形成的，而不是最后检验出来的。此外，施工过程中质量形成受各种因素的影响越多，变化越复杂，质量控制的任务与难度也越大。因此，施工过程的质量控制是工程质量控制的重点，施工单位作为生产主体必须加强对施工过程中的质量控制。特别是施工方案是否合理，施工工艺是否科学，是直接影响工程项目的进度控制、质量控制、成本控制三大目标能否顺利实现的关键。施工过程各工序交叉进行，相互影响，相互联系，是人员、材料、机械设备、施工方法和环境等因素综合作用的过程，为保证每个工序有条不紊地进行，上一道工序经验收合格后，方可进入下一道工序。

2. 成品保护管理措施

在施工过程中，对于预制成品和已完分部、分项工程的施工顺序，应统筹安排施工，工序的紧前工作和紧后工作能否顺利搭接，直接影响工序成品质量的好坏，从而对整个工程质量产生重要影响。任何一个工作环节的搭接失误或者遗漏，都将对工程质量造成安全隐患，因此制订以下成品保护措施。

①预制成品保护。生产车间生产出的预制成品，应划分区域分类存放，按规格堆放整齐，对成品做好编号管理，上下水平位置平行一致，防止挤压损坏。预制构件仓库之间应有足够的空间，防止吊运、装卸等作业时相互碰撞造成损坏。预制构件存放支撑的位置和方法，应根据其受力情况确定，支撑强度不得超过预制构件承载力，造成预制构件损伤。成品堆放地应做好防霉、防污染、防锈蚀措施。

②预制构件钢筋质量保护。钢筋绑扎完成后，应及时处理残留物和垃圾；预制构件外露钢筋应有防弯折、防锈蚀措施，外露保温板应有防开裂措施；预制构件外露金属预

埋件应涂刷防止锈蚀和污染的保护剂和防锈漆，预制构件存放处 2m 内不应进行电焊、气焊、油漆喷涂作业，以免造成污染。

③模板成品保护。模板支模成型后，应及时清场，及时预留洞口、预埋件，不允许成型后开孔凿洞。

④混凝土成品保护。混凝土浇筑完成后应按照规范及时进行养护。混凝土终凝前，不得上人作业，不得集中堆放预制构件，以防污染；终凝后，在混凝土面上设置临时施工设备垫板，做好覆盖保护措施。

⑤PC构件成品保护。预制构件厂的生产速度，必须与现场施工的流水作业时间搭接，一旦工程因为其他因素停工，预制构件厂生产的大批量预制构件会在现场大量堆积，构件堆放时间长，易氧化锈蚀，影响整体质量。

⑥装饰工程成品保护。装饰阶段应合理安排施工工序的搭接。楼层地面和墙身暗装的管道、线盒应在湿装饰前预埋，避免因意外而导致饰面破坏。同时，应做好保护覆盖工作，不得损坏墙面和地面等。

⑦交工前成品保护措施。为确保工程质量，项目施工班组在装饰安装完成后，未办理移交手续前，施工单位应当做好所有的建筑成品检查和保护，并派专人日常巡检，在工程未竣工、未办理相关移交手续前，禁止任何单位和个人使用工程设备及其他设施。

3. 施工安全管理措施

项目质量管理的成功实现离不开现场安全管理措施的保障。在施工控制阶段，项目部技术负责人和技术人员应召开技术交底会议，凡不参加安全技术交底的施工班组和人员，严禁进场施工作业。在吊装准备阶段前，项目部人员应仔细检查吊具、吊点、吊耳是否正常使用，吊点下是否有异物阻挡，定期检查钢丝绳，不得少于每周一次；施工构件在吊装作业时，应设置警戒区，派专人把守指挥，禁止非作业人员进入该区域；起重臂和重物下方应净空，严禁有人进入、停留或通过；避免交叉作业；构件在吊运和安装过程中，应根据规范要求配备相应数量的司索信号工，在对预制构件进行移动、吊升、停止、安装的全过程中，应使用信号良好的远程通信设备，进行指挥及排查安全隐患；在天气状况不明朗、信号不良的情况下，严禁进行吊运和安装；塔吊司机、信号指挥员、电焊工、电工、起重工及其他特殊工种必须持证上岗；搭设合格的斜道和阶梯，保证工人安全上下、安全行走。2m 及 2m 以上高处施工作业人员必须戴安全帽，系五点式安全带、绑裹腿、穿登高专用鞋；异型构件的吊具、配重必须采用专用的设计参数，上报设计单位审核通过后使用。吊装作业时停顿 15s，测试吊具、塔吊及吊臂是否存在异常，确保所有构件处于稳定平衡的状态后，方可继续作业；构件应垂直吊运，钢索及构件的夹角应在 60°以上，达到平衡状态后方可提升；严禁斜拉、斜吊，禁止人员站在构件边缘推拉构件；构件必须加挂牵引绳，以利于作业人员拉引，吊起的构件应及时安装就位，不得悬挂在空中。

4. 环境保护管理措施

做好环境保护管理工作有利于提升工程整体质量水平。建立健全环境保护管理体系，设立兼职管理员，指定施工作业区内的卫生第一责任人，监管作业区内清洁和保洁的组织管理工作、洒水降尘工作，对现场进行环境保护管理工作，现场落实各项"除四害"措施；每天定时集中清理、清运在施工过程中产生的各种建筑垃圾。严禁随意凌空抛撒。不使用的料具和机械应及时清退出场，保持场内整洁；楼层内应定时洒水养护，防止粉尘飞扬；禁止在施工现场燃烧有毒、有害和有气味的物质；对现场存放油品和化学品的区域进行防渗漏处理。必须配备符合防火安全规定的灭火器材和安全防护用品，严禁烟火。严禁高空抛掷建筑垃圾；装运建筑材料、土石方、建筑垃圾和工程渣土的车辆，应用篷布覆盖，防止遗洒，并派专人清扫道路，保证行驶途中不污染道路和环境；严格执行环境管理体系标准，严格控制现场的施工噪声，昼间施工不超过 70dB，夜间施工不超过 55dB，最大限度地减少噪声给居民生活带来的干扰。

施工现场设置专门的废弃物临时贮存场地，同时设置醒目的安全防范措施标识，对于有可能造成二次污染的废弃物必须单独贮存，分类存放。每天应及时清理废弃物，以保证现场的清洁和畅通。确保废弃物的运输不散撒、不混放，确保对可回收的废弃物做到再回收利用。

5. 文明施工管理措施

开展文明施工管理，可以规范现场管理流程，保证施工质量。为提高施工班组成员的责任感，对项目现场所有参与施工的各专业分包单位的作业人员进行安全文明施工培训，培训结束后分别签署文明施工协议书，健全文明施工的岗位责任制，落实文明施工的建筑执行制，让全体施工作业人员既是文明施工的自身执行者，又是文明施工的监督者，提高工程建设者文明施工的责任感和自豪感；实现施工现场、生活区、办公区等临时卫生设施达标，共同创建美好环境；加强对施工人员的全面管理，落实防范措施，做好防盗工作，及时制止各类违法行为和暴力行为；妥善处理施工方、建设方、政府单位与群众的关系，减少施工过程对群众日常生活的影响，同时与当地公安机关积极开展综合治安管理，大力打击黑恶势力，防止其干扰施工；在施工现场设置醒目的"六牌一图"，合理安排施工顺序，在进行下一道施工工序前，对上一道工序采取覆盖、保护等措施；生活垃圾和建筑垃圾派专人打扫、集中堆放，及时外运，妥善处理，保持现场卫生整洁。

（三）竣工验收维护和运营

装配式建筑与现浇式建筑施工模式相比，工程后期及运营阶段的质量维护工作相差甚远，装配式建筑施工模式及施工工艺方法，在构配件匹配组合和适用性的管理方面有待提高。项目技术经理及相关管理人员应该在项目施工过程中，根据工程建设的特点和实际情况，结合建设工程装配式结构施工规范和实际情况，因地制宜，安排专业人员进行项目调控和追踪。另外，在项目施工过程中，积极收集相关问题，总结、积累技术和经验，为后续竣工运营工作的高效、稳定、合理进行提供技术支持。后期对施工过程中采集的施工技术资料进行整理分析、总结。总结相关施工信息时，技术人员需要对可能出现或已经出现的质量问题进行讨论，并进行实践论证，及时调整技术措施，运用经科学论证的施工方案和施工方法进行装配式建筑的质量维护。

第二节　施工质量验收及问题防治

一、施工质量验收

（一）建筑工程施工质量的形成过程与验收

建筑工程严格按照相关文件和设计图纸的要求来施工，进而完成生产。建筑施工是把设计图纸上的内容付诸实践，在建设场地上进行生产，形成实体工程，完成建筑产品的一项活动。从某种程度上来说，施工过程决定了建筑工程的质量，是十分重要的环节。然而，建筑工程的施工质量是由施工过程中各层次、各环节、各工种、各工序的操作质量决定的，因此要想保证建筑实体的质量就要保证施工过程的质量。

验收过程是指在施工过程中进行自身检测评定的条件下，有关建设施工单位一起对单位、分部、分项、检验批工程质量实施抽样验收，并且按照国家统一标准对实体工程质量是否达标做出书面形式的确认。作为建筑施工过程中的重要环节，质量验收包含各个阶段的中间验收及工程完工验收两个方面。对施工中不同阶段产生的产品及完工时最终产品的质量进行验收，可从阶段控制及最终质量把关两个方面对建筑工程质量进行控制，以此实现建筑实体所要达到的功能和价值，同时实现了建设投资的社会效益及经济效益。

建筑工程的施工质量关系到社会公众利益、人民生命财产安全和结构安全。国家相关部门对建筑工程施工质量非常关心，放弃了"管不好""不该管"的管理政策，不再"大包大揽"，全面重视质量管理及验收工作，严格控制验收过程，严禁不合格的建筑实体进入社会，确保建筑施工的质量，保证人民的财产和生命安全。

（二）装配式建筑施工的质量验收

1. 验收层次的划分

装配式建筑的施工质量应划分为单位工程、分部工程、分项工程和检验批4个层次进行验收。

为了便于工程的质量管理，装配式建筑在进行施工质量验收时，首先验收检验批、分项工程，再验收分部工程，最后验收单位工程。

对检验批、分项工程、分部工程、单位工程的质量验收，又应遵循先由施工企业自行检查评定，再交由监理或建设单位进行验收的原则。单位工程质量验收（竣工验收）合格后，建设单位应在规定时间内将工程竣工验收报告和有关文件报建设行政管理部门备案。

2. 施工质量验收的组织

装配式建筑施工质量验收应在施工单位自检合格的基础上进行。

（1）检验批的验收。检验批应由专业监理工程师组织施工单位项目专业质量检查员、专业工长等进行验收。

（2）分项工程的验收。分项工程应由专业监理工程师组织施工单位项目专业技术负责人等进行验收。

（3）分部工程的验收。分部工程应由总监理工程师组织施工单位项目负责人和项目技术负责人等进行验收。勘察、设计单位项目负责人和施工单位项目技术、质量部门负责人应参加地基与基础分部工程的验收。设计单位项目负责人、施工单位项目技术部门负责人、施工单位项目质量部门负责人应参加主体结构和节能分部工程的验收。

（4）单位工程的验收。单位工程完工后，施工单位应自行组织有关人员进行自检。总监理工程师应组织各专业监理工程师对工程质量进行预验收。工程存在施工质量问题时，应由施工单位整改。整改完毕后，由施工单位向建设单位提交工程竣工报告，申请工程竣工验收。建设单位收到工程验收申请后，应由建设单位项目负责人组织监理、施工（含分包单位）、设计、勘察等单位项目负责人进行单位工程验收。

（5）分包工程的验收。单位工程中的分包工程完工后，分包单位应对所承包的工程项目进行自检，并应按《建筑工程施工质量验收统一标准》（GB 50300-2013）规定的程序进行验收。验收时，总包单位应派人参加，分包单位应将所分包工程的质量控制资料整理完整，并移交给总包单位。

3. 质量验收

装配式建筑检验批的施工质量应按主控项目和一般项目进行验收，隐蔽工程在隐蔽前应由施工单位通知监理单位进行验收，并应形成验收文件，验收合格后方可继续施工；对涉及结构安全、节能、环境保护和主要使用功能的试块、试件及材料，应在进场时或施工中按规定进行见证检验；对涉及结构安全、节能、环境保护和使用功能的重要分部工程，应在验收前按规定进行抽样检验。

（1）隐蔽工程质量验收

装配式混凝土结构连接节点及叠合构件浇筑混凝土前应进行隐蔽工程验收。隐蔽工程验收应包括下列内容：①混凝土粗糙面的质量，键槽的尺寸、数量、位置；②钢筋的牌号、规格、数量、位置、间距，箍筋弯钩的弯折角度及平直段长度；③钢筋的连接方式、接头位置、接头数量、接头面积百分率、搭接长度、锚固方式及锚固长度；④预埋件、预留管线的规格、数量、位置；⑤预制混凝土构件接缝处防水、防火等构造做法；⑥保温及其节点施工；⑦其他隐蔽项目。

（2）预制构件安装后应提供的文件和记录

混凝土结构子分部工程验收时，除应符合现行国家标准《混凝土结构工程施工质量验收规范》（GB 50204-2015）的有关规定外，还应提供以下文件和记录：①工程设计文件、预制构件安装施工图和加工制作详图；②预制构件、主要材料及配件的质量证明文件、进场验收记录、抽样复验报告；③预制构件安装施工记录；④钢筋套筒灌浆型式检验报告、工艺检验报告和施工记录，浆锚搭接连接的施工检验记录；⑤后浇混凝土部位的隐蔽工程检查验收文件；⑥后浇混凝土、灌浆料、坐浆材料强度检测报告；⑦外墙防水施工质量检验记录；⑧装配式结构分项工程质量验收文件；⑨装配式工程的重大质量问题的处理方案和验收记录；⑩装配式工程的其他文件和记录。

（3）预制构件质量验收。

①制作预制构件的台座或模具在使用前应进行外观质量和尺寸偏差检查。

预制构件模具尺寸允许偏差及检验方法见表8-5。

表8-5 预制构件模具尺寸允许偏差及检验方法

项次	检测项目、内容		允许偏差/mm	检验方法
1	长度	≤ 6m	-2, 1	用尺量平行构件高度方向，取其中偏差绝对值较大处
		> 12m 且 ≤ 18m	-4, 2	
		> 18m	-5, 3	
2	宽度、高（厚）度	墙板	-2, 1	用尺量两端及中间部，取其中偏差绝对值较大处
3		其他构件	-4, 2	用尺测量两端或中部，取其中偏差绝对值较大处
4	底模表面平整度		2	用2m靠尺和塞尺量
5	对角线差		3	用尺量对角线
6	侧向弯曲		L/1500 且 ≤ 5	拉线，用钢尺量测侧向弯曲最大处
7	翘曲		L/1500	对角拉线测量交点间距离值的2倍
8	组装缝隙		1	用塞片或塞尺量测，取最大值
9	端模与侧模高低差		1	用钢尺量

注：L为模具与混凝土接触面中最长边的尺寸。

②预制构件的原材料质量、钢筋加工和连接的力学性能、混凝土强度、构件结构性能，装饰材料、保温材料及拉结件的质量等均应根据现行有关标准进行检查和检验，并应具有生产操作规程和质量检验记录。

③预制构件的预埋件、预埋钢筋、预埋管线等的规格、数量、位置，以及预留孔、预留洞应符合设计要求。

④预制构件和部品经检查合格后，宜设置表面标识，出厂时应出具质量证明文件。

⑤预制构件的结构性能应符合《混凝土结构工程施工质量验收规范》（GB 50204-2015）的有关规定。

⑥预制构件的外观质量不应有一般缺陷和严重缺陷，且不应有影响结构性能和安装、使用功能的尺寸偏差。对于预制构件的尺寸偏差检查，同一类型的构件，不超过100个为一批，每批应抽查构件数量的5%，且不应少于3个。预制构件的尺寸允许偏

差及检验方法见表 8-6。

表 8-6　预制构件的尺寸允许偏差及检验方法

项目		允许偏差 /mm	检验方法
长度	板、梁、柱、桁架 < 12m	± 5	尺量检查
	≥ 12m 且 < 18m	± 10	
	≥ 18m	± 20	
	墙板	± 4	
宽度、高（厚）度	板、梁、柱、桁架截面尺寸	± 5	钢尺量一端及中部，取其中偏差绝对值较大处
	墙板的高度、厚度	± 3	
表面平整	板、梁、柱、墙板内表面	5	2m 靠尺和塞尺检查
	墙板外表面	3	
侧向弯曲	板、梁、柱	L/750 且 ≤ 20	拉线、钢尺量最大侧向弯曲处
	墙板、桁架	L/1000 且 ≤ 20	
翘曲	板	L/750	调平尺在两端量测
	墙板	L/1000	
对角线差	板	10	钢尺量两个对角线
	墙板、门窗口	5	
挠度变形	梁、板、桁架设计起拱	± 10	拉线、钢尺量最大弯曲处
	梁、板、桁架、下垂	0	
预留孔	中心线位置	5	尺量检查
	孔尺寸	± 5	
预留洞	中心线位置	10	尺量检查
	洞口尺寸、深度	± 10	
门窗口	中心线位置	5	尺量检查
	宽度、高度	± 3	

项目		允许偏差/mm	检验方法
预埋件	预埋件锚板中心线位置	5	尺量检查
	预埋件锚板与混凝土面平面高差	−5, 0	
	预埋螺栓中心线位置	2	
	预埋螺栓外露长度	−5, 10	
	预埋套筒、螺母中心线位置	2	
	预埋套筒、螺母与混凝土面平面高差	−5, 0	
	线管、电盒、木砖、吊环在构件平面的中心线位置偏差	20	
	线管、电盒、木砖、吊环与构件表面混凝土高差	−10, 0	
预留插筋	中心线位置	3	尺量检查
	外露长度	−5, 5	

注：L 为构件最长边的长度（mm）；检查中心线、螺栓和孔道位置时，应沿纵横两个方向量测，并取其中偏差较大值。

⑦预制构件的粗糙面的质量及键槽的数量应符合设计要求。

⑧预制构件生产质量检验应按模具、钢筋、混凝土、预应力、预制构件等检验进行。预制构件的质量评定应根据钢筋、混凝土、预应力、预制构件试验和检验资料等项目进行，当上述各检验项目的质量均合格时，方可评定为合格产品。

（4）预制构件的安装与连接质量验收。

①预制构件临时固定措施应符合设计、专项施工方案要求及国家现行有关标准的规定。

②装配式结构采用后浇混凝土连接时，构件连接处后浇混凝土强度应符合设计要求。

③钢筋采用套筒灌浆连接、浆锚搭接连接时，灌浆应饱满、密实，所有出口均应出浆，灌浆料强度应符合国家现行有关标准的规定及设计要求。检查数量：按批检验，以每层为一检验批；每工作班应制作 1 组且每层不应少于 3 组 40mm×40mm×160mm 的长方体试件，标准养护 28d 后进行抗压强度试验。

④预制构件底部接缝坐浆强度应满足设计要求。检查数量：按批检验，以每层为一检验批；每工作班同一配合比的混凝土应制作 1 组且每层不应少于 3 组 70.7mm 的立方体试件，标准养护 28d 后进行抗压强度试验。

⑤钢筋采用机械连接时，其接头质量应符合现行行业标准《钢筋机械连接技术规程》（JGJ 107-2016）的有关规定；钢筋采用焊接连接时，其接头质量应符合现行行业标准《钢筋焊接及验收规程》（JGJ 18-2012）的有关规定；预制构件采用型钢焊接连接时，型钢焊缝的接头质量应满足设计要求，并应符合现行国家标准《钢结构焊接规范》（GB 50661-2011）和《钢结构工程施工质量验收标准》（GB 50205-2020）的有关规定；预制构件采用螺栓连接时，螺栓的材质、规格、拧紧力矩应符合设计要求及现行国家标准《钢结构设计标准》（GB 50017-2017）和《钢结构工程施工质量验收标准》（GB 50205-2020）的有关规定。

⑥装配式结构分项工程的外观质量不应有严重缺陷，且不得有影响结构性能和使用功能的尺寸偏差。

⑦外墙板接缝的防水性能应符合设计要求。检验数量：按批检验；每1000m²外墙（含窗）面积应划分为一个检验批，不足1000m²时也应划分为一个检验批；每个检验批应至少抽查一处，抽查部位应为相邻两层4块墙板形成的水平和竖向十字缝区域，面积不得少于10m²。检验方法：检查现场淋水试验报告。

⑧装配式结构分项工程的施工尺寸偏差及检验方法应符合设计要求；当无设计要求时，应符合表8-7的规定。检查数量：按楼层、结构缝或施工段划分检验批。同一检验批内，对梁、柱应抽查构件数量的10%，且不少于3件；对墙和板应按有代表性的自然间抽查10%，且不少于3间；对于大空间结构，墙可按相邻轴线间高度5m左右划分检查面，板可按纵、横轴线划分检查面，抽查10%，且均不少于3面。

⑨装配式混凝土建筑的饰面外观质量应符合设计要求，并应符合现行国家标准《建筑装饰装修工程质量验收标准》（GB 50210-2018）的有关规定。

表8-7 预制构件安装尺寸的允许偏差及检验方法

项目			允许偏差/mm	检验方法
构件垂直度	柱、墙	≤ 6 m	5	经纬仪或吊线、尺量
		> 6 m	10	
构件倾斜度	梁、桁架		5	经纬仪或吊线、尺量
相邻构件平整度	板端面		5	2m靠尺和塞尺量测
	梁、板底面	外露	3	
		不外露	5	
	柱、墙侧面	外露	5	
		不外露	8	
构件搁置长度	梁、板		± 10	尺量
支座、支垫中心位置	板、梁、柱、墙、桁架		10	尺量
墙板接缝	宽度		± 5	尺量

二、质量问题及防治措施

在装配式建筑施工过程中，可能会在安装质量、安装精度、灌浆施工等方面存在问题，对此，施工人员必须严加注意，采取防治措施，以保证施工整体质量。

（1）预制构件龄期达不到要求就安装，造成个别构件安装后出现质量问题。

防治措施：预制构件在安装前，预制构件的混凝土强度应符合设计要求。当设计无具体要求时，混凝土同条件立方体抗压强度不宜小于混凝土强度等级值的 75%。

（2）安装精度差，墙板、挂板轴线偏位，墙板与墙板缝隙及相邻高差大、墙板与现浇结构错缝等。

防治措施：①编制针对性安装方案，做好技术交底和人员教育；②装配式结构施工前，宜选择有代表性的单元或构件进行试安装，根据试安装结果及时调整、完善施工方案，确定施工工艺及工序；③安装施工前应按工序要求检查、核对已施工完成部分的质量，测量放线后，做好安装定位标志；④强化预制构件吊装校核与调整，即在预制墙板、预制柱等竖向构件安装后对其安装位置、安装标高、垂直度、累计垂直度进行校核与调整；在预制叠合类构件、预制梁等横向构件安装后，对其安装位置、安装标高进行校核与调整；对于相邻预制板类构件，对相邻预制构件的平整度、高差、拼缝尺寸进行校核与调整；对于预制装饰类构件，对装饰面的完整性进行校核与调整；⑤强化安装过程质量控制与验收，提高安装精度。

（3）叠合楼板及钢筋深入梁、墙尺寸不符合要求；叠合楼板之间的缝处理不好，造成后期开裂；叠合楼板安装后楼板产生小裂缝。

防治措施：①叠合楼板的预制板的板端与支座（梁或剪力墙）搁置长度不应少于 15mm；②板端支座处，预制板内的纵向受力钢筋宜从板端伸出并锚入支座梁或墙的现浇混凝土层中，在支座内锚固长度不应小于 5d（d 为钢筋直径）且宜伸过支座中心线；单向预制板的板侧支座处，钢筋可不伸出，支座处宜贴预制板顶面在现浇混凝土中设置附加钢筋；③单向预制叠合板板侧的分离式接缝应配置附加钢筋，并用专用的嵌缝砂浆嵌缝；④严格控制模板支撑、起拱及拆模，以防叠合楼板安装后楼板产生裂缝。

（4）安装顺序不对，叠合楼梯安放困难等，而工人操作时乱撬硬安，导致钢筋偏位，构件安装精度差。防治措施：加强技术交底，严格按程序安装，对于复杂接点可用 BIM 技术在计算机上先模拟，再安装。

（5）钢筋套筒灌浆连接或钢筋浆锚搭接连接的钢筋偏位，安装困难，影响连接质量。防治措施：①竖向预制墙预留钢筋和孔洞的位置、尺寸应准确；②采取定位架或格栅网等辅助措施，提高精度，保证预留钢筋位置准确，对于个别偏位的钢筋，应及时采取有效措施处理。

（6）墙板找平垫块不规范，灌浆不规范。

防治措施：①墙板找平垫块宜采用螺栓垫块，抄平时直接转动调节螺栓，对其找平；②灌浆前应制订灌浆操作的专项质量保证措施，灌浆操作全过程应有专职检验人员负责现场监督并保留影像资料；③灌浆料应按配合比要求计算灌浆材料和水的用量，经搅拌均匀后测定其流动度满足规范要求后方可灌注；④灌浆作业应采取压浆法从下口灌注，当浆料从上口流出时应及时封堵，持压 30s 后再封堵下口；⑤灌浆作业应及时做好施工质量检查记录，每工作班应制作一组且每层不应少于 3 组 40mm×40mm×160mm 的长方体试件；⑥灌浆作业时，应保证浆料在 48h 凝结硬化过程中，连接部位温度不低于 10℃。

（7）现浇混凝土浇筑前，模板或连接处缝隙封堵不好，影响观感和连接质量。

防治措施：①浇筑混凝土前，模板或连接处缝隙不能用发泡剂封堵，因为发泡材料易进入现浇结构，建议打胶封堵；②模板或连接处缝隙封堵应加强质量控制与验收，保证现浇结构质量。

（8）与预制墙板连接的现浇短肢墙模板安装不规范，影响现浇结构质量。

防治措施：①与预制墙板连接的现浇短肢墙模板位置、尺寸应准确，固定牢固，防止胀缩及偏位，并注意成型后的现浇结构与预制构件之间平整、不错位；②宜采用定型钢模版、铝模板，并用专用夹具固定，提高混凝土观感。

（9）模板支撑、斜撑安装与拆除不规范。

防治措施：①叠合板作为水平模板使用时，其下部龙骨应垂直于叠合板桁架钢筋，竖向支撑可采用定型独立钢支柱、碗扣式、插接式和盘销式钢管架等，其上部可调支座与钢管竖向中心线一致，伸出长度符合要求，不得过长，支撑间距应符合要求并进行必要的验算；当叠合层混凝土强度达到设计和标准要求时，方可拆除支撑；②预制墙板临时支撑安放在背后，通过预留孔（预埋件）与墙板连接，不宜少于 2 道，当墙板底部没有水平约束时，墙板每道支撑应包括上部斜撑和下部支撑，上部斜撑距板底的距离不宜小于板高的 2/3，且不应小于板高的 1/2。支撑应在预制构件与结构可靠连接，且上部构件吊装完成后拆除。

（10）叠合墙板开裂，外挂板裂缝、外挂板与外挂板缝，内隔墙与周边裂缝。

防治措施：①叠合墙板开裂防治主要从提高叠合墙板质量、加强进场验收、不合格的不准使用等方面进行考虑；固定叠合墙板和浇筑混凝土时应有防叠合墙板开裂的措施，可使用自密实混凝土；叠合墙板与现浇结构、其他墙体连接部位应有相应的构造加强措施；②外挂板裂缝、外挂板与外挂板缝防治主要从提高安装精度、控制缝隙宽度、选择合适的嵌缝材料和密封胶等方面考虑，外挂板安装后不要受到额外应力；③对于内隔墙与周边裂缝的防治，内隔墙与周边应有钢筋、键槽、粗糙面等连接构造措施，缝隙应选择合适的嵌缝材料处理，并用钢筋网片或耐碱网布补强；④加强成品保护，严禁在预制构件时开槽打洞。

（11）外墙渗漏。

防治措施：①预制外墙板的接缝和门窗洞口等防水薄弱部位，宜采用构造防水和材料防水相结合的防水做法，并应满足热工、防水、防火、环保、隔声及建筑装饰等要求，做到材料耐久性好，便于制作和安装；②预制外墙板接缝采用构造防水时，水平缝宜采用外低内高的高低缝或企口缝，竖缝宜采用双直槽缝，并在预制外墙板一字缝部位每隔三层设置排水管引水外流；③预制外墙板接缝采用材料防水时，应采用防水性能、相容性、耐候性能和耐老化性能优良的硅酮防水密封胶作嵌缝材料；板缝宽不宜大于

20mm，嵌缝深度不应小于 20mm；④对外墙接缝应进行防水性能抽查，并做淋水试验，对渗漏部位应进行修补。

第三节　装配式建筑施工安全隐患及预防措施

　　安全管理是管理科学的一个重要分支，指为实现安全目标而进行的有关决策、计划、组织和控制等方面的活动，主要运用现代安全管理原理、方法和手段，分析和研究各种不安全因素，从技术上、组织上和管理上采取有力的措施，解决和消除各种不安全因素，防止事故的发生。安全管理的对象是生产中一切人、物、环境的状态管理与控制，安全管理是一种动态管理。根据管理层面的不同，安全管理可分为宏观安全管理和微观安全管理。宏观安全管理是指保障和推进安全生产的一切管理措施及活动，泛指国家从政治、经济、法律、体制、组织等各个宏观层面上对安全问题进行的一系列管理措施和活动；微观安全管理是指经济和生产管理部门及企事业单位所进行的具体的安全管理活动。

一、安全管理的原理和方法

（一）安全管理的原理

　　（1）人本原理：①安全管理工作的发起者是人；②人作为安全管理的客体，同样是不可或缺的要素。安全管理要将人当作主要内容，并在一定程度上调动人的积极性。

　　（2）预防原理：安全管理必须事先通过独立、有效的管理和技术措施，规避风险，防范风险。

　　（3）动态控制原理：在施工环节内，应根据外部条件的变化持续调整安全管理策略，来确保在有限的时间内保质、保量地达到安全目标。

　　（4）强制原理：安全管理要具备一定的强制性，要根据相关规定规范操作者的行为，对于存在安全风险的行为要及时予以阻止。

　　（5）安全风险原理：要对识别出来的安全风险划分等级，同时对其风险展开管理，来降低或避免工程的安全风险。

　　（6）安全经济学原理：要重视对工程安全管理的资本注入，通过最低的成本获得最大的安全回报。

（二）安全管理的方法

　　（1）法律管理：我国和有关机构要持续优化与设立建筑法律制度等，做好宏观调控工作。

　　（2）经济管理：安全管理要将经济管理当作前提，要按照安全经济学原理与价值工程原理注重对安全管理的经济投入，利用经济管理促使安全管理目标的达成。

（3）文化管理：针对安全生产环节而言，只是借助科学技术是难以从实质上去除风险的，因此要将其他管理方式与文化管理进行有效融合。

（4）科技管理：当以安全技术的优化与创新为核心时，技术要做到与时俱进，不断满足安全管理工作在各个环节的需要。

二、装配式建筑施工安全管理

（一）建筑施工安全管理的概念和特点

建筑施工安全管理可以理解为面对某一具体行业的安全管理，其核心仍然是风险管理，应紧紧围绕建筑行业施工过程中存在的安全风险来开展安全管理工作。通常意义上的建筑施工安全管理就是通过对建筑施工各个环节和工序识别危害因素、整改安全隐患、降低安全风险，最终达到减少安全事故发生和减弱事故影响的目的。

施工安全管理的内容主要包括获知建设工程项目概况、设计文件和施工环境等全面信息，辨识工程施工过程中可能存在的危险源，据此制订安全专项方案；全方位地制订每个岗位的安全履职制度，包括各层级、各参建单位的管理人员和每一个工种的作业人员；完善针对具体项目的各工种安全操作规程，并督促工人在作业时严格遵守；工程项目各参建单位组建各自的安全管理专职机构和人员，对各自单位安全体系的运行做好监督，并及时对接上下级安全管理要求，监督施工过程具体安全管理措施的落实情况；将安全绩效纳入个人绩效考核，奖优罚劣，通过考核的指挥棒引导全员落实安全生产工作。

装配式建筑施工安全管理具有两个特点。一是复杂性。由于建筑施工行业的特性，每一个工程项目的地理位置、外部环境和施工内容都或多或少存在差异，在一定程度上来说是不可复制的。尤其对于装配式建筑项目而言，作为一种新型建造方式，其复杂性远远超过传统施工的工程项目。二是独特性。装配式建筑施工是一种新型建造方式，其工序工艺与传统现浇式施工有较大差异，这也导致其安全管理很多时候无法借鉴传统施工。正是装配式建筑施工这种独特性，其安全管理需要满足不同于传统建筑施工的新的要求。

（二）装配式建筑施工安全影响因素分析

装配式建筑施工安全因素主要包括人员因素，物料、设备因素，技术因素，环境因素，管理因素。

1. 人员因素

装配式建筑施工安全人员因素大致可归纳为人的技术、人的行为、人的意识。人的意识是主要原因。施工人员对最新出台的装配式有关技术规程标准不熟悉、不清楚或自身能力不佳；施工人员本身安全防护意识不足，施工过程中没有采取相应的防护措施；施工人员身体状况欠佳；施工管理人员经验不足，不能很好地把控施工管理要点等，都有可能导致施工安全事故的发生。这些事故发生的原因归根到底是没有建立起牢固的安全意识。安全事故是直接作用于人的，财产损失甚至生命损失都是由人来买单，因此，人员因素是装配式建筑施工安全管理的重中之重。本书从施工人员健康状况、施工人员专业技术水平、人员安全意识、现场安全管理人员的配置、人员安全防护用具的佩戴5个角度选取了影响装配式建筑施工安全的人员因素，并提出管理措施。

（1）施工人员健康状况

施工人员健康状况包括心理健康状况和身体健康状况，装配式建筑施工人员需要进行大量高空临边作业，因此不仅要求其有强健的体魄，还需要有良好的心理素质。需要定期组织相关人员进行健康检查，关注其身心健康状况，严禁疲劳上岗、酒后上岗，发现施工人员健康状况不满足上岗要求时，应及时将其调离岗位。

（2）施工人员专业技术水平

装配式建筑施工对各个工种提出了更高的专业技术要求，从经验来看，施工人员对于施工技术的熟练程度与安全事故的发生概率呈负相关。要求对施工人员进行定期培训，施工前需进行相应的安全技术交底；建立持证上岗制度，要求作业人员具备岗前需要的基础知识技能，通过施工企业考试并获得操作合格证后才可上岗作业。

（3）人员安全意识

思想高度决定行动程度，应采用安全的方法进行安全施工、安全管理。不管是一线工人还是管理者，都必须将安全牢记于心。上岗时紧绷安全这根弦，施工人员才能更加小心谨慎地应对施工作业；管理中贯穿安全这条线，管理人员才能更好地发现安全隐患，做好安全论证。

（4）现场安全管理人员的配置

经验丰富的安全管理人员可以有效识别施工现场的安全隐患并进行有效控制，从而减少事故率，在施工现场发挥重要作用。现场安全管理人员应根据建筑面积进行有效配置，具备相应的资格证书并且应该十分熟悉装配式建筑施工相关标准和技术规程；具备一定应急管理和心理承受能力，在事故真正发生时也能保持冷静，指挥现场。

（5）人员安全防护用具的佩戴

安全防护用具的佩戴可以有效降低安全事故所带来的人员伤亡，相关人员应明确安全防护用具的正确使用方法，同时要树立起相应的安全意识，进入现场就要穿戴好相应的安全防护用品，必要时应建立起严格的监督和管理制度，督促现场人员严格遵守。

2. 物料、设备因素

本书所指的物料主要是装配式建筑施工中必不可少的预制构件，所指的设备主要是装配式建筑施工中所需要的各种机械设备，如起重机、升降机、吊具、吊索等。物料、设备均可以归为物的影响因素。物的不安全状态是另一重大安全隐患，不管是预制构件生产、运输、储存、吊装的整个过程，还是机械设备的选择、使用、维护的各个阶段，一旦出现问题，轻则造成财产损失，重则造成人员伤亡，因此需要对施工过程中的物进行严格管理。本书从预制构件的质量、预制构件的堆放、预制构件的临时支撑体系、预制构件吊点的位置和连接强度、吊装机械设备的选择、吊装机械设备的检查和保养这6个角度选取了影响装配式建筑施工安全的物料、设备有关因素，并提出管理措施。

（1）预制构件的质量

预制构件作为装配式建筑施工过程中的主要角色，其质量的重要程度显而易见，预制构件的生产和进场都应建立起严格的质量检测制度，从源头杜绝安全隐患，保证最终进场的构件符合结构性能、安装和使用功能要求。

（2）预制构件的堆放

预制构件的运输阶段和现场存放阶段均涉及构件的堆放问题，构件堆放不合理容易产生开裂变形，影响最终的安全性能。构件整体堆放是否稳定主要考虑构件的堆放方式和护栏等固定装置的牢固性。构件需要多层堆积时，每层的垫块位置要保证一致，这样才不会因重心不在一条线上而产生歪斜，支点宜与起吊点位置一致；构件的护栏等固定措施应经过安全验算并有足够的支撑强度。

（3）预制构件的临时支撑体系

很多构件倒塌事故的发生就是因为预制构件在吊装完毕之后临时支撑体系不到位，要求根据预制剪力墙、预制梁等不同部位的构件选择合适的临时支撑体系；要求临时支撑体系具有足够的承载力，能够完全支撑起大型或异形构件的重量，保证稳定不倾倒。

（4）预制构件吊点的位置和连接强度

预制构件吊点的位置和连接强度影响着整个构件的吊装过程，吊点位置不合理会导致构件起吊后不稳，而预埋件埋深不够会使吊点受力超过其承载力极限，进而吊点破坏导致构件坠落，加之其大体积、大重量的特点，极有可能发生严重的物体打击事故。吊点位置和连接强度应根据构件的形状、重量等本身属性进行合理设计。

（5）吊装机械设备的选择

装配式建筑在施工过程中涉及大量的吊装作业，构件的体积和重量、吊装的高度和范围均是选择吊装机械时必须考虑的因素。塔式起重机或者行走式起重机都要根据起重能力、塔臂覆盖范围、预制构件堆放情况、施工流水等进行选择，吊装之前应对相关吊装机械、设备进行严格检查，以保证安全。

（6）吊装机械设备的检查和保养

设备在使用过程中，都会因为具体的使用出现故障、磨损等情况，使用成本加剧，预制构件大体积、大重量的特点加上频繁的吊装作业更是会加快设备的损耗速度，长久以往便会形成重要的安全隐患。要求对吊具吊索、起重设备的制动系统、传动系统等进行检查，以确保其安全状态。

3. 技术因素

我国到 2013 年才出台国家政策鼓励各地发展装配式建筑，到 2016 年才颁布了相关技术标准，所以装配式建筑在我国的发展可以说是刚刚起步。关于其设计、生产、施工等技术层面的问题，相关单位会存在一些不完善的地方，而这就是安全隐患所在，需要进行重点监督和管理。本书从预制构件吊装技术、高处作业防护技术、预制构件连接点技术、预制构件准确定位技术 4 个角度选取了影响装配式建筑施工安全的技术因素，并提出管理措施。

（1）预制构件吊装技术

应用严谨、科学的态度对待预制构件的整个吊装过程，技术因素主要从吊装前准备工作和吊装过程两个方面进行考虑。要求在构件吊装前编制专项吊装作业施工方案，明确需要吊装的构件的重量、数量，以及主要构件的吊装工艺、吊点的位置和数量；构件吊运时应该处于垂直状态且要一气呵成，倾斜吊运和长时间悬停是绝对不允许的。

（2）高处作业防护技术

由于装配式建筑自身施工特性无法安装整体式外围防护，而其又涉及大量的高空临边作业，良好的高空防护技术可以有效避免高空坠落事故。采用外挂架、悬挑架等进行防护时，应严格参照相关技术规程，如《建筑施工工具式脚手架安全技术规范》（JGJ 202-2010）等；必要时应设置安全母索和防坠安全网对高处作业人员进行安全保护。

（3）预制构件连接点技术

良好的预制构件连接点技术是整个装配式建筑具备整体稳定性的前提，该技术不达标会使施工现场存在构件脱落这一重大安全隐患，极有可能导致构件倒塌和物体打击事故。预制构件进行相关灌浆连接时，应对灌浆料进行检查，灌浆料要饱满密实，混凝土强度要达标，以保证连接质量。

（4）预制构件准确定位技术

吊装过程中定位模具是否根据构件形状进行定制、预留钢筋埋设位置是否正确，决定了预制构件的定位是否准确。若构件难以准确定位、长时间悬停在空中，则极易造成构件倒塌和物体打击事故。定位模具应专项使用，根据不同构件的具体外形尺寸和连接钢筋的位置进行相应制作，并尽可能降低定位模具的尺寸和位置偏差。

4. 环境因素

不管是人还是物，在装配式建筑的整个施工阶段都要处于一定环境之中，环境因素是固有影响因素，其通过作用于人或者物来间接影响装配式建筑的施工安全。环境一般包括内部施工环境和外部政策环境两个方面。外部政策环境作为宏观环境不能通过有效管理改变，因此将其放到管理因素中进行讨论。本书从预制构件运输环境、预制构件存放环境、预制构件吊装环境、施工现场整体环境、外部政策环境5个角度选取了影响装配式建筑施工安全的环境因素，并提出管理措施。

（1）预制构件运输环境

预制构件从生产完成到进场离不开物流运输过程，运距、运输过程中的交通情况、道路状况均会对运输安全造成影响。运输环境在一定程度上会影响构件倒塌事故、吊装事故等的发生概率，道路的选取要经过计算，根据运输构件重量进行选择，否则可能会因承载力不达标而产生事故，要求运输过程中尽可能保证构件完好，使其不出现影响使用功能的瑕疵。

（2）预制构件存放环境

不得随意放置到达施工现场的预制构件，应设立专门存放区。预制构件存放环境对构件质量和存放状态有重要影响，存放场地不符合要求不仅会直接造成构件倒塌事故，也可能间接导致构件吊装事故。要求根据构件类型专门设置构件的存放场地，构件的存放场地应平整、坚实，承载力强，并通过安全验算不会塌陷，有相应防水措施，有充足的作业空间。

（3）预制构件吊装环境

预制构件吊装环境主要从吊装气候条件和吊装现场环境两方面考虑。构件吊装对气候要求极高，风、雪、雨等天气均有可能导致构件起吊后不稳，极易造成构件吊装事故和物体打击事故，吊装现场要实行封闭式管理，无关人员禁止靠近，以保证安全。

（4）施工现场整体环境

施工现场布置要求更高。存放构件的位置、吊装起重机械的范围、现场平整程度、现场区域设置的合理性都较为重要。平面布置得好可以减少构件的二次搬运。涉及构件的运输时，要求现场道路布置考虑车辆转弯半径的大小、掉头的难易程度等，另外要明确施工现场大型起重机械的位置。

（5）外部政策环境

外部的政策压力才能激发装配式建筑施工内部的管理动力。外部政策由党中央或者省政府等国家机关制定，其制定需要经过精密研判，所以科学性较强，相关单位因地制宜落实可以减少安全事故。加大外部安全监管，用政策标准、法律法规从刚性角度对装配式建筑施工安全管理作出明确规定，体现了国家对装配式建筑施工安全管理的重视。

5. 管理因素

作为一项复杂的建筑生产活动，装配式建筑在我国的发展才刚刚起步，项目参与各方缺乏相应管理经验的同时，对刚刚建立起来的规范标准也不甚熟悉，往往存在安全管理不到位的情况，给施工安全事故的发生埋下隐患。简单来说，对装配式建筑施工活动的安全管理其实就是对施工所涉及的人、物、技术、环境的管理，而良好的安全管理离不开严格的制度，离不开相关费用的投入，这可以说是进行安全管理的重要前提。本书从安全措施费的投入、事故预防及应急管理、一线人员的安全管理参与程度、相关政策标准的执行情况、安全生产责任的落实情况、安全监督检查的频率、现场安全警示标志的设置7个角度选取了影响装配式建筑施工安全的管理因素，并提出管理措施。

（1）安全措施费的投入

安全措施费是装配式建筑施工安全管理的重要经济保障，安全措施费的投入影响安全教育培训、安全防护用具购置等一系列安全生产活动的开展，进而影响施工安全事故发生的概率。要求安全措施费根据装配式建筑施工特点合理计取并符合国家和地方规定的相关标准，专款专用。

（2）事故预防及应急管理

装配式建筑本身的特点决定了其施工过程必然存在安全风险，风险本身不可以消除，但可以通过有效的措施避免，即使最终不能避免，也需要在其发生时有强有力的应对方法，提前预判风险，把握风险走向。对于一些较为常见且较大的危险源，应能精准施策、分类拆弹，制订施工应急预案，定期进行安全演练，增加相关人员对应急预案的熟悉程度，并找出不足之处。

（3）一线人员的安全管理参与程度

装配式建筑施工所涉及的物、技术、环境都离不开人的参与，对装配式建筑进行安全管理究其根本就是对人进行管理，人员因素也是根本因素。作为离安全事故最近的施工现场一线人员，参与安全管理将会有效提高其对危险的敏感程度，因此安全管理不仅仅是管理人员的责任，也需要鼓励一线人员参与其中，对施工现场危险源进行挖掘并上报。

（4）相关政策标准的执行情况

目前我国正大力支持装配式建筑发展，不管是在国家层面，还是在省、直辖市层面，均相继出台了相关的政策标准、安全技术规程，这些都是通过大量的科学论证之后才提出的。在装配式建筑施工阶段，严格按流程执行、按标准办事将会有效减少安全事故的发生。

（5）安全生产责任的落实情况

若安全生产责任落实不到位，则会出现管理盲区，项目各方人员也可能会相互推诿安全管理职责，这会大大增加施工现场的安全隐患。要求所有施工现场参与人员和单位明确自身对于施工现场管理的定位及职责，严格遵守相关章程，履行好自身安全管理义务。

（6）安全监督检查的频率

安全监督检查的频率会影响相关人员对待检查和安全生产的态度，仅仅一次检查可以是应付了事，但是多次定期和不定期检查会促使其将一次性行为变成长久以往的习惯。当安全行为、安全意识都变成习惯时，施工现场安全管理的难度将会大大降低，安全隐患也会随之减少。

（7）现场安全警示标志的设置

位置显眼且颜色醒目的安全警示标志是帮助施工现场人员远离危险的无声提醒。相关人员需要明确不同符号的具体含义才能规避安全风险，因此正式进场前有必要对符号意义进行专门告知并考核掌握情况，安全符号的设置最好简单明了。

三、装配式建筑施工安全隐患

（一）预制构件运输安全隐患分析

装配式建筑的构件在工厂预制生产，由车辆运送至施工现场，预制构件具有重量大、种类多、体积大等特点，受运输路况等外部环境因素制约，预制构件运输装卸的工作难度较大。如果运输装卸准备前未制订可行的运输方案，容易导致预制构件在运输途中出现突发隐患。预制构件运至现场时，如果起重机操作人员未按规范作业，则可能会导致外拉斜吊距离过短等不良现象，容易造成事故。

（二）预制构件现场存放安全隐患分析

预制构件运达现场，施工现场的预制构件堆放区域未设置封闭或围挡时，可能造成无关的作业人员在不知情的情况下进入堆放区域，存在事故隐患。根据种类不同，预制构件的存放分为水平和竖直两种方式，若构件堆放区域地面不坚硬或不平整，则会导致预制构件重心偏离，容易出现倾倒现象，危害人身安全。

堆放区域内的预制构件放置无顺序时，应进行二次搬运调整。若与相邻构件碰撞和剐蹭现象频繁，则易造成预制构件损坏隐患。

（三）预制构件吊装作业安全隐患分析

吊装作业是装配式建筑施工过程中的关键工序，直接影响整个项目的施工进度与安全。在预制构件质量方面，连接部位失效容易导致预制构件脱落。在吊装设备性能方面，机械设备长时间超重作业引起故障，导致预制构件停留在半空中，易发生被预制构件压垮产生倒塌的安全隐患。在吊装设备操作方面，预制构件需要起重吊装设备完成操作，设备操作员与信号指挥员配合操作不规范时，难以将预制构件送达作业目的点，容易导致构件损害或坠落。

（四）支护作业安全隐患分析

临时支撑体系的支护方式应以预制构件的类型为准，预制剪力墙、柱等竖向构件在安装时一般采用钢管斜撑，在构件的单面或双面45°～60°搭设连接，钢管一端与楼板固定，另一端与预制构件固定，整体起到有效的支撑作用。临时支撑布置的位置、数量、角度不符合要求或固定端未固定牢固时，可能出现内墙预制构件倾覆或外墙预制构件高处坠落的情况。预制梁、楼板等横向构件施工时，支护作业施工较繁杂，需考虑预制构件的重量，及承受施工作业人员活动的结构的稳定性，减少支撑体系失稳的安全隐患。若临时支撑体系未按规范要求拆除，则可能会引发支护坍塌。

（五）高处作业安全隐患分析

高层建筑施工常使用装配式建筑施工技术。施工人员进行预制外墙板安装作业时，身处室外高处作业，存在安全隐患。根据装配式建筑工程的特点，大多数装配式建筑不搭设外脚手架，高空作业环境条件对作业人员影响较大，存在安全隐患。进行吊装作业时，若高处作业人员未持有特种工种资格证或身体不适，未按规范操作起重机，则可能引发危险事件。

（六）施工用电安全隐患分析

装配式建筑施工现场一般使用临时电路，在施工现场用电管理过程中，难以直观识别用电安全隐患。若用电安全意识不足，在安全防护方面未采用有效的应急措施，则可能会引发施工现场用电安全风险。建筑施工单位未按照相应规范要求组织人员编制临时用电施工方案，施工现场临时用电线路铺设不符合规范时，容易出现漏电现象。若建筑施工现场配电器具长时间暴露在户外，缺少一定的保护装置或相应警示牌，则可能会引起火灾，存在触电隐患。

四、装配式建筑施工隐患预防措施

（一）做好预制构件运输前的准备工作

预制构件在运输前需要做好充足的准备工作，制订详细的运输计划与应急预案，保障预制构件能够完整、有序地送达施工现场。按照事先制订的运输方案，严格把控预制构件放置的位置、顺序以及堆放方式，保证预制构件之间留有一定间距。预制构件装载上车时，利用绳索牢固地捆绑加固，避免相邻构件发生碰撞。应尽量选择平坦、车流量小的运输道路，减少预制构件的损坏。预制构件应严格按照计划进行装车，使预制构件运输到施工现场后便于卸车。

（二）预制构件现场存放防范建议

预制构件运达施工现场后，施工单位应加强对预制构件的存放保护，避免在存放过程中发生碰撞和损坏。不同类型的预制构件必须分区存放，梁、板、柱等易碎构件必须采取特定的保护措施，按区域存放。选择存放区域时，应根据一次到位的原则，将预制构件一次性放置到位，防止多次吊运发生碰撞断裂现象。预制构件存放区域的地面必须具有足够的承载力，保证地面干净平整。预制构件存放区域应实行封闭式管理，严禁施工人员因非工作原因在存放区域长时间停留，预制墙板、预制楼梯等预制构件安装时，必须按照规范设置侧向支撑。

（三）制订并规范落实吊装作业方案

预制构件的吊装作业应根据预制构件的规格信息、设备的数量及施工现场方案进行汇总分析，核算吊装设备的起重能力，制订详细的装配式建筑施工方案。吊装作业过程中必须严格落实施工方案，对施工流水段进行规范划分，有效避免起重吊装设备盲目施工、随意施工、超载吊装等不安全行为。起重设备作业区域应进行科学合理的规划，必须保证施工作业的需求。施工现场的吊装设备价格较高，应由专人完成日常安全点检及维修保养，确保起重设备正常运转。

（四）做好支护作业安全措施

装配式建筑预制构件施工过程中，支护作业可以搭设临时安全支撑，防止预制构件倾斜。使用前需要检查各种支撑架的规格型号、间距和数量。为了保证临时支撑体系使用材料的直径和壁厚，施工现场必须对材料进行严格验收。对支撑体系的设置方法及承载能力进行校核和测算，钢管支撑应进行试压试验，确保其符合使用要求。安装预制墙板类竖向构件时，为避免高大的预制墙板底部向外滑动，应增设一道斜向支撑以加强稳定性。安装搭设预制楼板等水平构件时，应严格按照支护方案进行操作，对搭设完成后的支撑体系进行检查和验收。拆除临时支撑前，要求拆除人员严格按照规范执行，并且做好记录，防止拆除作业过程中出现混乱。

（五）加强高处作业的安全管理

装配式建筑施工过程中，高处作业较频繁。安装预制外墙板时，操作人员经常进行临边作业，安全风险较高。高处作业人员使用单梯时不能垫高使用，不得多人在梯子上作业，必须扣好安全带，正确使用防坠安全网，对安全隐患进行主动防御。遇到恶劣天气必须停止室外作业，在作业平台上施工时，应及时清除障碍物，禁止高处作业人员交叉施工。

（六）严格执行施工用电规范

临时用电需要严格按照规范要求执行，这是保证装配式建筑施工安全的基本要求。根据装配式建筑施工现场的实际情况，制订详细可行的临时用电施工方案。临时用电作业人员通过特殊工种操作证考试后，还需要定期进行作业培训，提高操作技能。禁止室外电缆沿着地面明敷，应科学、合理地敷设线路。电气设备必须严格按照规范放置相应的警示牌，防止使用过程中造成用电设备损坏。所有用电设备必须验收合格后才可以使用，手持式电动工具必须通过检查测试，加装防护罩，防止出现用电安全事故。

（七）提高施工人员技术

一般来说，在装配式建筑施工过程中，相关的施工人员是顺利开展各种施工过程的主体，因此，装配式建筑施工的质量往往会受到施工人员的综合素质和施工技术的影响，这就需要相应的施工企业和施工单位提高对施工人员的要求，为了达到这个目的，相关的管理人员应当通过培训来提高施工人员的技术水平。而随着科学技术的发展，各项先进的施工技术也逐渐被应用到装配式建筑施工过程之中，因此，管理人员也要对施工技术人员进行各种仪器操作的持续、动态培训，从而不断地提升施工人员的专业素养和技术水平，提高装配式建筑施工安全管理的质量和水平。在开展相关培训工作的过程中，不仅要有学术性的培训，还应当结合具体的装配式建筑施工的工程案例来进行实操训练，丰富施工人员的实际操作经验，提升施工人员的整体能力和施工技术水平，同时在培训结束以后，施工企业要组织专人对培训结果进行检查和评估，通过设立奖惩制度来调动工作人员的施工积极性。

除此之外，在新型装配式建筑施工的过程中，还要做好对施工人员的监督和考察工作，对于工作过程中存在的仪器操作及其他技术问题，要及时指出并予以正确的指导，从而提升装配式建筑施工的施工水平和施工质量。

参考文献

[1] 魏莹莹，陈波，李文．绿色工业建筑设计研究 [M].长春：吉林科学技术出版社，2024.

[2] 吉燕宁，罗健，杜欢．乡镇旅馆建筑设计 [M].北京：中国建筑工业出版社，2024.

[3] 郭亚成．中小型多层建筑设计要点解析 [M].北京：机械工业出版社，2024.

[4] 李冰心．现代景观建筑设计及其创新发展研究 [M].长春：吉林出版集团股份有限公司，2024.

[5] 汪恒．超高层城市综合体建筑设计和关键技术研究 [M].北京：中国建筑工业出版社，2024.

[6] 李琰君．建筑设计与建筑节能技术研究 [M].北京：北京工业大学出版社，2023.

[7] 李青．现代住区规划及住宅建筑设计与应用研究 [M].北京：北京工业大学出版社，2023.

[8] 刘国元．乡村振兴视角下乡村建筑设计研究 [M].北京：北京工业大学出版社，2023.

[9] 李琰君．园林建筑艺术与景观设计研究 [M].北京：北京工业大学出版社，2023.

[10] 薛建阳，翟磊，戚亮杰．传统风格建筑组合框架抗震性能及设计方法 [M].北京：机械工业出版社，2023.

[11] 谭劲松，王婧逸，许扬帆．建筑设计基础 [M].哈尔滨：哈尔滨工程大学出版社，2023.

[12] 金路．交通场站建筑设计 [M].桂林：广西师范大学出版社，2023.

[13] 张芮，肖遥．建筑设计美学 [M].西安：西北工业大学出版社，2023.

[14] 代克林，李婧，张彩红．建筑设计与造价管理 [M].长春：吉林科学技术出版社，2023.

[15] 张尚芬，罗珊珊，祁丽茗 . 园林绿化设计与建筑设计 [M]. 哈尔滨：哈尔滨出版社，
     2023.

[16] 王玉芝，王兆鹏，司景磊 . 建筑设计与施工管理研究 [M]. 哈尔滨：哈尔滨出版社，
     2023.

[17] 薛敬德，邹洪伟，侯彬 . 建筑设计与工程技术研究 [M]. 长春：吉林科学技术出版社，
     2023.

[18] 张雪松，梁志峰，赵鑫 . 建筑设计与施工技术管理 [M]. 长春：吉林科学技术出版社，
     2023.

[19] 羊烨，李聪，钟静 . 绿色建筑设计一本通 [M]. 北京：中国建筑工业出版社，2023.

[20] 程兰，张彩 . 建筑设计的节能与环保研究 [M]. 哈尔滨：东北林业大学出版社，2023.

[21] 奚树祥 . 墓园及纳骨建筑设计 [M]. 北京：中国建筑工业出版社，2023.

[22] 罗珊珊，陈慧，邢祥银 . 建筑设计与风景园林设计基础 [M]. 长春：吉林科学技术出
     版社，2023.

[23] 王小斌 . 城市设计视域下的高层建筑设计 [M]. 北京：中国建材工业出版社，2023.

[24] 赵恩亮，邢艳春，孙丽娟 . 建筑设计艺术研究 [M]. 北京：中国原子能出版社，2022.

[25] 赵杰 . 建筑设计手绘技法 [M]. 武汉：华中科技大学出版社，2022.

[26] 尹飞飞，唐健，蒋瑶 . 建筑设计与工程管理 [M]. 汕头：汕头大学出版社，2022.

[27] 滕凌 . 建筑构造与建筑设计基础研究 [M]. 长春：吉林科学技术出版社，2022.

[28] 吴凯，王嵩，李成 . 新时期绿色建筑设计研究 [M]. 长春：吉林科学技术出版社，
     2022.

[29] 陈春燕，安文，吴亚非 . 现代建筑设计与创意思维探索 [M]. 长春：吉林科学技术出
     版社，2022.

[30] 陶花明，王志，顾岩 . 城市规划与建筑设计研究 [M]. 长春：吉林科学技术出版社，
     2022.

[31] 高华，李雪军，房明英 . 装配式建筑技术与绿色建筑设计研究 [M]. 长春：吉林科学
     技术出版社，2022.